物理学基礎実験
第3版

梶原行夫・杉本　暁・田口　健　編
田中晋平・長谷川巧・宗尻修治

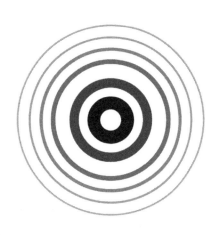

共立出版

執筆者一覧

浴 野 稔 一	広島大学	名誉教授
戸 田 昭 彦	広島大学総合科学部	教授
乾 　 雅 祝	広島大学総合科学部	教授
荻 田 典 男	広島大学総合科学部	教授
石 坂 　 智	広島大学総合科学部	教授
東 谷 誠 二	広島大学総合科学部	教授
宗 尻 修 治	広島大学総合科学部	准教授
田 中 晋 平	広島大学総合科学部	准教授
梶 原 行 夫	広島大学総合科学部	准教授
田 口 　 健	広島大学総合科学部	准教授
杉 本 　 暁	広島大学総合科学部	准教授
長 谷 川 巧	広島大学総合科学部	准教授
片 山 春 菜	広島大学総合科学部	助教

（2024 年 8 月現在）

まえがき

　21 世紀も 20 年以上が経過し，高速ネットワーク環境や小型情報端末の普及，そして AI 技術の目覚ましい発展により，世界の様相は大きく変わりつつある．既に大学に入学する学生の大部分は，この世紀に生まれ育った若者たちとなった．情報教育の重要性が増大し，大学においてもその教育環境整備が急速に進められている．このような変化の激しい時代にあって，大学初学年向けに実施される「物理学実験」は，前世紀から代わり映えのない旧態依然としたものに見えるかもしれない．しかし，21 世紀の現在でも，特に理工系の学生にとって物理学実験は依然として欠かせない科目である．本格的な器具や装置を用いた「実験」を体験することによって，物理現象の真理やその知識体系の有用性と信頼性を，単なる知識を超えて身体的に修得することが可能となる．一方で，物理学実験の体験は，既に解明された現象の確認に留まることなく，自然への好奇心を刺激し新たな探究への冒険心をかき立てるものであり続ける必要がある．そのためには，時代の変化に応じた実験内容の見直しに加えて，最新の測定機器への対応も必要である．

　しかしながら，ブラックボックス化された測定機器の出力結果を確認するだけでは何の学びも生み出せないことは明らかである．原理の理解が容易な測定器具を用いた単純な実験装置を組み立て，データを取得・解析して結果を導出し，それに基づいて考察するというやや時間のかかる一連の過程の経験が，効率性が求められる現代においても依然として重要であることは疑いの余地がない．「物理学実験」をすべての科学・技術の基礎教育として位置づけ，その中心的な役割を演じる必要があるだろう．

　本書「物理学基礎実験」の初版は，広島大学の統合移転を機に教養教育の物理学実験用教科書として 1992 年に編纂された．1999 年に実験機器の更新などに合わせて第 2 版へ，2012 年にレポートの作成指針を明確にする目的で第 2 版新訂への改訂が行われた．その後も授業現場では測定器具の更新や実施方法の変更が徐々に進められていたが，2020 年以降のコロナ禍により実験授業にも大きな変更が加えられることとなった．オンデマンド対応のための実験動画作成，1 人で実験実施可能とするための装置の再整備などが実施された．同時に実験室における高速ネットワークへのアクセス環境整備，学習管理システム（LMS）の活用も進められ，レポート授受のオンライン化，実験室における実験動画の視聴や補足資料の配付などが容易となり，現場における柔軟な指導が可能となった．2020 年までにすべての学生がネットワークにアクセス可能な端末を携帯する状況が実現していたことも大きい．

　第 2 版新訂からコロナ禍を経て 12 年以上経過し，教科書の記載内容と実際の実験内容・実施方法との乖離が蓄積されてきたことと著者の大部分が既に現場を離れている現状を鑑み，今回，執筆

陣を大幅に入れ替え，第3版として新たに編纂を行った．初版以降の特徴を受け継ぎつつ，より読みやすくなるように以下のような変更を施した．

(1) 一部の基礎的な実験課題を基礎事項に移し，すべての実験課題が1回（2コマ）の授業で実施できるように再編
(2) 最新の装置と実験内容に対応させ，図と記述を一新
(3) 各実験課題の構成を「実験概要」「基礎知識」「実験原理」「実験方法」「データ解析」「発展課題」「補足説明」に統一
(4) 各実験課題の「基礎知識」を簡略化して読みやすくし，詳細は「補足説明」として最後部に整理
(5) 数値計算に用いるプログラミング言語を Python に変更

　本書第3版の編集にあたっては，すべての項目にわたって新しく書き直しを行ったが，全体の構成などについては初版，第2版を踏襲させていただいた．これまでの編者に感謝する次第である．

2024年8月

編　　者

目　　次

基 礎 事 項

1.　は じ め に ……………………………………………………………………………………………………… 3
2.　実 験 の 手 順 …………………………………………………………………………………………… 5
3.　基本的な測定器具とデータの読み取り ………………………………………………… 8
4.　精度と有効数字 …………………………………………………………………………………………… 22
5.　グ ラ フ ……………………………………………………………………………………………………… 31
6.　最 小 二 乗 法 …………………………………………………………………………………………… 36
7.　交流回路の基礎理論 …………………………………………………………………………………… 42
8.　真　　　　空 …………………………………………………………………………………………………… 48
9.　単位について ………………………………………………………………………………………………… 53
10.　Python に関する基礎知識 ………………………………………………………………………… 58
11.　パソコンによる数値計算 …………………………………………………………………………… 66

実 験 課 題

力学および熱学に関する実験

1.　重力加速度 g …………………………………………………………………………………………… 75
2.　ヤ ン グ 率 …………………………………………………………………………………………………… 81
3.　剛　性　率 …………………………………………………………………………………………………… 88
4.　液体の表面張力 ……………………………………………………………………………………………… 95
5.　固体の比熱 …………………………………………………………………………………………………… 100

波動に関する実験

6.　光の回折と屈折 ……………………………………………………………………………………………… 106
7.　光 の 干 渉 …………………………………………………………………………………………………… 116
8.　光 の 偏 光 …………………………………………………………………………………………………… 125
9.　気柱の共鳴 …………………………………………………………………………………………………… 135

10. 超音波の回折と干渉 ……………………………………………………… 141

電磁気学に関する実験

11. 金属と半導体の電気抵抗 …………………………………………………… 146

12. 自己インダクタンス ………………………………………………………… 149

13. LCR 共振回路 ………………………………………………………………… 155

14. RC 回 路 …………………………………………………………………… 161

15. ダイオードとトランジスタ ………………………………………………… 169

16. 強磁性体の磁化特性 ………………………………………………………… 178

物質のミクロ構造に関する実験

17. 光 電 効 果 ………………………………………………………………… 184

18. 電子の運動と比電荷 ………………………………………………………… 193

19. フランク–ヘルツの実験 …………………………………………………… 198

20. ホ ー ル 効 果 …………………………………………………………… 205

21. 光子計測と統計性 …………………………………………………………… 212

付　　録

(1)　諸定数 ………………………………………………………………………… 223

(2)　水の密度 ……………………………………………………………………… 224

(3)　水銀の密度 …………………………………………………………………… 224

(4)　空気の密度 …………………………………………………………………… 225

(5)　物質の密度 …………………………………………………………………… 225

(6)　各地の重力加速度の実測値 ………………………………………………… 226

(7)　弾性に関する諸量 …………………………………………………………… 226

(8)　水の表面張力 ………………………………………………………………… 227

(9)　水の粘性係数 ………………………………………………………………… 227

(10)　空気の粘性係数 ……………………………………………………………… 227

(11)　水の飽和蒸気圧 ……………………………………………………………… 227

(12)　固体の比熱 …………………………………………………………………… 228

(13)　液体の比熱 …………………………………………………………………… 228

(14)　気体の定圧比熱と比熱比 …………………………………………………… 228

(15)　固体の線膨張係数 …………………………………………………………… 229

(16)　液体の体膨張係数 …………………………………………………………… 229

(17)　気体の体膨張係数 …………………………………………………………… 229

(18)	音波の伝播速度（縦波）	230
(19)	光の屈折率	230
(20)	元素のスペクトル線の波長	231
(21)	MKS 単位系から CGS 単位系への換算	231
(22)	金属の電気抵抗率（比抵抗）と温度係数	232
(23)	半導体のエネルギーギャップ	232

索　　引 ……………………………………………………………………………… 233

基礎事項

1. はじめに

物理学における実験

　現代物理学における法則は，ガリレオとケプラーに始まる近代科学の手法により明らかにされてきた．蓄積された法則は，力学，熱力学，電磁気学，統計力学，量子力学等々として体系化されている．では，近代科学の手法とはどのような方法であるか．それは，まず，実験や観察で蓄積された結果を数量的に表現し，その法則性を数学を用いて矛盾なく説明する．さらにその法則性を一般化して，全く新たな現象までも予言し，予言された現象を再度実験や観察によって確認し確立する．この一連の方法を近代科学の手法と呼ぶ．

　この手法では実験が中心的役割を果たしており，これまでの物理学の発展は実験なくしてはあり得なかったといえる．現在も新分野の開拓や新たな論理体系の構築がなされているし，従来確立したとされる論理体系においても，新たな実験手段の開発によって新たな法則が発見されている．すなわち，物理学の最前線は日夜発展しており，物理学は生きているといえる．これらの発展は，個人的好奇心によるものもあるだろうし，ある目的のために組織されたグループによる場合もある．いずれにせよ，物理学の発展は自然現象に内在する不可思議な現象への知的好奇心であることは間違いない．

　研究の出発点は子供たちが発する "なぜ" の疑問と根底では同じであるが，それをより積極的に明確な課題としてとらえる必要がある．自主的に問題を把握し，その疑問を明らかにするための綿密な実験計画を作り，実際に実験を行い，実験結果の評価から当初の目的が明らかにされたかどうか判断することによって達成される．したがって，積極性や自主性が重要となる．後述するように，大学の教養教育における物理学実験には別の観点からの目的もあり最前線ではない実験課題もあるが，積極性と自主性は物理学実験で是非とも習得してほしいものである．

教養教育における物理学実験

　教養教育における物理学実験では，あらかじめ実験題目，実験装置，実験手順も与えられている．これは，百聞は一見にしかずとのことわざにもあるように，講義だけでは物理学の法則を理解することが難しい場合でも，実験を行うことによって，比較的簡単に理解できると同時に，深い理解も得られるためである．また，教養教育における物理学実験は実験技術の習得も含んでおり，専門教育における実験や研究の基礎にもなっている．将来，より深い知的好奇心をもち，より進んだ研究の発展を楽しむためには，それ相応の技術を習得しなければならないことはいうまでもない．以上の教養教育における物理学実験の目的をまとめると，次のようになる．

(1) 実験によって基礎的・典型的な物理現象を確認し，物理学の理解を深める．

(2) 将来の研究につながる基礎的実験技術を習得する．

(3) 研究に対する自主性と積極性を養う．

以上の目的を達成するため，このテキストでは以下に示す 4 つの分野から，基礎的と考えられる実験題目を精選した．履修学生の専門学部への進路にも配慮しながら，教員が適切なテーマを選択できるようにしてある．

(1) 力学および熱学に関する実験

　　　　重力加速度 g

　　　　ヤング率

　　　　剛性率

　　　　液体の表面張力

　　　　固体の比熱

(2) 波動に関する実験

　　　　光の回折と屈折

　　　　光の干渉

　　　　光の偏光

　　　　気柱の共鳴

　　　　超音波の回折と干渉

(3) 電磁気学に関する実験

　　　　金属と半導体の電気抵抗

　　　　自己インダクタンス

　　　　LCR 共振回路

　　　　RC 回路

　　　　ダイオードとトランジスタ

　　　　強磁性体の磁化特性

(4) 物質のミクロ構造に関する実験

　　　　光電効果

　　　　電子の運動と比電荷

　　　　フランク–ヘルツの実験

　　　　ホール効果

　　　　光子計測と統計性

2. 実験の手順

実験全般についての注意事項

実験では，あらかじめ実験の目的や基礎となる概念を理解しておくことが重要である．それには，緻密な予習が必要である．また，実験上必要となる知識（基本的な測定装置の取り扱い方，測定値の読み取り，グラフの使い方，有効数字）についても事前に理解しておく．さらに，実験結果解析時に必要となる装置の精度の評価，最小二乗法なども理解しておく．理解した事柄は実験ノートにまとめておくことを習慣づけるのがよい．実験には，**教科書，実験ノート，**および**関数電卓**を持参する．

(1) 実験ノート

実験では実験ノートが主役といっても過言ではない．物理学実験専用のノート1冊を各自で用意する．ノートは実験ノートもしくは大学ノート形式のものを使う．ルーズリーフ形式は後日データの散逸などが生じることがあるので適切ではない．ノートには実験結果を記入するだけでなく，予習のまとめ，実験中に疑問をもった事柄や理解できた事柄も記録する．数値の実験結果は表にまとめると便利である．次のような事柄がノートに記入すべき事項として考えられる．

- 日付，天候，室温（場合によっては湿度や気圧）
- 共同実験者名
- 目的
- 原理
- 方法
- 各測定機器，装置の名称，装置全体のブロック図
- 測定条件および測定値の表とグラフ（測定値については有効数字，精度，測定値のばらつきの程度と精度の比較も評価しておく）
- 結果の解析（有効数字や精度も考慮した計算処理，グラフにプロット，最小二乗法による関数関係のパラメータの決定）
- 結果の検討・議論
- 実験中思いついたアイデア，疑問に感じたこと，その他気づいたこと
- 装置の問題点とその改良の提案

すべての値は単位も一緒に明記しなくてはならない．また，数値をグラフ化すると，得られた数値の正否が簡単に判断できるので，できる限り結果をグラフ化するとよい．実験課題にもよるが，測定と同時に結果をグラフ化すると，次の実験の方針が得られることがあるので，実験中

に結果を素早くグラフ化する習慣を身につける.

(2) 関数電卓

測定結果を解析する場合,比較的多くの計算が必要となるので,各自必ず1台持参する.初等関数の計算機能付き電卓が望ましい.

予習

限られた時間内に効率よく実験を行うには,予習により,実験の目的や原理などをあらかじめ理解しておくことが重要である.実験開始前までに,実験課題の説明を熟読しておく.特に物理的な内容について理解できない点があれば,関連した参考書を読むこと.

実験

必要な付属器具や機器を保管場所から借り出し,実験装置を組み上げる.組み上げにあたって,電気関連実験では配線が必要となるが,誤った配線のまま電源スイッチを入れると実験装置が破損することがあるので,電源スイッチを入れる前に必ず**教員による配線の点検**を受けること.

得られる測定値の信頼性は以下の事柄によって評価できるので,これらを念頭において測定を行う.

(1) 実験方法は用いた理論(計算式)と対応しているか.

(2) 実験条件は満たされているか.

(3) 適切な測定器具を用いたか.

(4) 測定器具を正しく使用したか.

(5) 各測定器具の精度はいくらか.

(6) 各測定値のばらつきはいくらか.そのばらつきが精度を超えた値であるかどうか.

(7) 結果の再現性はあるか.

項目 (7) は実験上最も重要な要素であるので,各測定は必ず複数回行うこと.また,解析結果の評価は,巻末付録や理科年表に示されている他の測定方法による測定値との比較で判断する.

レポート

得られた実験結果や考察はレポートとして簡潔にまとめ,担当教員の指定する方法で期日までに提出する.レポートには,下記の事項を必ず記入する.

(1) 実験題目

(2) 実験年月日

(3) 実験者名・学生番号

(4) 共同実験者名

(5) 実験の目的

(6) 実験の原理

(7) 実験方法

(8) 実験装置の概略

(9) 実験結果（グラフや表にまとめ，計算結果についての説明）

(10) 課題

(11) 考察

レポート作成上の注意：レポートに書き込める量は限られているので，すべての説明は簡潔明瞭にまとめること．特に実験結果については表やグラフによって見やすくまとめることに留意する．なお，考察を書く必要がある場合，得られた結果の妥当性や実験が失敗した場合の原因などを論理的に述べるのであって，感想文ではないことに留意する．

成績評価

実験においては，実験を自分の手で実際に行うことが最も重要であるので，出席が大きな評価要素となる．また，自分が行った実験の目的，原理，方法，結果および課題や考察を簡潔にレポートにまとめることも重要であるので，提出されたレポートの内容も大きな評価対象となる．その他，予習状況，実験中の態度，ノートなども評価対象となる．

3. 基本的な測定器具とデータの読み取り

　ここでは各実験課題で使用する測定器具の使い方とデータの読み取り方をまとめて説明しておくので，必要に応じて再読する．力学的実験では長さ，質量，時間，温度などが基本的な測定量となる．電気的実験では，電圧，電流，周波数などの測定が基本となる．電気実験では場合に応じて直流 (DC) 用と交流 (AC) 用を使用するので，正しく使用すること．テスターとオシロスコープは極めて汎用な機器であるので，それらの原理や使用方法についてもまとめておく．また，計測器ではないが，電源の取り扱い方も重要であるので使用上の注意についてもふれる．

測定値と精度について

　様々な計器につけられている「目盛り」は，基準となる長さ（物理量）の倍数が目盛られており，電流計や電圧計も同様に電流や電圧の基準との比較値が目盛られている．最近多く用いられているデジタル計測器（数値が直接表示される測定器）も，マニュアルに記載されている数値が基準値に合わせてある．基準となる量や，それを使用した目盛り付け（校正という）には確かさの限界があるので，測定値の信頼性は測定器の目盛りのつけ方で異なることになる．さらに，目盛りの読み取りの精度とは別に，数値の桁数がいくら多く形式的に読めても絶対値としての不確かさをもっており，これが測定器の精度を決めている．この測定器の精度は，測定器自体か，またはマニュアル（使用説明書）に書かれている．したがって，測定値の信頼性は，読み取り精度と装置自体の精度から評価できるので，それぞれの精度を記録しておくことが大事である．

　測定器の精度が不明な場合は以下の原則に従う．1) 目盛りのついているスケールや針式計器の場合はその $\frac{1}{10}$ までを読み，その最終桁の ± 1 を精度する．2) デジタル表示など数値表示されているものは，最終桁の数値の ± 1 を精度とする．

視差について

　図 **3.1**(a), (b) のように，e と e′ から読み取る値は異なる．このように，見る位置による読み取り値が異なることを視差と呼ぶ．なお，正しい読みは e の位置から読んだ場合に得られる．視差がないように正しく読み取るには，目盛りに対し，直角かつ正面から読む．電気測定の場合に使用するアナログメーターには目盛り板に鏡が設置されているものもある．このようなアナログメーターでは，鏡に映る指針と実際の指針が重なる位置で指示値を読めばよい．

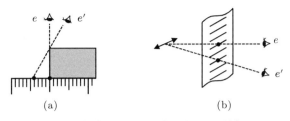

図 3.1 視差．e: 正しい見方．e′: 誤った見方．

長さを計測する基本的器具

日常生活と同じように，数十 cm から数 m 程度は巻き尺，数 cm から数十 cm までは物差しを用いる．以下では，最も基本的な**物差し**，~15 cm 程度以下の長さで 0.05 mm の精度まで読み取れる**ノギス（バーニヤキャリパー）**と数 cm 以下の長さを 0.01 mm の精度まで読み取れる**マイクロメーター**について説明する．

物差し

長さを計測する器具のうち最も身近なものは物差しである．**図 3.2** に物差しの例を示す．矢印が測定値の位置を示しており，最小目盛りの中間になっている．通常は最小目盛りの $\frac{1}{10}$ ($= 0.1$ mm) まで読み取る．したがって，図 3.2 の場合には 22.3 mm と読み取ることができる．この場合では小数点以下 1 桁までの 3 桁の数値が意味ある数値となり，3 桁の数値を**有効数字**と呼び，測定値の信頼性を示す**精度**は ±0.1 mm となる．

図 3.2 物差しの読み取り

物差しの種類によっては最小目盛りの刻みの間隔が細かすぎて 0.1 mm まで読めない場合もある．例えば 0.5 mm までしか読めない場合は，最小目盛りの $\frac{1}{2}$ の 0.5 mm まで読んでおく．図 3.2 がこの場合であるなら，22.5 mm と読み取る．ただしこの場合，有効数字は 3 桁だが，精度は ±0.5 mm となる．

ノギス（バーニヤキャリパー）

ノギスの外観を図 **3.3**(a) に示す．外側用ジョウと内側用ジョウの左部分は主尺本体に固定されて，内側用ジョウと外側用ジョウの右部分（スライダー）が平行にスムースにスライドすると同時に，終端部分（深さ用測定面）からデプスバーが出てくる．外径を測定する場合には外側用ジョウ

に物体をはさみ，内径の場合には内側用ジョウを使用する．また，深さの測定はデプスバーを利用する．読み取り精度は副尺（バーニヤ）の使用により 0.05 mm まで読み取ることができる．

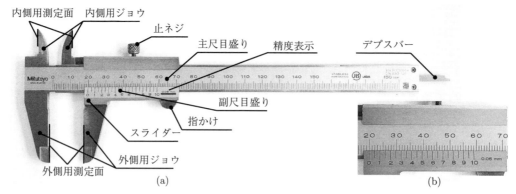

図 **3.3** ノギス（バーニヤキャリパー）の外観図．(a) ノギス各部の説明，(b) 主尺と副尺の位置関係

副尺（バーニヤ）の原理 物理学実験で用いる通常のノギスの場合，主尺の 39 mm 目盛り分を副尺では 20 等分している．副尺の 1 目盛りは主尺の目盛りの $\frac{39}{20} = 1.95$ mm となる．したがって，主尺 2 目盛りと副尺の刻みの間隔の差は，$2.00 - 1.95 = 0.05$ mm となる．つまり，図 **3.3**(b) の場合，主尺の 22 の目盛りと，副尺の 0.5 の目盛りとの差は，0.05 mm（主尺の最小刻みの $\frac{1}{20}$）となる．したがって，副尺が 0.05 mm だけ右にずれると，これらの刻みは一致する．さらに，0.05 mm だけ右にずれると，主尺の 24 の目盛りと副尺の 1 が一致することになる．このように副尺と主尺の刻みが一致する箇所の副尺の数字を読み取ることにより，主尺の最小刻みの $\frac{1}{20}$（= 0.05 mm）が正確に読めることになる．

ノギスによる測定手順

(1) ノギスの作動確認：はじめに各測定面，スライド面などが汚れている場合は清掃する．スライダーがムラなく動くことを確認する．

(2) ゼロ点の確認：外側用測定面を静かに閉じ，主尺と副尺のゼロ目盛り線が合致することを確認する．合致しない場合はその値を記録する．

(3) 測定物のセット：外側用ジョウに測定物を差し込み，軽く均一な力で測定面を測定物に密着させる．測定面と計測したい方向が正しく垂直になっているかを確認し，測定物をはさんだままの姿勢で目盛りを読み取る．

(4) 主尺の読み取り：主尺目盛りが副尺のゼロ線（図 **3.4** の実線矢印）を超えない最大の値を読み取る（1 mm 単位）．

(5) 副尺の読み取り：副尺目盛りが主尺目盛り刻み線と一致した値（図 3.4 の破線矢印）を読み取る（0.05 mm 単位）．

(6) 主尺（1 mm 単位）と副尺（0.05 mm 単位）を足し合わせて測定値とし，記録する．

例えば，図 3.4 の場合には，主尺の読み取り値は 20 mm，副尺の 3.5 と主尺の刻みが一致しているので，測定値は 20.35 mm となり，読み取り精度は ±0.05 mm となる．

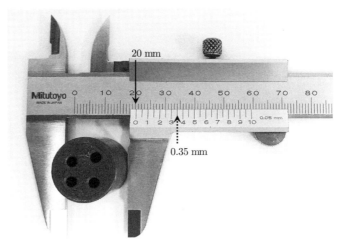

図 **3.4** ノギスの数値読み取り例

副尺付き分度器 ノギスではないが，本実験で使用する分光計についている同様な副尺機構をもつ分度器の例も示す．図 **3.5** のように，この分度器は，主尺の最小目盛りは $0.5° = 30'$（分）で，

図 **3.5** 副尺付き分度器の読み取り例

主尺の最小刻みの 29 目盛りを 30 等分したものが副尺として使われている．この場合，主尺と副尺の 1 目盛りの差は $30' - \dfrac{30' \times 29}{30} = 1'$ である．したがって，最小読み取り角度は $1' = \left(\dfrac{1}{60}\right)°$ である．図 3.5 の場合を例にとると，$82.5° + 12' = 82°\,30' + 12' = 82°\,42'$ と読め，読み取り精度は $±1'$ となる．

マイクロメーター

マイクロメーターは物体の厚みを精密に（0.01 mm の精度で）測る場合に使用する．マイクロメーターの外観を図 **3.6**(a) に示す．その原理は，シンブルまたはラチェットを回転すると，スピンドルが移動することで，スリーブ目盛り（主尺）とシンブル目盛り（副尺）により，シンブル–スピンドル間の間隔が 0.01 mm まで読み取れる．目盛りについては主尺の目盛り部分には上下に 0.5 mm の目盛りが刻まれており，シンブル目盛りは円周を 50 等分の刻みが施してある．したがって，シンブル部が副尺一目盛り分回転すると 0.01 mm，一回転すると主尺の目盛りは 0.5 mm 移動すること

になる．シンブル部の回転には**必ずラチェット部のみを持って行う**．ゼロ調整や測定時は**ラチェットをゆっくり回してカチカチと 2 回程度鳴るまで（空転するまで）の回転にとどめる．**この機構は一定の力がシンブル–スピンドル間にかかると空転するため，被測定物を常に決まった力で接触させることができ，正確な測定が可能となる．

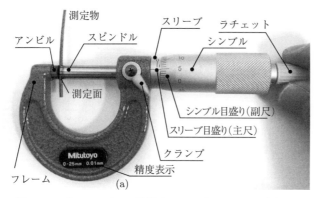
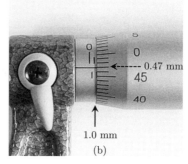

図 3.6 マイクロメーターの外観図．(a) マイクロメーター各部の説明，(b) マイクロメーターの数値読み取り例

マイクロメーターによる測定手順

(1) マイクロメーターの作動確認：はじめに締め金具（クランプ）をゆるめ，ラチェット部を回してスピンドル部がスムースに動くことを確認する．アンビル–スピンドルの各測定面などが汚れている場合は清掃する．（必要に応じて清浄な紙をアンビル–スピンドル間にはさみこんだ後，軽く抜いて面の洗浄を行うとよい．）

(2) ゼロ点の確認：まず，何もはさまずに，ラチェットを回して密着させ，ゼロ目盛り線に合っていることを確認する．合致しない場合はそのときの主尺と副尺の目盛りを記録しておく．

(3) 測定物のセット：ラチェットを回して測定物をアンビル–スピンドル間に差し込み，再びラチェット部を逆にゆっくり回して測定物に密着させる（カチカチと 2 回鳴らした時点で止める）．クランプを使ってスピンドルの回転を固定し，物体をはずした後に目盛りの読み取りをする（うまくはずせない場合はそのまま読み取りをする）．

(4) 主尺の読み取り：シンブル部端基準線が主尺の目盛りを超えない最大の値を読み取る（0.5 mm 単位）．必ず正面から見ること．（何回転していたかを覚えておくと間違いが防げる．）

(5) 副尺の読み取り：主尺基準線と一番近い副尺目盛りを読み取る（0.01 mm 単位）．（機器の保証精度を超えるものの，副尺目盛りの $\frac{1}{10}$ まで読めば 0.001 mm 単位まで読み取りは可能．）

(6) 主尺（0.5 mm 単位）と副尺（0.01 mm 単位）を足し合わせて測定値とし記録する．測定後，測定面は密着させず，クランプはゆるめておく．

例えば，図 **3.6**(b) の場合は，主尺の読み取り値は 1.0 mm，副尺は 47 (0.47 mm) を示しているので測定値は 1.00 mm + 0.47 mm = 1.47 mm となり，読み取り精度は ±0.01 mm となる．キリのよ

い数字が測定値になっても，必ず小数第2位までゼロを付して記録すること．（例 1.00 mm）

質量の測定

本実験の質量測定では，10 g 程度から数 kg まで測定できる**台ばね秤**と，重さをデジタル表示する**電子天秤**を使用する．使用上特に注意することは，台ばね秤と電子天秤ともに，**測定前に必ずゼロ点調整を行う**ことである．

台ばね秤は，試料に作用する重力につり合うばねの弾性力を質量に換算した目盛り上に指針させ，それ読むことにより質量が計測できる．電子天秤は，試料に作用する電磁石によって発生させた磁力をつり合わせ，それを質量に換算してデジタル表示している．電子天秤には $d = 0.01$ g などのような精度や最大測定可能値などが機器に記されているので注意すること．なお，実験室には電子天秤にアルキメデスの原理を利用した密度測定機能を備えたものあるので，使用にあたっては備え付けの説明書を必ず参照し，理解してから使用すること．

電圧計と電流計

電圧計と電流計の基本的な結線法が**図 3.7** に示してある．電流計は電流の循環する回路の中へ直列に結線し，電圧計は測定したい部分の両端と並列に接続する．これらの計器の使用には，交流と直流の区別，使用方法，精度などが計器のパネル面に示されているので，各記号に従って正しく使用する．特に直流の場合はプラスとマイナスの極性に注意する．

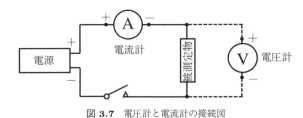

図 3.7 電圧計と電流計の接続図

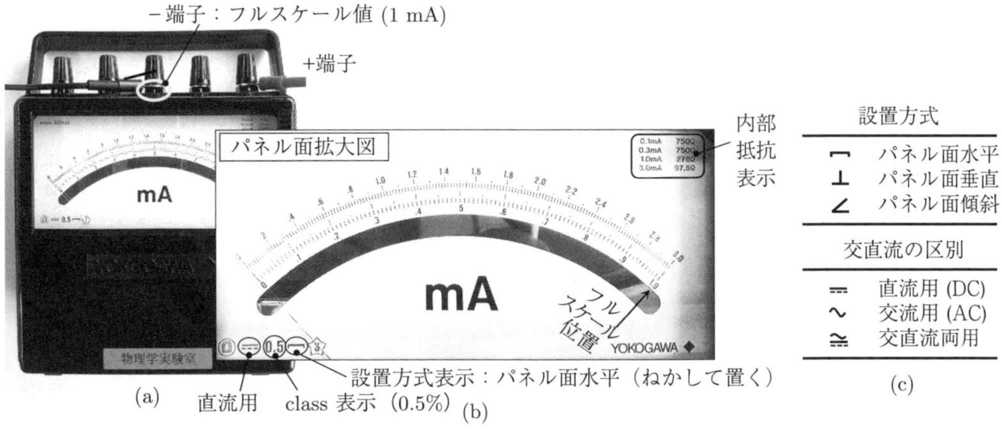

図 3.8 (a) アナログメーター式測定器（電流計）の外観．(b) パネル面，(c) 設置方式記号と交直流の区別記号．

図 3.8(a) にメーター式電流計の外観，(b) にパネル面の拡大図を示す．パネル面には様々な情報が記載されている．測定目盛りのスケールは，**接続した端子に記してある数値が目盛りの最大値（フルスケール）** となる．精度は計器のパネル面上に示されており，例えば，0.5 や class 0.5 と書かれている場合，この数値 0.5 は，メーターの指示値がフルスケールの場合の精度をパーセント表示したもので，図 3.8(a),(b) の場合，フルスケール 1 mA で精度は 1 mA × 0.5% = 0.005 mA = 50 μA となるため，最小目盛りの $\frac{1}{2}$ までが精度ということになる．その他にもパネル面設置方式や交流・直流の区別などが記載されている（**図 3.8(c)**）．特にこの種類の計器のほとんどの場合は，パネル面水平設置方式になっていることが示されており，実際の計測は寝かせて使用すること．

テスター

テスターは，1台で電圧，電流，抵抗などが簡単に測定できるマルチメーターであるが，簡便性のために精度は多少犠牲になっている（逆に高精度なタイプがコンセント方式の据置き型デジタルマルチメーターである）．最近は，アナログ表示型のテスターに変わって，本実験でもデジタル表示型が多く使用されているので，ここではデジタル型のテスター（デジタルマルチメーター）について説明する．デジタルテスターでは，電圧値をデジタル信号に変換するアナログ–デジタル (A-D) 変換回路などにより電圧値をディスプレイ上の数値として表示するという機能が根幹をなしている．この機能により電圧値はもちろんのこと，（機器の内部で）一定の基準抵抗の電圧を測定することで電流値，一定の基準電流を流したときの電圧を測定することで抵抗値をそれぞれ計測できるようになっている．その他にも，交流を含めた電圧値に変換できる物理量であれば測定可能であるため，機種によってはインダクタンス，電気容量，周波数などの測定機能を備えるものもある．なお，デジタルマルチメーターの電圧測定は，入力抵抗が大きい（機器内部に流れる電流がごくわずかにできる）特徴があるため，特により正確な電圧測定ができる利点がある．

図 **3.9** にデジタルテスターの一例を示すが，機器によって配置などが多少変化しているので注意

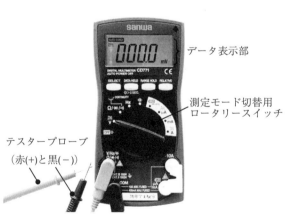

図 **3.9** デジタルテスターの一例

すること．以下にデジタルテスターの使用時の一般的手順をまとめる．

(1) 測定する物理量に合わせて，ロータリースイッチの位置を正しく選択する（これで電源が入る）．特に，被測定物が直流か交流かを理解しておく（特によく使用する直流電圧レンジでは DCV（もしくは図 3.8(c) に記載している直流用記号）が付してある）．
(2) 入力端子棒（テスト棒もしくはバナナジャック）を測定したい適切な箇所に確実に接触させる．直流測定の場合，測定回路の + 側に赤の端子棒，− 側に黒の端子棒を使用することが慣例となっている．
(3) 接触後，数秒で安定するので，計測値を読み取る．
(4) 抵抗測定の場合は，計測前に入力端子棒の両端を短絡し，0 Ω（おおむね 1 Ω 以下程度）であることを確認する．そうでない場合，端子が汚れているか電池が消耗しているので適切な処置をすること．
(5) 使用後は必ずロータリースイッチを OFF の位置にしておく．

これまでテスターを使用したことがない場合には，慣れるために，乾電池の電圧，右手と左手の間の抵抗（約 50 kΩ 〜 1 MΩ）などを練習として測定してみるとよい．

オシロスコープ

オシロスコープは，時間変化する電圧値を視覚的に表示できる装置である．昨今ではアナログ式のオシロスコープに代わりデジタルオシロスコープが普及し，本実験でもデジタルオシロスコープを使用することが多いので，デジタル方式のものを前提として解説するが，同期やトリガー機能，プローブの使用などの基本的な操作の考え方はほぼ同じである．

図 3.10 にデジタルオシロスコープのブロックダイヤグラム，図 3.11 にディスプレイおよび操作パネルの一例を示す．デジタルオシロスコープでは，知りたい電圧情報（入力信号）に対して，適切な電圧レベルに増幅した後，A-D 変換回路によりデジタル信号に変換する．その信号はメモリー回路を通して，トリガー同期回路の情報をあわせ，描画用表示回路を通じ電圧信号の時間変化がディスプレイに描画される．デジタルオシロスコープには，信号を視覚的に描画する機能だけでなく，その信号から得られる様々な情報，すなわち周波数，周期，振幅電圧などの計測値はもとより，フーリエ変換などの解析機能による周波数軸での特性表示が可能なものもある．

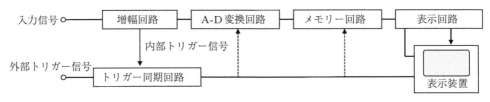

図 3.10　デジタルオシロスコープのブロックダイヤグラム

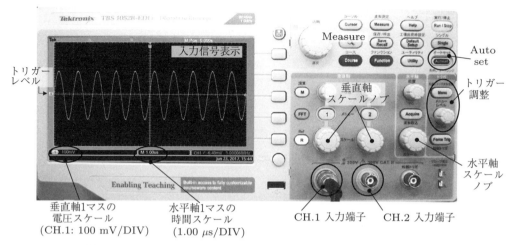

図 3.11 デジタルオシロスコープの外観の一例（ディスプレイと操作パネル部）

トリガーと同期について

　我々がオシロスコープで観測しようとする電圧信号は，数 Hz から数 MHz 程度，すなわち 1 秒間に数回 〜 10^6 回程度も振動する信号であるため，そのままでは動いた信号となり人間の視覚ではじっくりとらえることができない．そこで，通常のオシロスコープでは，繰り返し変動する信号と全く同じ周期で次々に重ね描きする（同期をとる）ことで，信号を固定して観測できるようにしてある．同期をとるための方法として，最もよく使われるのが観測信号そのものから周期を読み取る**内部同期**である．内部同期では**トリガー**（引き金）機能，すなわち信号範囲内のある決められた電圧を定め（これをトリガーレベルという），この時間をもとに描画のタイミングを調整している．実際には，トリガーレベル電圧が時間に対して正（または負）の傾きをもつ信号のときにトリガー（引き金）をスタートして，その電圧信号の時間変化を描画していく．そして全画面にわたって描画し終えた後，次のトリガーが来たら再び最初の同じ場所から電圧信号を描画することにより，繰り返される信号が次々に重ね描きされ，画面上には止まった状態で電圧信号を観測できるのである．したがって，オシロスコープ上の電圧信号が動いて観測できない状態の場合は，ほとんどこのトリガー機能がうまく動作していないと考えられる．そのような場合は適宜マニュアルを参照し，内部同期 (Internal Trigger) モードになっていることと，適切なトリガーレベル（電圧信号範囲内に合わせる）になっていることを確認すること．

オシロスコープのプローブについて

　[実験課題 14. RC 回路] における電圧の測定の場合のように，測定回路部の抵抗が数百 kΩ と高い場合（出力インピーダンスが高いという），測定する電圧を直接入力端子に加えると，オシロスコープ側の回路に無視できない程度の電流が流れ込む（オシロスコープの内部抵抗（おおむね 1 MΩ）程度である）．そのため，このような場合，図 **3.12** のような倍率の高い**オシロスコープ用プローブ**を使用するとよい．例えばプローブが × 10 (10 : 1) のものを選んだ場合，プローブを含めた内部抵

抗が10倍になり，計測器側に流れる電流が小さくなるので，より正確な測定が可能となる．しかしながら，この場合は信号電圧の $\frac{1}{10}$ がオシロスコープ本体に入力されることになるので，そのまま直接入力するときに比べて $\frac{1}{10}$ 倍の表示となってしまう．そのため，**プローブの倍率に対応した表示になるように，デジタルオシロスコープの設定を変更**（この場合では $\times 10$ プローブのモードに）するか，**自分で読み取り値を 10 倍して換算**しなければならない．なお，倍率を $\times 1$ 倍と $\times 10$ 倍の2種類から選択できるプローブもあるので，注意すること．

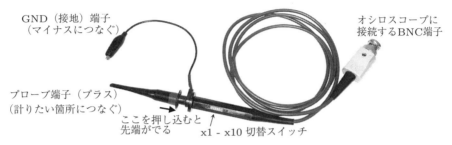

図 **3.12** オシロスコープ用プローブの一例

オシロスコープによる測定法 (1) $y-t$ モード

ここではよく使用される電圧の時間変化を表示するモード（$y-t$ モード）の使い方の手順を示す．

(1) 観測したい信号のケーブル（またはプローブ）を CH.1 もしくは CH.2 の端子に接続する．
(2) 電源を入れ，見たい CH. の番号を押し，波形を表示する．
(3) 垂直軸スケールノブで見たい範囲の電圧に調整し，水平軸スケールノブで時間軸を調整する．
(4) 信号が動いてしまって安定した観測ができない場合，内部同期モードとトリガーレベルの確認，調整を行い，止まった状態の信号にする．
(5) どうしても信号が見えない場合は，Autoset ボタンなどを押し，安定した観測ができるようにする．
(6) プローブを使用していない場合，もしくは 1:1 のプローブを使用している場合はプローブ設定で ×1 モードに，10:1 プローブを使用している場合は ×10 モードになっているかを確認する．
(7) 電圧（垂直）軸と時間（水平）軸のスケール表示がどこにあるかを確認して，1 マスの電圧や時間（100 mV/DIV や 1 ms/DIV）を記録した上で，波形からデータの読み取りをする．

データの読み取り方の例を図 **3.13** に示す．まず，(a) の CH.1 の波形で見てみよう．横軸（時間軸）は 5.00 ms/DIV，つまり横軸1マスが5ミリ秒で，CH.1 の縦軸（電圧軸）は 500 mV/DIV，つまり縦軸1マスが 0.5 V であることが画面表示からわかる．CH.1 波形の1周期は 2.0 DIV（2.0 マス）でピーク–ピーク電圧値 V_{pp} は 2.2 DIV（2.2 マス）であることから，1周期 $T = 2.0 \times 5$ ms $= 10$

ms = 0.01 s で，$V_{pp} = 2.2 \times 500$ mV = 1.1 V であることがわかる．さらに計算すれば，周波数 $f = 1/T = 1/0.01 = 100$ Hz，振幅 $V = V_{pp}/2 = 1.1/2 = 0.55$ V であることもわかる．次に別のデジタルオシロスコープを例にして，図 3.13(b) のような位置で $t = 0$ ms, $V = 0$ mV と考え，CH.2 の $t = 0$ ms の波形の立ち上がり位置から 0.1 ms 後の電圧 V を読み取ろう．まず，横軸（時間軸）は 100 μs/DIV で，CH.2 の縦軸（電圧軸）は 500 mV/DIV であることから，0.1 ms (= 100 μs) はちょうど横 1.0 マスに相当するので立ち上がり部から 1.0 DIV（マス）だけ横にいった箇所を読み取ればよい．すると，基準電圧より縦に 1.2 DIV（マス）の箇所に信号波形があるので，V (0.1ms) = 1.2×500 mV = 600 mV であることがわかる．

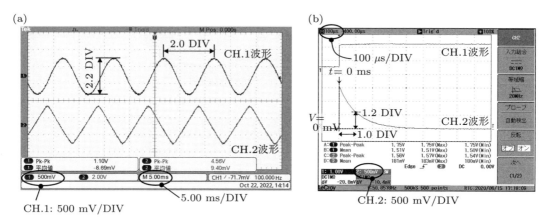

図 3.13 オシロスコープ画面上での読み取り例．(a) ピーク-ピーク電圧と周期の読み取り，(b) 立ち上がり電圧と時間の読み取り．

オシロスコープによる測定法 (2) $x-y$ モード

オシロスコープの水平軸は通常は時間であるが，垂直軸と同じように水平軸にも外部信号を入力することができる．これを $x-y$ モードと呼ぶ．この場合には，個々の信号の時間変化ではなく，2 つの信号の合成図形が得られる．使用例としては，位相差のある信号をリサージュ図形で評価する場合や，ダイオードなどの電流電圧特性，磁気履歴曲線をディスプレイ上に表示させる場合などが挙げられる．詳しい操作方法はマニュアル参照のこと．

電源

電気回路は電源がないと動作しない．したがって，電気実験では電源が必要不可欠の装置である．一般に電源には直流 (DC: Direct Current) と交流 (AC: Alternative Current) の 2 種類がある．

直流電源

直流電源には，商用の交流電源（コンセントの電源：AC 100V）を整流し，直流に変えた**直流安定化電源**を主として用いる．直流安定化電源は大型のトランスやダイオード，コンデンサーを用いて交流 100 V を整流平滑化したやや荒い直流を，安定化回路と呼ばれる出力変動電圧をほぼゼロに保つ回路（変動分は熱として放出）により，ノイズの少ない安定した直流電圧（電流）に可変して得ることができる．図 **3.14** に直流安定化電源の一例を示す．比較的大型のトランスなどを用いているのでやや重量があることに注意する．本実験ではほとんどの場合，定電圧（電圧設定を優先するモード）で使用する．使用手順としては，まず図 3.14 に示すような 2 つのつまみを，両方ともゼロの位置（反時計回り方向にいっぱいに回した位置）にした状態で電源を投入する．次に電流リミットつまみ（電流の最大値を制限するつまみ）をやや大きめに回したあと，電圧つまみ（電圧値を設定するつまみ）をゼロからゆっくりと上げて 0 V から所望の電圧に設定する．このとき，OUTPUT ボタンを押さないと出力されないので注意すること．

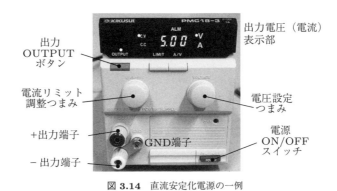

図 **3.14** 直流安定化電源の一例

一方，安定化されていない電源としてスイッチング電源と呼ばれるものがある（[実験課題 12. 自己インダクタンス] の実験で使用）．スイッチング電源は，交流 100 V を整流平滑化した直流を，スイッチング回路により数百 kHz 程度で ON/OFF を繰り返すことで，目的の一定直流電圧値に変える（下げる）ことができる（注：人がスイッチを操作するわけではない）．また，わずかに出力直流電圧が変動しても，その差分を検出しスイッチング制御することで，さらに一定の直流電圧を得ることができる．大きなトランスを必要としないためコンパクトで発熱も少ない（効率がよい）ので，USB 端子などを用いる昨今の 5 V 電源のほとんどがこのタイプである．ただし，最近では改善されているものの，高周波ノイズ（スイッチングノイズ）がわずかに含まれていることもあり，精密さが要求されるような実験には向いていないため，そのような場合は前述のような直流安定化電源がよく用いられる．

スイッチング電源など可変でない電源から所望の電圧を出力させるため，**スライド抵抗器**を用いることがある．スライド抵抗器は，基本的には可変抵抗器であるが，数 A までの高い電流でも使用できることが特徴である．ソレノイド状に巻かれた抵抗線上の接触部を図 **3.15** の破線矢印のよう

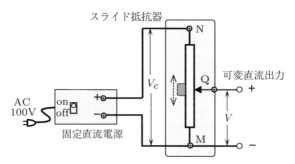

図 3.15　固定直流電源とスライド抵抗器を用いた可変電源

に移動（スライド）させることによって，ほぼ連続的に抵抗値を変化できる．このようなスライド抵抗器と固定直流電源を図 3.15 のように接続すれば，接触部 Q を動かすことで可変直流電源として使用できる．

交 流 電 源

　交流電圧を変化させて得るには，スライド（摺動）型の交流電圧調整器を用いる．（スライダック，ボルトスライダー，スライドトランスなどの商品名で知られている．）スライド型交流電圧調整器の模式図を図 3.16 に示す．出力電圧は円環状コイルの中間端子の位置を変化させることによって，100 V の入力に対して 0 ～ 130 V の間で変化できるようになっている．使用時に特に注意することは，電源を入れる前に出力電圧調節つまみを必ずゼロの位置（反時計回り方向にいっぱいに回した位置）に設定することである．安全装置はついているが，電圧が上がった状態で電源を投入すると過大電流が流れ，ヒューズが切れることがあるばかりでなく感電するおそれがあるので厳重に注意しなければならない．そして，回路の配線がすべて終わったあとではじめて電源スイッチを入れ，ダイヤルをゆっくり回して 0 V から所望の電圧値に設定すること．

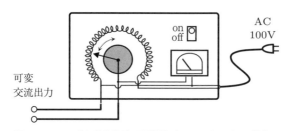

図 3.16　スライド型交流電圧調整器（スライダック）の模式図

抵抗

　エレクトロニクス回路でよく使われる抵抗は，小さな固定抵抗である．炭素抵抗の場合には有効数字は 2 桁で，そのベキ乗と精度が 4 本の色帯で表示されている（4 線表示）．金属皮膜抵抗の場合には，有効数字が 3 桁なので 5 本の色帯がついている（5 線表示）．図 3.17 に 4 線表示，5 線表示，

色と数字の対応表（カラーコード表）および4線表示抵抗の実際の抵抗値読み取り例を示した．なお，カラーコードは2から7までは虹の順序になっているので覚えやすい．

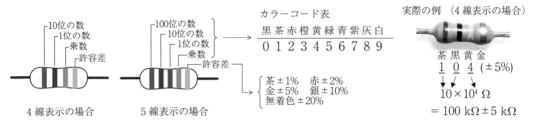

図 **3.17** 抵抗値のカラー表示とその読み取り方法

4. 精度と有効数字

精度と有効数字について

[基礎事項 3. 基本的な測定器具とデータの読み取り] でも述べたように，測定された物理量の信頼性の程度を表す用語として，精度や有効数字がある．精度と有効数字は類似のものであるが，有効数字は数字の桁数についての知見しか与えないのに対して，精度の場合には後に述べるような定量的評価方法があるので，精度の方がより一般的であるといえる．

ある測定器を用いて物理量を測定するとき，その測定器で計測できる限界を**感度**と呼ぶ．キャリパーで長さを測る場合のように，測定値の再現性が十分得られるときには感度によって精度が決まる．しかし，測定値が揺らいだり，ドリフト（時間とともに測定値が特定の方向にずれる現象）する場合には，再現性が低下するので，精度の方が感度よりも悪くなる．また，得られる値が最小読み取り値以上にばらつく場合も精度が悪くなる．この場合には，精度の代わりに**誤差**とも呼ばれる．したがって，測定値の信頼性が最小読み取り精度（感度）で決定されているのか，それとも読み取り精度を超えた測定値のばらつき（誤差）によるのかは，各実験題目ごとに異なるので，どちらが大きな影響を及ぼすかを判断して，最終結果の精度を評価しなければならない．

目盛りの読みから判断できる精度は，厳密にいえば**相対精度**である．もしも目盛りの校正が国際的に定められた標準値からずれていれば，**絶対精度**は読みから判断した相対精度より悪くなる．しかし，本学生実験では相対精度を精度とみなすことにする．

この章では，はじめに感度によって決まる精度に基づいて，複数の物理量から求められる量の精度（伝播誤差と呼ばれる）の評価方法について述べる．その後，測定値が揺らぐために統計処理が必要となる偶然誤差について説明し，この場合の伝播誤差の評価方法を解説する．

ある物理量 x の測定値が x_0 であり，その測定精度が Δx であるとする．測定精度 Δx は常に正に取る．感度によって決まる精度の場合，測定結果は $x = x_0 \pm \Delta x$ と書くが，これは x の取りうる値の範囲として

$$x_0 - \Delta x \leq x \leq x_0 + \Delta x \tag{4.1}$$

であることを意味している．一方で，偶然誤差に関しては必ずしもこの範囲に収まることを意味しない．偶然誤差の場合の取りうる値については p.25 の**誤差**の説明を参照すること．

精度の評価方法

ある物理量を測定で決定する場合，たった 1 つの物理量の測定から得られる場合よりも，数種類の物理量の測定が必要となる場合が多い．ここで，求めようとする物理量を y，直接測定した物理

量の種類を $u, v, \cdots, z$ とすると，これらの物理量の関係は次のようになる．

$$y = f(u, v, \cdots, z) \tag{4.2}$$

以下に，物理量 y の精度を計算から求める方法を紹介する．測定値がばらつく場合には，平均値と誤差を用いて考える必要があるが，それは p.25 の**誤差**で解説する．

例えば u の測定値が u_0 で精度が Δu であるとしよう．このとき，u の値は $u_0 + \Delta u$ まで大きい値である可能性がある．この最大値の場合の y の値は，Δu が小さいと仮定して次のように近似される．

$$y = f(u_0, v_0, \cdots, z_0) + \frac{\partial f(u_0, v_0, \cdots, z_0)}{\partial u} \Delta u \tag{4.3}$$

ここで，他の物理量の測定値は $v_0, \cdots, z_0$ とした．この式から，u の精度 Δu によって，y は少なくとも $\Delta u |\partial f / \partial u|$ の精度となることがわかる．すべての物理量による y への影響を足し合わせることで y の精度 Δy が求まる．ここで，それぞれの測定量が独立（互いの結果が相互に影響し合わない場合）であるとする．求めようとする物理量の精度は，測定する物理量の種類が増えれば増えるほど悪くなる．したがって，それぞれの精度の影響は絶対値をつけた上ですべて足し合わせる必要がある．最終的な y の精度 Δy は次のように求められる．

$$\Delta y = \left| \frac{\partial f}{\partial u} \right| \Delta u + \left| \frac{\partial f}{\partial v} \right| \Delta v + \cdots + \left| \frac{\partial f}{\partial z} \right| \Delta z \tag{4.4}$$

以下，和・積で表される場合に成り立つ式を紹介する．

(1) 加減算の場合

求めようとする物理量 y が，直接測定される量 x_1, x_2, x_3 の和から与えられる場合には，計算式は

$$y = ax_1 + bx_2 + cx_3 \tag{4.5}$$

となる．なお，係数が正である項は加算項，負である項は減算項である．x_1, x_2, x_3 が，それぞれ精度 Δx_1, Δx_2, Δx_3 で測定されたとする．式 (4.4) から Δy は次のように求められる．

$$\Delta y = |a|\Delta x_1 + |b|\Delta x_2 + |c|\Delta x_3 \tag{4.6}$$

式からわかるように，もしも，右辺の3つの精度の中で桁はずれて大きなものがあれば，それが全体の精度を決めてしまう．したがって，他の項に比べて特に大きな係数の物理量の測定には注意が必要である．

(2) 乗除算の場合

求めようとする物理量 y と直接測定される物理量 x_1, x_2, x_3 の間に

$$y = k \cdot x_1^l \cdot x_2^m \cdot x_3^n \tag{4.7}$$

の関係式がある場合を考える．ここで，k は定数である．

$$\frac{\partial y}{\partial x_1} = kl \cdot x_1^{l-1} \cdot x_2^m \cdot x_3^n = l\frac{y}{x_1}. \tag{4.8}$$

であるから，式 (4.4) を用いて Δy は次のように求められる．

$$\frac{\Delta y}{|y|} = |l|\frac{\Delta x_1}{|x_1|} + |m|\frac{\Delta x_2}{|x_2|} + |n|\frac{\Delta x_3}{|x_3|} \tag{4.9}$$

また，対数をとって $y' = \ln|y|$ とすると，$y' = l\ln|x_1| + m\ln|x_2| + n\ln|x_3|$ となる．この 2 つの式に式 (4.4) を適用して $d\ln|x|/dx = 1/|x|$ を用いても式 (4.9) が得られる．y の精度は，それぞれの直接測定量の精度にそのベキ数をかけて和をとったもので与えられるので，ベキ数の大きな量の測定には注意が必要となる．

(3) 加減算と乗除算の組み合わせの場合

和と積の組み合わせに対しては，和の部分と積の部分それぞれに対応する式を当てはめていく．例えば

$$y = a \cdot x_1^l + b \cdot x_2^m \cdot x_3^n \tag{4.10}$$

の場合は，$A = a \cdot x_1^l$ と $B = b \cdot x_2^m \cdot x_3^n$ のそれぞれに積の場合の式 (4.9) を適用して，$\Delta A/|A| = |l|\Delta x_1/|x_1|$ と $\Delta B/|B| = |m|\Delta x_2/|x_2| + |n|\Delta x_3/|x_3|$ を得る．その後，$y = A + B$ に和の場合の式 (4.6) を適用することで最終結果を得る．

$$\Delta y = \Delta A + \Delta B = |al||x_1|^{l-1}\Delta x_1 + |b|\left(|m||x_2|^{m-1}|x_3|^n\Delta x_2 + |n||x_2|^m|x_3|^{n-1}\Delta x_3\right) \tag{4.11}$$

もう 1 つの例として次の式を考えよう．

$$y = (ax_1 + bx_2)^m x_3^n \tag{4.12}$$

この場合は $A = ax_1 + bx_2$ に対して和の場合の式 (4.6) を適用して $\Delta A = |a|\Delta x_1 + |b|\Delta x_2$ を得る．その後，$y = A^m x_3^n$ に対して積の場合の式 (4.9) を適用することで最終結果を得る．

$$\frac{\Delta y}{|y|} = |m|\frac{\Delta A}{|A|} + |n|\frac{\Delta x_3}{|x_3|} = |m|\frac{|a|\Delta x_1 + |b|\Delta x_2}{|ax_1 + bx_2|} + |n|\frac{\Delta x_3}{|x_3|} \tag{4.13}$$

＜例題＞ 球状の物質の密度 ρ を，直径 d と質量 m の測定から，1% の精度で求めたい場合，d と m の精度をどの程度で測定すればよいか？

（解答） 球の密度 ρ は

$$\rho = \frac{m}{\frac{4}{3}\pi\left(\frac{d}{2}\right)^3} \tag{4.14}$$

となるので，式 (4.6) から

$$\left|\frac{\Delta\rho}{\rho}\right| \le \left|\frac{\Delta m}{m}\right| + 3\left|\frac{\Delta d}{d}\right| + \left|\frac{\Delta\pi}{\pi}\right| \tag{4.15}$$

となる．ここで，円周率 π は数表から必要な桁だけ与えることができるので，1% の精度を十分満

たすように 4 桁以上（誤差は 0.1% 未満）の値を採用すれば精度には関係なくなる．全体で 1% 以下にするには

$$\left|\frac{\Delta m}{m}\right| < 0.005, \quad 3\left|\frac{\Delta d}{d}\right| < 0.005 \tag{4.16}$$

となれば十分である．したがって，m の測定精度は 0.5%，d の測定精度は 0.17% が必要である．

精度まで考慮した最終結果の表し方

最終的に求めた物理量の平均値とその精度がそれぞれ $\bar{y}$ と Δy とすると，最終結果は

$$\bar{y} \pm \Delta y \quad （単位） \tag{4.17}$$

と表される．このとき，特に注意しなければならない点は，Δy の値によって示すことができる $\bar{y}$ の値に制限が生じることである．例えば，計算機を用いて，重力の加速度 g が 979.87563 cm/s^2 と計算され，精度 Δy も 0.0839725 と求められたとき

$$g = 979.87563 \pm 0.0839725 \ \text{cm/s}^2 \tag{4.18}$$

と書いてはいけない．精度 Δy は測定値の信頼性を示す値であるので，**有効数字 1 桁しか意味がない**．したがって，この場合には四捨五入して，0.08 となる．よって

$$g = 979.88 \pm 0.08 \ \text{cm/s}^2 \tag{4.19}$$

と書くのが正しい．このことは，特にレポート作成時に注意する．最後に，読み取り精度を超えてばらつく物理量に対しては，そのばらつきの幅を考慮しなくてはならない．次節でそれを考えよう．一般にこのような考察を**誤差論**という．

誤差

測定された物理量の信頼性の程度は**精度**で与えられるが，これは真値からのずれの程度も表しているので，**誤差**ともいう．測定器自体や測定環境により，国際的に定められた標準値から測定結果のずれを生じる場合には**系統誤差**という．系統誤差は用いる測定器と標準的な測定器の比較（測定器具の**校正**）や再現性のよい標準的な物理現象の計測などを行うことで対処できる．しかし，仮に系統誤差を避けることができたとしても，繰り返しの実験では，計測値が平均値の付近で測定のたびにばらつくことがある．このばらつきによる誤差を**偶然誤差**と呼ぶ．偶然誤差による物理量の不確かさを減少するには，数多くの繰り返しの実験を行って平均値を求めることになる．以下では，偶然誤差の性質，平均値，平均値の信頼度をどのように評価するかについてまとめて紹介する．

測定値と誤差の評価

n 回繰り返して測定した物理量 $(x_1, x_2, \cdots, x_n)$ の組を考える．最も確からしい値は

$$\bar{x} \equiv \frac{x_1 + x_2 + \cdots + x_n}{n} \tag{4.20}$$

で与えられる平均値 $\bar{x}$ となる．この平均値の真値からのずれを表す誤差（平均値の誤差）は，次のように評価される．各データ値と平均値との差は**残差**と呼ばれ，$\delta_i = x_i - \bar{x}$ となる．平均値の誤差 $\sigma_{\bar{x}}$ は，残差の 2 乗和を用いて

$$\sigma_{\bar{x}} = \sqrt{\frac{\sum_{i=1}^{n} \delta_i^2}{n(n-1)}} \tag{4.21}$$

と評価される．結局，n 回の測定による物理量 x の結果は，

$$\bar{x} \pm \sigma_{\bar{x}} \tag{4.22}$$

と表される．n 回の測定に対して，残差の 2 乗和がほぼ n に比例して増加することから，平均値の誤差はほぼ $1/\sqrt{n}$ に比例して小さくなる．

誤差の分布とその性質

ある物理量 x が，仮に全く誤差なく測定できた場合の値を μ とすると，μ が**真値**となる．しかし，実際の測定では，測定器自体の不安定性，外部の影響の変動などの要因によって，測定値 x は μ の付近で変動した値として観測される．偶然誤差による変動は不規則と考えられるので，数多くの測定を行った場合，ある測定値 x が出現する割合は，確率分布 $P(x)$ で表される．各測定の間に関連がない，すなわち独立な場合には，確率分布関数 $P(x)$ は，**ガウス分布**（**正規分布**とも呼ばれる）

$$P(x) = \frac{1}{\sqrt{2\pi\sigma^2}} \exp\left[-\frac{(x-\mu)^2}{2\sigma^2}\right] \tag{4.23}$$

となることが知られている．なお，記号 $\exp[\ ]$ は指数関数であり，$\exp[x] = e^x$ を意味する．ここで，σ は**標準偏差**と呼ばれる．実際の実験では測定回数は有限であるために，測定結果をもとにした分布関数をグラフに描いて，それが式 (4.23) でよく再現できるかどうかを評価する必要がある．

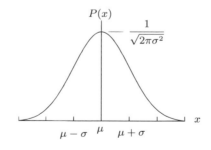

図 4.1 測定値の確率分布関数

式 (4.23) の $P(x)$ の様子を，**図 4.1** に示す．この分布関数は，$x = \mu$ で最大値 $1/(\sqrt{2\pi\sigma^2})$ をとり，標準偏差 σ が小さいほど，最大値は大きくなる．$x = \mu$ に対して対称であり，x が μ から $\pm\sigma$ 離れたところでは，$P(x)$ は最大値の $e^{-1/2}$ となる．したがって，標準偏差 σ は分布の広がりの程度を示しており，σ が大きいほど最大値は小さく，分布幅は広がる．

$P(x)$ は確率であるので，x の全領域にわたる積分値は 1 である．$\mu - \sigma \le x \le \mu + \sigma$ の範囲で積分すると，約 0.65 である．このことから，非常に多くの測定を繰り返したとき，観測値の約 65% は平均値から $\pm\sigma$ の範囲内で観測されることになる．積分範囲を $\pm 2\sigma$ に広げると 95.5%，$\pm 3\sigma$ の場合には 99.7% が含まれる．一方，全体の 50% が含まれる領域を $\mu - r \le x \le \mu + r$ とした場合の r を**確率誤差（公算誤差）**と呼び，標準偏差と

$$r = 0.6745\sigma \tag{4.24}$$

の関係にある．

確率分布を数学的に取り扱うとき，x を μ から十分離れた値にとると，$P(x)$ は実質的には 0 となる．したがって，物理量 x が現実には負の値をとらなくても，分布関数 $P(x)$ の変数 x を負の領域まで延ばして考えても問題ないので，確率分布の積分範囲を $-\infty$ から ∞ とすることができる．x の関数 $f(x)$ を考えたとき，次の積分で与えられる量 $\langle f(x) \rangle$ を $f(x)$ の期待値と呼ぶ．

$$\langle f(x) \rangle = \int_{-\infty}^{+\infty} f(x)P(x)\mathrm{d}x \tag{4.25}$$

x を n 回測定して得られたそれぞれの測定値 x_i に対して $f(x_i)$ を見積もったとき，$f(x_i)$ の平均値 $\overline{f(x)}$ は十分大きい n に対して $f(x)$ の期待値に漸近する．ここで平均値は次の式で与えられる．

$$\overline{f(x)} = \frac{1}{n}\sum_{i=1}^{n} f(x_i) \tag{4.26}$$

x の期待値は

$$\langle x \rangle = \int_{-\infty}^{+\infty} xP(x)\mathrm{d}x = \mu \tag{4.27}$$

で与えられ，$\langle x \rangle = \mu$ となり，x の平均値 $\bar{x}$ は真値 μ に漸近する．μ からのずれ $(x - \mu)$ の期待値は，

$$\langle x - \mu \rangle = \int_{-\infty}^{+\infty} (x - \mu)P(x)\mathrm{d}x = 0 \tag{4.28}$$

と 0 となる．したがって，この計算では誤差を評価できない．次に，μ からのずれの 2 乗の期待値 $\langle (x - \mu)^2 \rangle$ を求めてみると，

$$\langle (x - \mu)^2 \rangle = \int_{-\infty}^{+\infty} (x - \mu)^2 P(x)\mathrm{d}x = \sigma^2 \tag{4.29}$$

となり，この平方根 $\sqrt{\langle (x - \mu)^2 \rangle}$ は標準偏差 σ となる．

通常 μ と σ はわかっていないため測定結果から推定する必要がある．μ の推定値は既に見たように x の平均値 $\bar{x}$ としてよく，式 (4.20) で与えられる．σ の推定値は $\sqrt{\langle (x - \mu)^2 \rangle}$ と考えられるが，

μ はわかっていない. そこで μ の代わりに推定値 $\bar{x}$ を代入して $(x - \bar{x})^2$ の平均値を求めてみよう.

$$\overline{(x - \bar{x})^2} = \frac{1}{n} \sum_{i=1}^{n} (x_i - \bar{x})^2 \tag{4.30}$$

$$= \frac{1}{n} \sum_{i=1}^{n} \left(x_i - \frac{1}{n} \sum_{j=1}^{n} x_j \right)^2 \tag{4.31}$$

$$= \frac{1}{n} \left(\sum_{i=1}^{n} x_i^2 - 2 \cdot \frac{1}{n} \left(\sum_{i=1}^{n} x_i \right) \left(\sum_{j=1}^{n} x_j \right) + \frac{1}{n^2} \left(\sum_{i=1}^{n} 1 \right) \left(\sum_{j=1}^{n} x_j \right)^2 \right) \tag{4.32}$$

$$= \frac{1}{n} \left(\sum_{i=1}^{n} x_i^2 - \frac{1}{n} \sum_{i=1}^{n} \sum_{j=1}^{n} x_i x_j \right) \tag{4.33}$$

ここで右辺の各項を期待値に置き換える. $\langle x_i^2 \rangle = \langle x^2 \rangle = \sigma^2 + \mu^2$ となる. また, $i \neq j$ のときには $\langle x_i x_j \rangle = \langle x_i \rangle \langle x_j \rangle = \langle x \rangle^2 = \mu^2$ になる. $\sum x_i x_j$ は n^2 個の項が含まれるが, その中で x_i^2 になる項は n 個, $i \neq j$ の $x_i x_j$ となる項は $n^2 - n$ 個あるから,

$$\langle \overline{(x - \bar{x})^2} \rangle = \frac{1}{n} \left(\sum_{i=1}^{n} \langle x_i^2 \rangle - \frac{1}{n} \sum_{i=1}^{n} \sum_{j=1}^{n} \langle x_i x_j \rangle \right) \tag{4.34}$$

$$= \frac{1}{n} \left(n \langle x^2 \rangle - \frac{1}{n} \left(n \langle x^2 \rangle + (n^2 - n) \langle x \rangle^2 \right) \right) \tag{4.35}$$

$$= \frac{n-1}{n} \left(\langle x^2 \rangle - \langle x \rangle^2 \right) \tag{4.36}$$

$$= \frac{n-1}{n} \sigma^2 \tag{4.37}$$

この結果から, 標準偏差 σ の推定値 $\tilde{\sigma}$ は次の式で与えられる.

$$\tilde{\sigma} = \sqrt{\frac{n}{n-1} \overline{(x - \bar{x})^2}} = \sqrt{\frac{1}{n-1} \sum_{i=1}^{n} (x_i - \bar{x})^2} \tag{4.38}$$

ここまでに現れた, $\overline{(x - \bar{x})^2}$ を x の分散と呼び, 標準偏差の推定値の 2 乗に対応する $\tilde{\sigma}^2$ は不偏分散と呼ばれる. 不偏分散は測定値 x の誤差とみなされる. そのため, 測定値が x_i であるとき, 誤差を含めて測定値を $x_i \pm \tilde{\sigma}$ と書き表す. ここで, 偶然誤差は式 (4.23) の確率分布に従うため, その表式は測定値が $x_i - \tilde{\sigma} \leq x \leq x_i + \tilde{\sigma}$ の範囲に入ることを意味していない. この範囲に入る確率が約 65% であることを意味していることに注意が必要である.

誤差の伝播

これまでは 1 つの物理量を繰り返し測定した場合の誤差について説明してきたが, ここでは, いくつかの異なる物理量を組み合わせて測定した場合の誤差の評価について述べる. 実際に測定する数種類の物理量を $u, v, \cdots, z$ とし, n 組の測定値の関数を

$$F = f(u, v, \cdots, z) \tag{4.39}$$

4. 精度と有効数字 29

とする. それぞれの物理量の真値を $\mu_u, \mu_v, \cdots, \mu_z$ とすると, この関数の真の値 μ_F は

$$\mu_F = f(\mu_u, \mu_v, \cdots, \mu_z) \tag{4.40}$$

となる. これは $f(u, v, \cdots, z)$ の期待値 $\langle f(u, v, \cdots, z) \rangle$ とは必ずしも一致しないことに注意する. 例えば $f(x) = x^2$ の場合, $\mu_F = \mu_x^2$ であるが, $\langle f(x) \rangle = \langle x^2 \rangle = \sigma_x^2 + \mu_x^2$ となり, x の標準偏差 σ_x の2乗だけ異なる値となる. したがって, $f(u, v, \cdots, z)$ を平均値 $\overline{f(u, v, \cdots, z)}$ で評価すると, 平均値は期待値に漸近することから余分な誤差が生じる場合がある. 以上のことから, F の推定値 $\bar{F}$ としては u や v などにこれらの平均値 $\bar{u}$ や $\bar{v}$ を代入した値とする.

$$\bar{F} = f(\bar{u}, \bar{v}, \cdots, \bar{z}) \tag{4.41}$$

次に, F の誤差を考えよう. それぞれの物理量 $u, v, \cdots, z$ が平均値 $\mu_u, \mu_v, \cdots, \mu_z$ と標準偏差 $\sigma_u, \sigma_v, \cdots, \sigma_z$ をもつ正規分布に従うとする. これらの物理量の確率分布 $P(u)$ などは式 (4.23) で与えられる. F の誤差の2乗 σ_F^2 は次の式で求められる.

$$\sigma_F^2 = \int \int \cdots \int (F - \bar{F})^2 P(u) P(v) \cdots P(z) \mathrm{d}u \mathrm{d}v \cdots \mathrm{d}z \tag{4.42}$$

この式を見積もるために, 各変数が平均値から微小変化 $\Delta u, \Delta v, \cdots, \Delta z$ した場合を考える. このとき F の変化 $\Delta F = F - \bar{F}$ は,

$$\Delta F = \left(\frac{\partial f}{\partial u} \right) \Delta u + \left(\frac{\partial f}{\partial v} \right) \Delta v + \cdots + \left(\frac{\partial f}{\partial z} \right) \Delta z \tag{4.43}$$

と近似できる. ΔF^2 には, Δu^2 や $\Delta u \Delta v$ という項が含まれるが, Δu^2 の期待値は $\langle \Delta u^2 \rangle = \sigma_u^2$ であり, $\Delta u \Delta v$ の期待値は $\langle \Delta u \Delta v \rangle = \langle \Delta u \rangle \langle \Delta v \rangle = 0$ になるから, ΔF^2 の期待値は $\Delta u^2, \Delta v^2, \cdots, \Delta z^2$ の項だけを残してこれらを $\sigma_u^2, \sigma_v^2, \cdots, \sigma_z^2$ に置き換えれば求められる. したがって, $\sigma_F^2 = \langle \Delta F^2 \rangle$ は次のようになる.

$$\sigma_F^2 = \left(\frac{\partial f}{\partial u} \right)^2 \sigma_u^2 + \left(\frac{\partial f}{\partial v} \right)^2 \sigma_v^2 + \cdots + \left(\frac{\partial f}{\partial z} \right)^2 \sigma_z^2 \tag{4.44}$$

この式 (4.44) を, **誤差の伝播の法則**という. この式を用いると, 計算によって間接的に求めた物理量の誤差が評価できる.

誤差伝播の応用として, 式 (4.21) で表される x の平均値の誤差 $\sigma_{\bar{x}}$ を導こう. 平均値もまた, 見積もるたびに値が変化する. n 個の平均を取る作業を m 回繰り返すことを考えよう. 測定値を x_{ij} と書いて, $i = 1, 2, \cdots, n$, $j = 1, 2, \cdots, m$ とする. m 個の平均値 $\bar{x}_j$ が次のように得られる.

$$\bar{x}_j = \frac{1}{n} \sum_{i=1}^{n} x_{ij} \tag{4.45}$$

この式は, $\bar{x}_j$ は $i = 1, 2, \cdots, n$ に対応する n 個の変数の関数であることを示していて, x_{ij} は x_i という変数を m 回測定した結果とみなせる. これは単純に, 式 (4.20) の $\bar{x}$ を n 個の変数 x_i の関数と

みなしたことに対応する．したがって，式 (4.44) により $\sigma_{\bar{x}}$ は次のように式 (4.21) で与えられる．

$$\sigma_{\bar{x}}^2 = \sum_{i=1}^{n} \left(\frac{\partial \bar{x}}{\partial x_i} \right)^2 \sigma_x^2 = \frac{\sigma_x^2}{n} = \sum_{i=1}^{n} \frac{(x_i^2 - \bar{x})^2}{n(n-1)} \tag{4.46}$$

ここで，$\partial \bar{x}/\partial x_i = 1/n$ であり，σ_x には式 (4.38) の $\bar{\sigma}$ を代入した．

例として，球の密度 ρ を質量 m と直径 d を測定して，公式

$$\rho = \frac{m}{\frac{4}{3} \pi \left(\frac{d}{2} \right)^3}$$

を用いて計算する場合を考える．m と d の平均値と標準偏差の推定値を $\bar{m} \pm \sigma_m$，$\bar{d} \pm \sigma_d$ とする．平均値は式 (4.20)，標準偏差は式 (4.38) で評価する．誤差は，式 (4.44) より，

$$\sigma_{\rho}^2 = \left(\frac{1}{\frac{4}{3} \pi \frac{\bar{d}^3}{2^3}} \right)^2 \sigma_m^2 + \left(\frac{3\bar{m}}{\frac{4}{3} \pi \frac{\bar{d}^4}{2^3}} \right)^2 \sigma_d^2 \tag{4.47}$$

または，

$$\left(\frac{\sigma_{\rho}}{\bar{\rho}} \right)^2 = \left(\frac{\sigma_m}{\bar{m}} \right)^2 + \left(3\frac{\sigma_d}{\bar{d}} \right)^2 \tag{4.48}$$

となる．

5. グ ラ フ

グラフについて

多くの物理法則では，いくつかの物理量の間の関係が関数で表される．本物理学実験ではこの関数関係を実験から明らかにすることを主な目的としており，ある物理量 x（場合によっては複数の物理量 $x_A, x_B, \cdots$）を変化させながら，それと関係した別の物理量 y（複数の場合 $y_A, y_B, \cdots$）の変化を測定していく．実験中は，まずはこれらの物理量の変化を実験ノートに表の形式で記載していくが，単に表にまとめただけでは x と y の間にある関係を把握するのは難しい．また取ったデータの妥当性，ばらつき具合の判別も難しい．グラフを用いると，このような問題はほとんどの場合簡単に解決することができる．例えば x と y の間に比例関係があれば線形グラフで直線になるので，関係性を把握することは容易である．また，もしこの直線から大きくはずれたデータがある場合，そのデータの妥当性が低いことも（測定ミスの場合も）目で見てすぐに認識することが可能である．あるいは x と y の関係がもっと複雑であっても，グラフの種類を工夫する（後述）ことで，関係性を目で見てクリアにすることが可能である．このように実験データの妥当性を判断したり，物理量間の関係性を把握する上でグラフは非常に有効であるため，ほとんどの実験ではグラフを作成することになる．

グラフの作成の仕方

グラフを作成する際には，まずは以下の事柄を記載する．**グラフの題目**，**縦軸と横軸の物理量と単位**，**軸の目盛りの数値**．数値については，非常に大きい，あるいは小さい場合は，乗数 $(10^9, 10^{-6})$ を補助的に用いて表記してもよい．なお通常，変化させた物理量 x を横軸，測定した物理量 y を縦軸にするが，状況に応じて縦軸と横軸を入れ替えたり，x, y に様々な計算を加えたものを縦軸や横軸にする場合もある．その上で，実際の実験データを各軸に対応させてプロット（記入）していく．基本的に測定したデータは，1 つひとつをすべて ○ や ● などの印でプロットする．測定条件が異なる複数のデータを 1 つのグラフにプロットすることもあるが，この場合それぞれ印を変えてプロットし，わかりやすい説明（凡例）も記入しておくことが望ましい．また補助線 (visual guides) を記入するとグラフが見やすくなる場合が多い．補助線には以下のような引き方（書き方）がある．

- 測定した x と y の間の関係が未知な場合は，基本的に全データの近くを通るような滑らかな曲線を引く．これは x と y にどのような関係性があるにせよ，連続的に変化すると考えられるからである．この際，データ点を直線で結ぶのではなく，必ずしも曲線が全データ点を通っ

ている必要はない．

- x と y の間に何らかの関係があることがあらかじめわかっている場合，あるいはありそうな場合，その関係式に対応する線を引く．この線は厳密には最小二乗法（[基礎事項 6. 最小二乗法] を参照）を用いて求めた（フィッティングした）パラメータを用いて引くべきである．ただし，例えば x と y が比例関係の場合この線は直線であり，目分量で確からしい直線を引けばかなりよい近似となる．実際，本物理学実験では，グラフ上で目分量で引いた直線の傾きや切片を，最小二乗法で求めた値と比較してこれを確認する．

また上記の補助線以外にも，データの解析を見やすくするための線や印を記入するのもよい．例えば，y の x に対する変化が極大を示す場合，その位置を線や矢印でわかりやすく示したり，あるいは実験データの補助線と各軸との交点（切片）が重要な場合，その位置を矢印などで示すことも考えられる．参考のため，[実験課題 11. 金属と半導体の電気抵抗] のゲルマニウムの電気抵抗の温度依存性のグラフの例を図 **5.1** に示す．

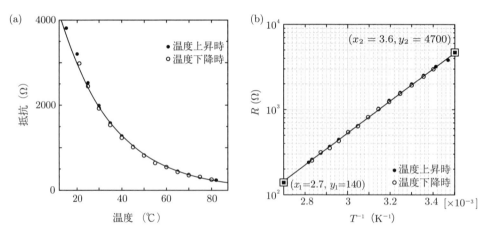

図 **5.1** ゲルマニウムの電気抵抗の温度依存性．(a) 線形グラフ．(b) 温度の逆数を横軸に取った片対数グラフ．

いずれにしてもグラフを作成する際には，基本的にそのグラフだけで必要な情報がわかるようにすることが重要である．これには読み手（本物理学実験では教員）を意識し，その人が理解できるよう心がけることも必要である．本物理学実験を通して，よりよいグラフの作成の仕方を学んでほしい．

グラフの種類と使い方

グラフの形式には，目的に応じて非常にたくさんの種類があるが，ここでは本物理学実験で用いられる**線形グラフ**（方眼紙に書くような通常のグラフ），**片対数グラフ**，**両対数グラフ**の使い方を紹介する．線形グラフは通常使用されるグラフであり，特に説明はいらないであろう．対数グラフを利用する利点は主に 2 つあり，(1) 数値が大きく変化するようなデータを 1 枚のグラフにプロット

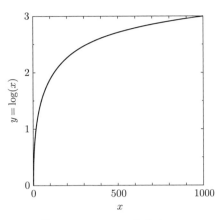

図 5.2　$y = \log x$ の線形グラフ

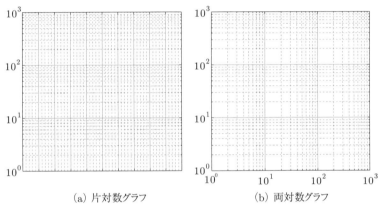

図 5.3　片対数，両対数グラフ

したい場合，(2) 測定した変数間の関係性が単純な線形ではないときにパラメータフィッティングしたい場合，がある．図 5.2 は線形グラフに，底を 10 とする対数関数 $y = \log x$ をプロットした図である．このグラフを見るとわかるが，x が 1 から 1000 まで 3 桁変化しても $\log x$ は 0 から 3 までしか変化しない．つまり図を作成する際に，数値 x が桁の変更を伴って大きく変化するような場合，$\log x$ に変換することで，広い範囲のデータを 1 枚の図にプロットすることが可能になる．x 軸（あるいは y 軸）のみを対数関数 $\log x$（あるいは $\log y$）に変換してプロットする図を片対数グラフ，x 軸，y 軸両方を対数関数に変換した図を両対数グラフと呼び，図 5.3 に例を示してある．なお対数目盛りの数値の示し方は，ベキ乗 (10^n) で示すことが多いが，桁数があまり変わらない場合は，$0.1, 1, 10, 100, \cdots$ と数値を直接書いてもよい．

また対数グラフのもう 1 つのメリットとして，物理量間の線形以外の関係性を知るためにも有効である．3 種類の関数

$$\text{(a) } y = a + bx, \quad \text{(b) } y = ce^{-dx}, \quad \text{(c) } y = kx^m \tag{5.1}$$

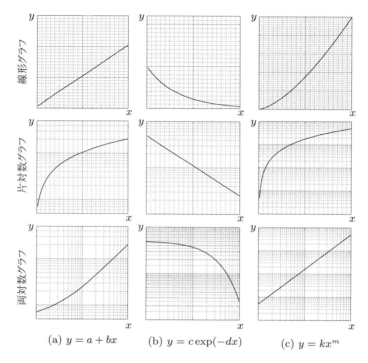

図 5.4　3 種類の関数に対する線形，片対数，両対数グラフ

の線形グラフ，片対数グラフ，両対数グラフを図 5.4 に示す．なおここでは a, d, m は正の値にしてある．この図からわかるように，(a) は線形グラフ，(b) は片対数グラフ，(c) は両対数グラフの場合に直線となる．つまり，実験データ (x, y) を (a)～(c) のグラフにプロットして直線性を確認することで，x, y の間に，それぞれ線形関係，指数関係，ベキ乗関係があることを判断できる．

本物理学実験では，変数 x と y の間に (a)～(c) の関数関係が存在する場合に，実験で得たデータからそれら関数のパラメータ (a, b, c, d, m, k) を求める課題が多くある．厳密にはこれらパラメータの決定は最小二乗法を用いて決定すべきであるが，各グラフの線形性を利用して決定することも可能である．ここでは x と y の間に，(b) の関係があるときの 2 つのパラメータ c, d の具体的な求め方を示す．図 5.1(b) を参考にしながら学習してほしい．

(1) まずは実験データ (x, y)，あるいはそれらに計算式を加えた値を片対数グラフにプロットする．
(2) 次にこれらすべてのデータに対して目分量で確からしい直線を引く（引いた直線に対してデータが上下に均等に分布するように）．
(3) 直線上に適切な 2 点 $(x_1, y_1), (x_2, y_2)$ を設定する（実験で測定したうちの 2 点ではないことに注意．図では二重四角印）．点は目盛り軸上などなるべく値が読みやすい場所を選ぶ．また 2 点はなるべく近すぎない位置に設定する方が，求めるパラメータの誤差が小さくなるのでよい．
(4) この 2 点を用いて直線の傾きと切片を求め，そこから c, d を計算する．なお傾きと切片の求め方は線形グラフとは異なるので，以下のような式変形を用いて丁寧に行う．

$y = ce^{-dx}$ の両辺の log をとると,

$$\log y = \log c - dx \log e \tag{5.2}$$

なお，ここで e は自然対数で，$e = 2.71828\cdots$，$\log e = 0.4343\cdots$ である．また対数関数については 10 を底とする log が通常使用されるが，自然対数を底とする ln も使用される場合もあり，両者の関係は $\ln x = \log x / \log e$ である．ここに 2 点の値 $(x_1, y_1), (x_2, y_2)$ を代入し，

$$\log y_1 = \log c - dx_1 \log e$$
$$\log y_2 = \log c - dx_2 \log e \tag{5.3}$$

両辺引き算して，

$$\log y_1 - \log y_2 = -d\,(x_1 - x_2) \log e \tag{5.4}$$

$$\therefore \quad d = \frac{1}{\log e} \frac{\log y_1 - \log y_2}{x_1 - x_2} \tag{5.5}$$

$$\log c = \frac{x_1 \log y_2 - x_2 \log y_1}{x_1 - x_2} \tag{5.6}$$

(c) の関係の場合もこれを参考に m, n を求めるとよい．

なお実際に実験で取ったデータ x と y の関係が直接的に (a)~(c) のようにならない場合でも，逆数や 2 乗など適切な数式変換処理を行った値を縦軸や横軸にとることで，対数グラフを直線にして関数系のパラメータを求めることが可能である．上記図 5.1(b) は横軸に温度の逆数を取った例であり，あるいは [実験課題 14. RC 回路] の微分／積分回路の時定数を求める場合も，横軸や縦軸に適切な変換を行った上で片対数グラフを利用することで，グラフから時定数を求めることが可能になる．各自で様々な応用を試みてほしい．

6. 最小二乗法

最小二乗法について

　グラフで求める実験式は，グラフの読み方に個人的主観が入ることがある．これを避けるために客観的な数学的取り扱いによる実験式決定方法を取る必要がある．ここではそのような手法の 1 つである最小二乗法を用いて多項式の係数を求める方法について解説する．

　2 つの物理量 x と y の間に関数関係 $y = f(x)$ が成り立つとする．この 2 つの物理量の組 (x, y) を測定するが，多くの場合 x を変えて y を測定することを繰り返す．こうして n 組の測定値 (x_i, y_i)，$i = 1, 2, \cdots, n$ が得られる．グラフの横軸に x を，縦軸に y を取り，この n 組の測定値を点でプロットする．関数 $f(x)$ の係数が既に他の方法で決まっていた場合には，この関数を同じグラフに描いて比較すればよいが，一般的に $f(x)$ のいくつかの係数は未定であり実験結果を再現するように決めることになる．そこでこれらの係数を $a, b, \cdots$ とし，これを明示して $f(x; a, b, \cdots)$ と書き直す．測定値 x_i に対してこの関数から予想される y の値は，$f(x_i; a, b, \cdots)$ となるから，これと測定結果 y_i との差 $y_i - f(x_i; a, b, \cdots)$ を最小にするように係数を決めればよい．そこで，この差の 2 乗和である χ^2 を次のように定義する．

$$\chi^2 = \sum_i \left(y_i - f(x_i; a, b, \cdots) \right)^2 \tag{6.1}$$

χ^2 が最小になる必要条件は，パラメータによる微分係数がすべて 0 になることであるから，次の連立方程式を解けばよい．

$$\frac{\partial \chi^2}{\partial a} = 0, \quad \frac{\partial \chi^2}{\partial b} = 0, \quad \cdots \tag{6.2}$$

このようにして得られたパラメータ $a, b, \cdots$ を用いて $y = f(x; a, b, \cdots)$ をプロットすると，目で決めた曲線とほぼ同じ曲線を再現するはずである．しかし，求めた係数の組が最小値ではなくて，極大値や極小値の場合には異なる曲線となる．したがって，最小二乗法で求めたからよいという固定観念ではなく，得られた係数の組が実験結果を正しく再現することをグラフで再確認することが必要で，この確認は物理実験以外でも重要な点であることを念頭においてほしい．以下いくつかの関数形に対する最小二乗法の例を示す．

1 つのパラメータの場合

　パラメータが 1 つ，a のみである場合，$y = a$ を考える．これは測定値 y が他の測定値 x に依存しないことを示したい場合になる．n 回の測定を行って，n 組の物理量 (x_i, y_i)，$i = 1, 2, \cdots, n$ が得

られたとする. χ^2 は

$$\chi^2 = \sum_{i=1}^{n} (a - y_i)^2 \tag{6.3}$$

χ^2 が最小になる条件は

$$\frac{d\chi^2}{da} = \sum_{i=1}^{n} 2(a - y_i) = 0 \tag{6.4}$$

これから a が求まり,

$$a = \frac{1}{n} \sum_{i=1}^{n} y_i \tag{6.5}$$

となる. 最小二乗法で決定した最適値 a は平均値となる. 一般的には y が x に依存しないことを確認するためには, 次の直線の式を用いて傾き b がその誤差 σ_b より小さいことを示す必要がある.

直線の場合：$y = a + bx$

例えば, 金属の電気抵抗の温度依存性では, 電気抵抗と温度の関係が直線関係 $y = a + bx$ で表されると考えられる. この場合には各測定値の組 (x_i, y_i) に対して $(y_i - a - bx_i)$ の 2 乗和が最小化するべき χ^2 になる.

$$\chi^2 = \sum_{i=1}^{n} (y_i - a - bx_i)^2 \tag{6.6}$$

χ^2 はパラメータ a と b のそれぞれに対して下に凸の 2 次関数になっているから, 極値は最小値に対応する. したがって, それぞれの微分係数を 0 にするように a, b を求めればよい.

$$\frac{\partial \chi^2}{\partial a} = -2 \sum_{i=1}^{n} (y_i - a - bx_i) = 0 \tag{6.7}$$

$$\frac{\partial \chi^2}{\partial b} = -2 \sum_{i=1}^{n} [x_i(y_i - a - bx_i)] = 0 \tag{6.8}$$

これを a と b についてまとめると

$$na + \left(\sum_{i=1}^{n} x_i \right) b = \left(\sum_{i=1}^{n} y_i \right) \tag{6.9}$$

$$\left(\sum_{i=1}^{n} x_i \right) a + \left(\sum_{i=1}^{n} x_i^2 \right) b = \left(\sum_{i=1}^{n} x_i y_i \right) \tag{6.10}$$

となる. a と b を連立方程式から求めると

$$a = \frac{1}{\Delta} \begin{vmatrix} \sum y_i & \sum x_i \\ \sum x_i y_i & \sum x_i^2 \end{vmatrix} = \frac{1}{\Delta} \left(\sum_{i=1}^{n} x_i^2 \sum_{j=1}^{n} y_j - \sum_{i=1}^{n} x_i \sum_{j=1}^{n} x_j y_j \right) \tag{6.11}$$

$$b = \frac{1}{\Delta} \begin{vmatrix} n & \sum y_i \\ \sum x_i & \sum x_i y_i \end{vmatrix} = \frac{1}{\Delta} \left(n \sum_{i=1}^{n} x_i y_i - \sum_{i=1}^{n} x_i \sum_{j=1}^{n} y_j \right) \tag{6.12}$$

$$\Delta = \begin{vmatrix} n & \sum x_i \\ \sum x_i & \sum x_i^2 \end{vmatrix} = n \sum_{i=1}^{n} x_i^2 - \left(\sum_{i=1}^{n} x_i \right)^2 \tag{6.13}$$

となる．これらが，求める a と b の最適値となる．

　求めた a と b は最適値であって，残差の2乗和が0ではないので，求めた a と b に不確かさが残る．それぞれの係数の不確かさを評価することは重要である．これは，[基礎事項 4. 精度と有効数字] の誤差の伝播で述べられている方法を用いて評価できる．ここまで，最小化する χ^2 を y 方向の差の2乗和で定義した．これは x_i の誤差を無視したことに対応する．もし x_i の誤差も考慮するなら，(x, y) の2次元面での測定点と直線の間の距離の2乗和で定義する必要がある．ここでは x_i の誤差は無視できるとして，y_i の誤差 σ_y だけを考えて a と b への誤差伝播を考える．すると，最適値として求めた a と b は，$y_1, y_2, \cdots, y_n$ の関数となる．そこで，式 (6.11) と [基礎事項 4. 精度と有効数字] の式 (4.44) を用いると，a に対する誤差の2乗 σ_a^2 は

$$\sigma_a^2 = \sum_{j=1}^{n} \left(\frac{\partial a}{\partial y_j} \right)^2 \sigma_y^2 \tag{6.14}$$

$$= \frac{\sigma_y^2}{\Delta^2} \sum_{j=1}^{n} \left(\sum_{i=1}^{n} x_i^2 - x_j \sum_{i=1}^{n} x_i \right)^2 \tag{6.15}$$

$$= \frac{\sigma_y^2}{\Delta^2} \sum_{j=1}^{n} \left[\left(\sum_{i=1}^{n} x_i^2 \right)^2 - 2x_j \sum_{i=1}^{n} x_i \sum_{k=1}^{n} x_k^2 + x_j^2 \left(\sum_{i=1}^{n} x_i \right)^2 \right] \tag{6.16}$$

$$= \frac{\sigma_y^2}{\Delta^2} \left(\sum_{i=1}^{n} x_i^2 \right) \left[n \sum_{i=1}^{n} x_i^2 - \left(\sum_{i=1}^{n} x_i \right)^2 \right] \tag{6.17}$$

$$= \frac{\sigma_y^2}{\Delta} \sum_{i=1}^{n} x_i^2 \tag{6.18}$$

となる．同様に b についても

$$\sigma_b^2 = \sum_{j=1}^{n} \left(\frac{\partial b}{\partial y_j} \right)^2 \sigma_y^2 \tag{6.19}$$

$$= \frac{\sigma_y^2}{\Delta^2} \sum_{j=1}^{n} \left(x_j - \sum_{i=1}^{n} x_i \right)^2 \tag{6.20}$$

$$= n \frac{\sigma_y^2}{\Delta} \tag{6.21}$$

と導かれる．

　もし，$y = a + bx$ の式が正しいなら，χ^2 は y の残差の2乗和であるから，χ^2 の期待値 $\langle \chi^2 \rangle$ から y_i の誤差 σ_y を見積もることができる．a や b が y_i を含むため σ_y^2 と χ^2 は等しくならない．計算の詳細は省略するが，いまの場合の σ_y は

$$\sigma_y^2 = \frac{1}{n-2} \sum_{i=1}^{n} (y_i - a - bx_i)^2 \tag{6.22}$$

となる．ここで，分母の $n-2$ は自由度で，一般に <u>自由度＝データ数 − パラメータ数</u> と与えられる．いまの場合，2つのパラメータ a と b があるために $n-2$ となっている．

多項式の場合：$y = a + bx + cx^2 + \cdots$

直線でよく近似できない場合には，より次数の高い多項式で近似すると便利である．任意の次数の多項式の場合も，直線と同様に，最小二乗法による最適値を求めることができる．ここでは 2 次式の例を示すが，取り扱いは 2 次式でも，1 次式（線形）の場合とほとんど同じである．

2 つの物理量の対 (x_i, y_i) を n 個測定した結果に対して，2 次関数

$$y = a + bx + cx^2 \tag{6.23}$$

の 3 つのパラメータ a, b, c を決定すればよい．直線の場合と同様に

$$\chi^2 = \sum_{i=1}^{n} (y_i - a - bx_i - cx_i^2)^2 \tag{6.24}$$

を最小にする条件は，χ^2 の各パラメータによる偏微分がゼロになることである．

$$\frac{\partial \chi^2}{\partial a} = -2 \sum_{i=1}^{n} (y_i - a - bx_i - cx_i^2) = 0$$

$$\frac{\partial \chi^2}{\partial b} = -2 \sum_{i=1}^{n} x_i(y_i - a - bx_i - cx_i^2) = 0$$

$$\frac{\partial \chi^2}{\partial c} = -2 \sum_{i=1}^{n} x_i^2(y_i - a - bx_i - cx_i^2) = 0$$

これらの式をまとめると

$$(\sum 1)a + (\sum x_i)b + (\sum x_i^2)c = \sum y_i$$
$$(\sum x_i)a + (\sum x_i^2)b + (\sum x_i^3)c = \sum x_i y_i \tag{6.25}$$
$$(\sum x_i^2)a + (\sum x_i^3)b + (\sum x_i^4)c = \sum x_i^2 y_i$$

この連立方程式から a, b, c を求めると，以下の結果となる．

$$a = \frac{1}{\Delta} \begin{vmatrix} \sum y_i & \sum x_i & \sum x_i^2 \\ \sum x_i y_i & \sum x_i^2 & \sum x_i^3 \\ \sum x_i^2 y_i & \sum x_i^3 & \sum x_i^4 \end{vmatrix} \tag{6.26}$$

$$b = \frac{1}{\Delta} \begin{vmatrix} \sum 1 & \sum y_i & \sum x_i^2 \\ \sum x_i & \sum x_i y_i & \sum x_i^3 \\ \sum x_i^2 & \sum x_i^2 y_i & \sum x_i^4 \end{vmatrix} \tag{6.27}$$

$$c = \frac{1}{\Delta} \begin{vmatrix} \sum 1 & \sum x_i & \sum y_i \\ \sum x_i & \sum x_i^2 & \sum x_i y_i \\ \sum x_i^2 & \sum x_i^3 & \sum x_i^2 y_i \end{vmatrix} \tag{6.28}$$

$$\Delta = \begin{vmatrix} \sum 1 & \sum x_i & \sum x_i^2 \\ \sum x_i & \sum x_i^2 & \sum x_i^3 \\ \sum x_i^2 & \sum x_i^3 & \sum x_i^4 \end{vmatrix} \tag{6.29}$$

一見すると複雑だが，データを打ち込んでパソコンでこのような計算をするのは容易である．

パラメータが 3 つの場合の標準偏差 σ_y は，残差と次のように関係づけられる．

$$\sigma_y^2 = \frac{1}{n-3} \sum_{i=1}^{n} (y_i - a - bx_i - cx_2)^2 \tag{6.30}$$

各パラメータの誤差の評価の式は省く．なお，分母が $n-3$ となるのは，パラメータの数が 3 のためである．

3 次以上の多項式の場合も同様に計算ができる．ここでは結果を記すことは省くが，結果は既に計算した 2 例から容易に推察できる．1 次式の場合の式 (6.11)–(6.13) と 2 次式の場合の式 (6.26)–(6.29) を比べてみれば，次数が上がるたびに行列式の要素に 1 つ次数が上がったものを継ぎ足して行けばよいことがわかる．

その他の実験式

行列を用いた計算が可能であるのは，$f(x; a, b, \cdots)$ が，係数 $a, b, \cdots$ の 1 次関数となっているためである．もし係数の 2 次関数や指数関数など 1 次関数で表せない場合は，χ^2 が最小となる係数は数値的に探索する必要があり，与えられた実験データの直接計算による最適値の決定は，収束条件の問題のために簡単には行えないことがある．実験式の変数の取り方を変えて係数の 1 次関数となるように変換できるなら，ここで述べた方法を用いて簡単に計算できるようになる．以下，物理実験で使用する代表的な関数の例を示す．

(a) **定指数式（ベキ関数）**：$y = ax^b$

両辺の対数をとると $\ln y = \ln a + b \ln x$ と変形できるので，新たなデータとして，$Y_i = \ln y_i$, $X_i = \ln x_i$, $A = \ln a$ とすると

$$Y = A + bX \tag{6.31}$$

と直線の場合になる．グラフでは，両対数グラフで直線になる．

(b) **変指数式（指数関数）**：$y = ae^{bx}$

(a) と同様に両辺の自然対数をとり，$Y = \ln y$, $A = \ln a$ とすると

$$Y = A + bx \tag{6.32}$$

となり，パラメータを A と b として，Y と x の間の関係は直線となる．グラフでは，片対数グラフで直線になる．

(c) $y = \dfrac{ax}{1 + bx}$

この場合は，$Y = 1/y$, $X = 1/x$, $A = 1/a$, $B = b/a$ とおくと

$$Y = B + AX \tag{6.33}$$

となり，これも直線の場合になる．

(d) $y = \dfrac{x}{a + bx + cx^2}$

$Y = x/y$ とおくと

$$Y = a + bx + cx^2 \tag{6.34}$$

となり，2次式の場合になる．

7. 交流回路の基礎理論

交流回路について

　[実験課題 12. 自己インダクタンス]，[実験課題 13. LCR 共振回路] および [実験課題 14. RC 回路] の実験では，コンデンサーやコイルなどが入った電気回路の交流特性を取り扱う．この章では，これら実験課題で共通して必要となる交流理論の基礎についてまとめて紹介する．

交流の実効値

　正弦波で表される理想的な交流波形は，電圧が最大になったときの時刻を $t = 0$ とすると瞬間値 $v(t)$ (V) は図 7.1 の実線で示される．交流の場合，回路を流れる電流が最大となる時刻は必ずしも電圧の時刻と一致しないので，$v(t)$ および交流電流の瞬間値 $i(t)$ (A) は

$$v(t) = V_m \cos \omega t \tag{7.1}$$

$$i(t) = I_m \cos(\omega t - \theta) \tag{7.2}$$

と表される．ここで ω は角振動数で，交流の周波数を f (Hz) とすると，$\omega = 2\pi f$. V_m, I_m はそれぞれ交流電圧，交流電流の最大値，θ は位相差である．図 7.1 の点線は $i(t)$ を表し，この場合 $v(t)$ の位相は $i(t)$ の位相より θ だけ進んでいる．$v(t)$ や $i(t)$ の 1 周期 T $(= 1/f)$(sec) にわたる 2 乗平均値の平方根をそれらの実効値といい，

$$\bar{V} = \sqrt{\frac{1}{T}\int_0^T V_m^2 \cos^2 \omega t \; \mathrm{d}t} = \frac{V_m}{\sqrt{2}} \tag{7.3}$$

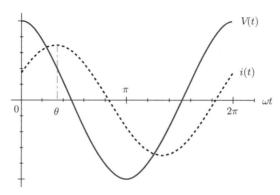

図 7.1　1 周期にわたる交流波形の時間変化

$$\bar{I} = \sqrt{\frac{1}{T} \int_0^T I_m^2 \cos^2(\omega t - \theta)\, \mathrm{d}t} = \frac{I_m}{\sqrt{2}} \tag{7.4}$$

となる．交流の電力 P (W) は電圧と電流の積の時間平均で定義され，

$$P = \frac{1}{T} \int_0^T V_m \cos \omega t\, I_m \cos(\omega t - \theta)\, \mathrm{d}t = \frac{1}{2} V_m I_m \cos \theta \tag{7.5}$$

となる．$\cos\theta$ を力率といい，$\theta = \pm \frac{\pi}{2}$ では $V_m I_m \neq 0$ でも $P = 0$ となるので，このような電流を無効電流という．一方，$\theta = 0$ のときは，力率は 100% となる．

交流の複素表示と交流ベクトル

交流には位相差があるため，実効値 1 V の交流電圧に同じ周波数の別の実効値 1 V の交流電圧を直列につないでも，合成電圧は直流のときのように 2 V には必ずしもならない．位相差を φ とすれば合成電圧 v は，

$$\begin{aligned} v &= \sqrt{2}\cos \omega t + \sqrt{2}\cos(\omega t + \varphi) \\ &= 2\sqrt{2}\cos \frac{\varphi}{2} \cos\left(\omega t + \frac{\varphi}{2}\right) \end{aligned} \tag{7.6}$$

なので，実効値は $2\cos\dfrac{\varphi}{2}$ (V) となる．

交流を複素数で表示すると，大きさだけでなく位相の関係もわかるのでたいへん便利である．時刻 $t = 0$ における位相が θ_1 の交流電圧の場合

$$\hat{v}(t) = V_m e^{i(\omega t + \theta_1)} = V_m \exp\left[i(\omega t + \theta_1)\right] \tag{7.7}$$

と書く．ここで，$\hat{v}$ は複素数であることを表し，i は虚数単位である．オイラーの公式 $e^{i\varphi} = \exp(i\varphi) = \cos\varphi + i\sin\varphi$ を使うと，$\hat{v}$ の実部は $v(t) = V_m \cos(\omega t + \theta_1)$ に等しい．すなわち，実測される交流電圧 $v(t)$ は，複素数の実部 (Real) を表す記号 Re を用いて

$$v(t) = Re\left[\hat{v}(t)\right] = Re\left[V_m \exp\left[i(\omega t + \theta_1)\right]\right] \tag{7.8}$$

と表される．電流についても同様に，時刻 $t = 0$ における位相が θ_2 のとき，複素交流電流は

$$\hat{i}(t) = I_m \exp\left[i(\omega t + \theta_2)\right] \tag{7.9}$$

となる．

さて，式 (7.7) を変形して，複素振幅 $\hat{V} = V_m \exp\left[i\theta_1\right]$ を定義すれば

$$\hat{v}(t) = V_m \exp\left[i\omega t\right] \exp\left[i\theta_1\right] = \hat{V} \exp\left[i\omega t\right] \tag{7.10}$$

と表される．このようにすれば交流電圧の位相を時間的な量としてではなく，複素数の偏角として取り扱うことができる．このような複素数を用いた交流の表現方法を交流の複素表示という．

複素平面を用いると振幅の大小と位相差をベクトル的に表すことができる．図 **7.2** のように実部

を x 軸，虚部を y 軸にとると，式 (7.7) の $\hat{v}(t)$ は偏角 $\omega t + \theta_1$ の図 7.2 に示すような大きさ V_m，角速度 ω で回転するベクトルになる．さらに xy 座標系に対して角速度 ω で回転する XY 座標系を考えると，XY 座標系からみた $\hat{v}(t)$ は静止したベクトルになり，その X 成分は $X = V_m \cos\theta_1$，Y 成分は $Y = V_m \sin\theta_1$ で，複素振幅 $\hat{V} = V_m \exp[i\theta_1]$ のベクトル表示になっている．通常，これを交流ベクトルと呼び，大きさ V_m と偏角 θ_1 で表される．実効電圧 $\bar{V}$ を扱うときは，大きさを $\dfrac{V_m}{\sqrt{2}}$ とすれば，他は全く同じである．

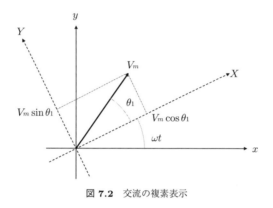

図 **7.2** 交流の複素表示

さて簡単な例として複素振幅 $\hat{V}_1 = V_1 \exp[i\varphi_1]$ と $\hat{V}_2 = V_2 \exp[i\varphi_2]$ の和を求めよう．XY 回転座標系に表すと図 **7.3** のようになる．このとき合成電圧は $\hat{V}_1, \hat{V}_2$ のベクトル和で与えられ，$\hat{V}_1 + \hat{V}_2$ となる．

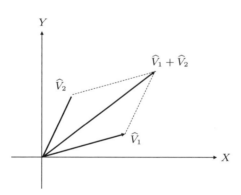

図 **7.3** 複素振幅の合成

インピーダンス

図 7.1 に示したように，交流では一般に電圧と電流の位相がずれているので，単純なオームの法則は適用できない．そこで，抵抗 R の代わりにインピーダンス $\hat{Z}$ という量を考える．

図 **7.4** に示すような 2 端子回路に複素電圧 $\hat{V}$，複素電流 $\hat{I}$ の交流が流れているとき，インピーダ

7. 交流回路の基礎理論

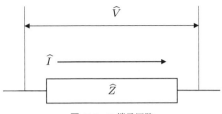

図 **7.4** 2 端子回路

ンスは

$$\hat{Z} = \frac{\hat{V}}{\hat{I}} \tag{7.11}$$

で与えられる．$\hat{Z}$ の単位は抵抗 R と同じ Ω である．交流電圧と交流電流が式 (7.7) と (7.9) で与えられるときは，$\hat{V} = V_m \exp[i\theta_1]$, $\hat{I} = I_m \exp[i\theta_2]$ であるから

$$\begin{aligned}\hat{Z} &= \frac{V_m \exp[i\theta_1]}{I_m \exp[i\theta_2]} = \frac{V_m}{I_m} \exp[i(\theta_1 - \theta_2)] \\ &= \frac{V_m}{I_m} \cos\theta + i\frac{V_m}{I_m} \sin\theta\end{aligned} \tag{7.12}$$

となる．ここで位相差 $\theta = \theta_1 - \theta_2$ とした．一般に $\hat{Z}$ の実部を R，虚部を X で表し，

$$\hat{Z} = R + iX \tag{7.13}$$

と書く．R は抵抗，X はリアクタンスと呼ばれる．またインピーダンスの逆数をアドミタンス $\hat{Y}$ といい，

$$\hat{Y} = \frac{1}{\hat{Z}} = G + iB \tag{7.14}$$

と書く．G をコンダクタンス，B をサセプタンスと呼び，$\hat{Y}$ の単位はジーメンス ($\mathrm{S}\,(=\Omega^{-1})$) である．

いくつかのインピーダンスをつないだ合成回路のインピーダンスは，直流回路の合成抵抗と同じ計算規則で求めることができる．すなわち，2 つのインピーダンス $\hat{Z}_1$ と $\hat{Z}_2$ を直列または並列につないだ場合の合成インピーダンス $\hat{Z}$ は

$$\hat{Z} = \hat{Z}_1 + \hat{Z}_2 \quad 直列 \tag{7.15}$$

$$\frac{1}{\hat{Z}} = \frac{1}{\hat{Z}_1} + \frac{1}{\hat{Z}_2} \quad 並列 \tag{7.16}$$

となる．

抵抗が R のインピーダンスは R である．自己誘導係数 L (H) のコイルの場合，図 **7.5** に示すようにコイルに流れる電流を i，電圧を v とすると

$$v = L\frac{\mathrm{d}i}{\mathrm{d}t} \tag{7.17}$$

となる.なお,ここでは抵抗が 0 の理想的なコイルを考えた.式 (7.7) と式 (7.9) の複素表示を使うと

$$V_m \exp[i(\omega t + \theta_1)] = L\frac{\mathrm{d}}{\mathrm{d}t}[I_m \exp[i(\omega t + \theta_2)]]$$
$$= i\omega L\, I_m \exp[i(\omega t + \theta_2)] \tag{7.18}$$

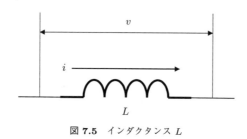

図 **7.5** インダクタンス L

複素振幅 $\hat{V}, \hat{I}$ を用いて,両辺から $\exp[i\omega t]$ を消去すると

$$\hat{V} = i\omega L\hat{I} \tag{7.19}$$

となり,理想的なコイルのインピーダンスは

$$\hat{Z} = \frac{\hat{V}}{\hat{I}} = i\omega L \tag{7.20}$$

で与えられる.

図 **7.6** に示す電気容量 C (F) のコンデンサーの場合は,コンデンサーを流れる電流を i として

$$i = C\frac{\mathrm{d}v}{\mathrm{d}t} \tag{7.21}$$

となり,同様に複素振幅を用いると

$$\hat{I} = i\omega C\hat{V} \tag{7.22}$$

が得られる.したがって,コンデンサー C のインピーダンスは

$$\hat{Z} = \frac{\hat{V}}{\hat{I}} = \frac{1}{i\omega C} = \frac{-i}{\omega C} \tag{7.23}$$

最後に,L, C, R を直列につないだときの合成インピーダンスは

$$\hat{Z} = R + i\left(\omega L - \frac{1}{\omega C}\right)$$
$$= R + i\omega L\left(1 - \frac{1}{\omega^2 LC}\right) \tag{7.24}$$

となり,$\omega = \dfrac{1}{\sqrt{LC}}$ のときに $\hat{Z}$ の絶対値が最小値 R となる.これを直列共振と呼び,$\dfrac{1}{2\pi\sqrt{LC}}$ を

共振周波数と呼ぶ.

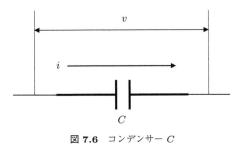

図 7.6 コンデンサー C

8. 真空

真空について

　真空技術は，食料品，医薬品，家電製品など，多岐にわたる分野で幅広く使用されており，重要な技術である．ここでは，真空についての基本的な考え方，真空の排気速度と関係するコンダクタンスや分子流と粘性流の違い，また，各種真空計，真空ポンプの仕組みについて学ぶ．

真空排気

　通常の大気圧より低い圧力に減圧することを真空に排気するという．図 8.1 に示すように，真空排気には，真空排気される容器，真空度を確認するための真空計，真空ポンプ，配管から構成される．

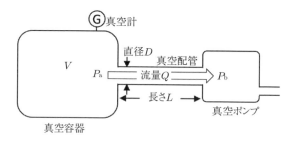

図 8.1　真空排気系

　真空度は気体分子により単位面積当たりに加えられる力（圧力）として示される．歴史的には大気圧を基準とした気圧 (atm)，水銀柱の高さ (Torr, mmHg) などが使われてきたが，現在，圧力は国際単位（SI 単位）を基にしたパスカル **Pa** ($= N/m^2$) が使用されている．大気圧は，1.013×10^5 Pa であり，真空度は表 8.1 のように分類される．

表 8.1　真空度

真空の区分	真空度 (Pa)	例
低真空	大気圧〜100	対流圏 (〜10 km)，成層圏 (〜50 km)
中真空	100 〜 0.1	中間圏 (〜80 km)
高真空	0.1 〜 10^{-5}	熱圏 (〜500 km)
超高真空	10^{-5} 以下	熱圏，外気圏 (600 km〜)

8. 真 空

真空容器を目的の真空度に排気するためには，真空容器の容量，初期圧力（通常大気圧）に対して，真空ポンプの能力，対応する真空計の選定が大切であるが，効率よく目的の真空を得るためには，配管への配慮も必要であり，配管のコンダクタンスの理解が重要となる．以下，コンダクタンスの理解，真空ポンプや真空計の仕組み，用途について触れる．

コンダクタンス

図 8.1 の容器から排気することを考えよう．容器内の分子数は圧力 P と体積 V の積 PV に比例するため，真空排気とは PV を減少させることと考えられる．体積 V は一定で圧力が時間変化するから，PV の時間変化は

$$-V\frac{\mathrm{d}P(t)}{\mathrm{d}t} = Q(t) \tag{8.1}$$

と書くことができる．Q は気体の流量と呼ばれ，単位は $\mathrm{Pa\,m^3/s}$ になる．図 8.1 に示すように，配管の両端での気体の圧力を P_a, P_b とすると，単位時間当たりに排気される気体の流量 Q は圧力差に比例し

$$Q = C(P_a - P_b) \tag{8.2}$$

と表される．この比例係数 C をコンダクタンスと呼び，単位は $\mathrm{m^3/s}$ になる．

気体分子の運動に関して，分子が他の分子と衝突せずに進む平均の長さを平均自由行程 λ と呼ぶが，この λ と配管の直径 D との大小関係によって配管中の気体分子の流れ方は大きく変わる．$\lambda \ll D$ の場合は気体分子どうしの衝突が重要で，分子間の衝突による粘性が気体の流れを阻害するので**粘性流**と呼ばれる．反対に $\lambda \gg D$ の場合は，分子は他の分子との衝突より配管の壁と頻繁に衝突しながら運動することになり，この場合の気体の流れを**分子流**という．コンダクタンスはこの 2 つの場合で表式が異なり，粘性流の場合を C_v，分子流の場合を C_m と記すと

$$C_v = \frac{\pi D^4}{128\,\eta L}\overline{P} \tag{8.3}$$

$$C_m = \frac{1}{6}\sqrt{\frac{2\pi RT}{M}}\frac{D^3}{L} \tag{8.4}$$

となることが知られている．ここで，D, L は配管の直径と長さ，$\eta\,(\mathrm{Pa\,s})$ は粘性係数，$\overline{P} = (P_a+P_b)/2$ は平均の圧力，R は気体定数，T は気体の絶対温度，M は 1 mol の気体分子の質量である．式 (8.3) は，ハーゲン・ポアズイユ (Hagen–Poiseuille) の式である．式 (8.3) と (8.4) は，それぞれ粘性流領域，分子流領域におけるコンダクタンスの極限値として与えられるが，中間領域も含めたコンダク

タンスは，以下のように与えられる．

$$C = \frac{\pi}{128}\frac{D^4}{\eta L}\overline{P} + \frac{1}{6}\sqrt{\frac{2\pi RT}{M}}\frac{D^3}{L}\frac{1+\sqrt{\frac{M}{RT}}\frac{D\overline{P}}{\eta}}{1+1.24\sqrt{\frac{M}{RT}}\frac{D\overline{P}}{\eta}}$$

$$= \frac{1}{6}\sqrt{\frac{2\pi RT}{M}}\frac{D^3}{L}\left[\frac{1+1.059\sqrt{\frac{M}{RT}}\frac{D\overline{P}}{\eta}+0.073\left(\sqrt{\frac{M}{RT}}\frac{D\overline{P}}{\eta}\right)^2}{1+1.24\sqrt{\frac{M}{RT}}\frac{D\overline{P}}{\eta}}\right]$$

$$= \frac{1}{6}\sqrt{\frac{2\pi RT}{M}}\frac{D^3}{L}J(D\overline{P}) \tag{8.5}$$

ここで，$J(D\overline{P})$ は規格化コンダクタンスと呼ばれ，コンダクタンスを分子流領域でのコンダクタンスの極限値（$D\overline{P}=0$ のコンダクタンス）で規格化したものである．20°C，1 気圧における空気の $J(D\overline{P})$ を図 8.2 に示す．ここで，空気の分子量から $M = 0.0288$ kg，空気の粘性係数は，$\eta = 18.1$ μPa s を用いた．

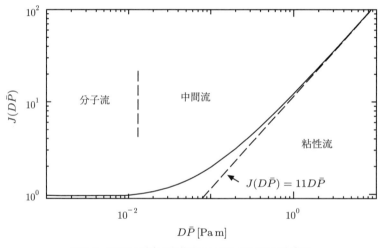

図 8.2　20°C の空気の規格化コンダクタンスの圧力変化

真空ポンプ

気体を排気する真空ポンプには使用する動作圧力によっていろいろな種類がある．代表的なポンプの動作圧力範囲を図 8.3 に示す．ここでは，油回転ポンプ，油拡散ポンプ，ターボ分子ポンプについて触れる．

- ＜油回転ポンプ＞　1 気圧（約 100 kPa）〜 100 Pa 程度まで排気でき，安定した排気性能が得られるため広く使われる．油回転ポンプには大別して，回転翼型，カム型，揺動ピストン型のタイプがあるが，図 8.4 に回転翼型と呼ばれる油回転ポンプの原理図を示す．排気は，ローターの回転によってローターとシリンダーとの空間体積を変化させて行う．低真空状態

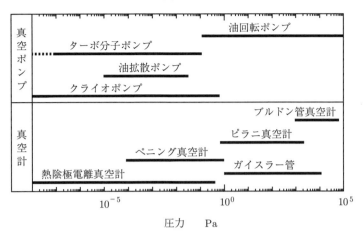

図 8.3 ポンプ，真空計の作動圧力範囲

で吸引し続けると内部の油も排出され，潤滑不良から駆動部分が焼きつくおそれがあるので注意が必要である．また，吸気口が真空のままポンプを停止させると，排気口側オイルが吸気口側へ逆流する．ポンプ停止後，ただちに排気口側との圧力差をなくす機構が必要である．

- ＜油拡散ポンプ＞　高真空を得るためによく用いられ，100〜1 Pa 程度まで排気できる．図 8.5 に油拡散ポンプの構造を示す．ボイラー内で油が加熱されると，油蒸気がジェット内部を通ってノズルから噴出する．分子流領域で油蒸気の噴出速度が超音速に達したとき，油分子と気体分子の衝突により，油蒸気の噴流が気体分子を排気口へ運ぶ．排気口側は，拡散ポンプの機能が保てるように，油回転ポンプで補助排気する．

  このポンプは，可動部がなく動作が安定，安価，高い排気速度が得られるが，油分子の逆流を皆無にできないため，容器の油汚染を問題視する場合は使用を避ける．

- ＜ターボ分子ポンプ＞　高真空を得るためによく用いられ $0.1 \sim 10^{-7}$ Pa 程度まで排気できる．図 8.6 に示すような回転する動翼と，固定静翼を，多段構造に重ね配列して，気体分子を排気側へと送り出す．動翼部は 1 分間あたり数万回で高速回転し，動翼の線速度がガス分子の速度（数百 m/s）に近くなると動作する．低真空状態では，動翼の負荷が大きく強度的に問題が生じるため，排気口に油回転ポンプなどを補助ポンプとして接続し，バイパスなどを通して容器を動作圧力まで真空排気してから，ターボ分子ポンプを使用する．補助ポンプにスクロールポンプなどオイルフリーなポンプを用いれば，容器の油汚はなくなる．

真空計

真空度を測るということは，1 気圧より低い気体の圧力を測ることになる．真空計には，ガイスラー管，ブルドン管，ピラニ真空計，電離真空計などがよく用いられる．

- ＜ブルドン管＞　図 8.7 に示すように細い金属管を円形に巻き，一端を封じたもので，管の中の気体と外気との圧力差により弾性変形し，その変位を指示針で表示する．安価であるが，

図 8.4 油回転ポンプ

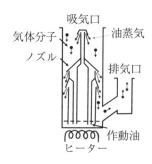
図 8.5 油拡散ポンプ

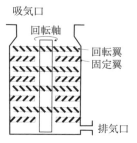
図 8.6 ターボ分子ポンプ

大気圧近傍しか測定できない．

- ＜ガイスラー管＞ 構造は極めて簡単で，ガラス管に一対のアルミニウム平板電極を 10 cm 程度の間隔で取り付けてあり，インダクションコイルなどの出力インピーダンスの高い高圧電源を用いて電圧を印加する．このとき見られる放電パターンによっておおよその圧力，また，色によってガスの種類の知見が得られる．図 8.8 に各圧力での放電パターンを示す．

- ＜ピラニ真空計＞ 図 8.9 に示すピラニ真空計の構造を示す．白金細線は 200°C 程度まで加熱されるが，内部の気体分子の衝突により圧力に依存した温度低下が生じる．この温度低下を補うように供給する電力量を圧力に換算する．構造が簡単で安価なためよく使われる．

- ＜電離真空計＞ 高真空での圧力測定には電離真空計が用いられる．熱陰極型と呼ばれる電離真空計の構造を図 8.10 に示す．フィラメントから出た熱電子は，グリッドの周囲で数回往復運動をした後グリッドに入るが，その間に電子は気体分子と衝突し，気体をイオン化する．このイオンの数が気体の分子密度に比例するので，イオン電流を換算し圧力としている．

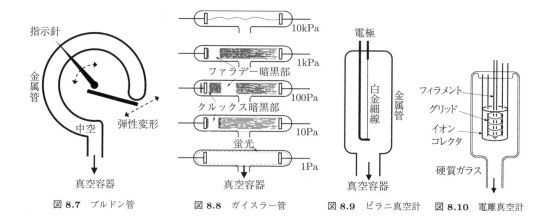

図 8.7 ブルドン管　　図 8.8 ガイスラー管　　図 8.9 ピラニ真空計　　図 8.10 電離真空計

9. 単位について

SI 単位

物理量の基本単位としてこれまで様々な単位系が考案されてきたが，現在は世界標準の単位系として **SI 単位系** (International System of Units) が広く使われている（**表 9.1**）．SI 単位は，時間，長さ，質量，電流，温度，物質量，光度の 7 つの基本単位とそれらから組み立てられる単位，および接頭語から構成される．基本単位はその標準が国際的に定められており，科学技術に用いられるすべての測定器は，これらの標準値と比較し校正されて目盛りがつけてある．

表 9.1 SI 基本単位

物理量	単位の名称	単位の記号
時間	秒 (second)	s
長さ	メートル (meter)	m
質量	キログラム (kilogram)	kg
電流	アンペア (ampere)	A
熱力学的温度	ケルビン (kelvin)	K
物質量	モル (mole)	mol
光度	カンデラ (candela)	cd

まず SI は，**表 9.2** に示した定義定数と呼ばれる 7 つの物理量とその数値を定める．定義定数の数値より，以下のように基本単位 (s, m, kg, A, K, mol, cd) が決定される．

- **秒** ^{133}Cs 原子の摂動を受けない基底状態の超微細構造遷移周波数 $\Delta\nu_{\mathrm{Cs}}$ を単位 $\mathrm{Hz} = \mathrm{s}^{-1}$ で表したときの数値を 9192631770 と定めることにより，1 s を次式で定義する．

$$1\,\mathrm{s} = \frac{9192631770}{\Delta\nu_{\mathrm{Cs}}}$$

つまり，この振動が 9192631770 回振動するために要する時間が 1 s である．

- **メートル** 真空中の光速 c を単位 $\mathrm{m\,s}^{-1}$ で表したときの数値を 299792458 と定めることにより，1 m を次式で定義する．

$$1\,\mathrm{m} = \left(\frac{c}{299792458}\right)\mathrm{s}$$

基礎事項

表 9.2 SI 定義定数

定義定数	記号	数値	単位
セシウムの超微細構造遷移周波数	$\Delta\nu_{C_s}$	9 192 631 770	Hz
真空中の光速	c	299 792 458	m s^{-1}
プランク定数	h	6.626 070 15$\times 10^{-34}$	J s
電気素量	e	1.602 176 634$\times 10^{-19}$	C
ボルツマン定数	k_B	1.380 649$\times 10^{-23}$	J K^{-1}
アボガドロ数	N_A	6.022 140 76$\times 10^{23}$	mol^{-1}
視感効果度	K_{cd}	683	lm W^{-1}

つまり，光が真空中で 1/299792458 秒間に進む距離が 1 m である．

- **キログラム** プランク定数 h を単位 J s = kg m^2 s^{-1} で表したときの数値を 6.62607015 $\times$ 10^{-34} と定めることにより，1 kg を次式で定義する．

$$1\,\text{kg} = \left(\frac{h}{6.62607015 \times 10^{-34}}\right)\,\text{m}^{-2}\,\text{s} = \left(\frac{299792458^2}{6.62607015 \times 10^{-34}}\frac{h}{c^2}\right)\,\text{s}^{-1}$$

つまり，振動数 $\nu = 299792458^2/(6.62607015 \times 10^{-34})$ Hz の光子のエネルギー $h\nu$ と等価な質量 $m_0 = h\nu/c^2$ が 1 kg である（質量 m_0 の物体の静止エネルギーが $m_0 c^2$ と与えられることに注意）．

- **アンペア**

  電気素量 e を単位 C = A s で表したときの数値を 1.602176634 $\times 10^{-19}$ と定めることにより，1 A を次式で定義する．

$$1\,\text{A} = \left(\frac{e}{1.602176634 \times 10^{-19}}\right)\,\text{s}^{-1}$$

つまり，1 秒間に電気素量の 1/(1.602176634 $\times 10^{-19}$) 倍の電荷が流れる電流が 1 A である．

- **ケルビン** ボルツマン定数 k_B を単位 J K^{-1} = kg m^2 s^{-2} K^{-1} で表したときの数値を 1.380649 $\times 10^{-23}$ と定めることにより，1 K を次式で定義する．

$$1\,\text{K} = \left(\frac{1.380649 \times 10^{-23}}{k_B}\right)\,\text{J}$$

つまり，1.380649 $\times 10^{-23}$ J の熱エネルギー $k_B T$ に相当する温度変化が 1 K である．

- **モル** 1 mol は，6.02214076 $\times 10^{23}$ 個の要素粒子を含んだ系の物質量と定義される．つまり，1 mol には 6.02214076 $\times 10^{23}$ 個の要素粒子が含まれる．

- **カンデラ** 周波数 540 $\times 10^{12}$ Hz の単色放射の視感効果度 K_{cd} を単位 lm W^{-1} = cd sr $\times$ W^{-1} = cd sr kg^{-1} m^{-2} s^3 で表したときの数値を 683 と定めることにより，1 cd を次式で

定義する.

$$1 \text{ cd} = \left(\frac{K_{\text{cd}}}{683}\right) \text{ W sr}^{-1}$$

つまり，周波数 540×10^{12} Hz の単色放射を放出し，所定の方向における放射強度が $1/683$ W sr^{-1} である光源の，その方向における光度が 1 cd である．

基本単位を組み合わせて表される単位を組立単位という．組立単位の中には固有の名称と記号が与えられているものがある．**表 9.3** にその一部を示した．

圧力について

SI 単位では圧力を単位 Pa = N m^{-2}（パスカル）で表すが，その他にも慣用的に次の単位がしばしば用いられるので挙げておく．

- 1 bar = 0.1 MPa
- 1 mmHg = 13.5951×9.80665 Pa = 0.133322 kPa
- 1 kgw/cm^2 = 98.0665 kPa
- 1 atm = 0.101325 MPa = 760 mmHg
- 1 torr = 1 mmHg

磁束密度について

主な磁場の磁束密度の例を示す．

- 直径 10 cm の 1 回巻きコイルに 1 A の電流を流したときの中心の磁束密度は 1.26×10^{-5} T
- 直径 10 cm の 1 回巻きコイルに約 80 kA の電流を流したときの中心の磁束密度は 1 T
- 地磁気（地上）約 3×10^{-5} T = 0.3 G．単位 G (Gauss) は非 SI 単位（cgs-Gauss 単位）
- 宇宙空間（恒星間空間）約 10^{-9} T = 10^{-5} G

磁場における諸量の間には以下の関係がある．μ は透磁率を表す．真空では $\mu_0 = 1.256637062 \times 10^{-6}$ H/m である．μ_0 は磁気定数とも呼ばれる．

- 磁場の強さ H (A m^{-1}) と磁束密度 B (T)：B (T) = μH (H A m^{-2})
- 磁束密度 B (T) と磁束 Θ (Wb)：Θ (Wb) = Bs (T m^2)，s は面積 (m^2)
- 磁場の強さ H (A m^{-1}) と磁束 Θ (Wb)：Θ (Wb) = μHs (H A)

基 礎 事 項

表 9.3 固有の名称をもつ SI 単位*

物理量	単位の名称	記号	定義
平面角	ラジアン [radian]	$rad = m/m$	円の周上で，その円の半径と等しい長さの弧を切り取る 2 本の半径の間に含まれる平面角を 1 rad という．
立体角	ステラジアン [steradian]	$sr = m^2/m^2$	球の中心を頂点とし，その球の半径を 1 辺とする正方形に等しい面積を球の表面で切り取る立体角を 1 sr という．
周波数	ヘルツ [hertz]	$Hz = s^{-1}$	単位時間当たりの振動数．
力	ニュートン [newton]	$N = kg\ m\ s^{-2}$	1 kg の質量の物体に作用したとき，その物体が 1 m/s^2 の加速度を得る力の大きさを 1 N という．
エネルギー（仕事，熱量）	ジュール [joule]	$J = kg\ m^2\ s^{-2}$	1 N の力が作用し，その作用点が力の方向に 1 m 動くとき，なされた仕事を 1 J という．
仕事率 （電力）	ワット [watt]	$W = kg\ m^2\ s^{-3}$	1 秒間になす仕事，あるいはなされる仕事が 1 J のとき，その仕事率を 1 W という．
圧力	パスカル [pascal]	$Pa = kg\ m^{-1}\ s^{-2}$	1 m^2 につき 1 N の力が作用したとき，その圧力を 1 Pa という．
電荷	クーロン [coulomb]	$C = A\ s$	1 A の電流が流れているとき，その断面を 1 秒間に通過する電荷量を 1 C という．
電位差 （電圧）	ボルト [volt]	$V = kg\ m^2\ s^{-3}\ A^{-1}$	1 C の電荷量を運ぶとき，その電場のなす仕事量が 1 J のとき，その電位差を 1 V という．
電気抵抗	オーム [ohm]	$\Omega = kg\ m^2\ s^{-3}\ A^{-2}$	1 V の電位差をかけ，その間に 1 A の電流が流れたとき，その間のもつ電気抵抗を 1 Ω という．
静電容量	ファラッド [farad]	$F = kg^{-1}\ m^{-2}\ s^4\ A^2$	ある導体の電位を 1 V だけ上昇させるのに必要な電気量が 1 C のとき，その導体のもつ静電容量を 1 F という．
インダクタンス	ヘンリー [henry]	$H = kg\ m^2\ s^{-2}\ A^{-2}$	導体内を流れる電流が 1 秒間に 1 A 変化したとき，その導体の両端に誘導される電位差が 1 V のとき，この導体のインダクタンスを 1 H という．
磁束	ウェーバー [weber]	$Wb = kg\ m^2\ s^{-2}\ A^{-1}$	1 回巻きの導体と交差して，1 秒間に 0 まで減少したとき，その導体の両端に 1 V の電位差を生じさせるような磁束を 1 Wb という．
磁束密度	テスラ [tesla]	$T = kg\ s^{-2}\ A^{-1}$	1 m^2 当たりの磁束が 1 Wb であるとき，その空間の磁束密度を 1 T という．

*固有の名称をもつ SI 単位は全部で 22 個ある．ここに示したのはその一部である．

接頭語

SI 単位に付して桁数を示す接頭語に以下のものがある（**表 9.4**）.

表 9.4 SI 接頭語

大きさ	接頭語	記号	大きさ	接頭語	記号
10^1	デカ (deca)	da	10^{-1}	デシ (deci)	d
10^2	ヘクト (hecto)	h	10^{-2}	センチ (centi)	c
10^3	キロ (kilo)	k	10^{-3}	ミリ (milli)	m
10^6	メガ (mega)	M	10^{-6}	マイクロ (micro)	μ
10^9	ギガ (giga)	G	10^{-9}	ナノ (nano)	n
10^{12}	テラ (tera)	T	10^{-12}	ピコ (pico)	p
10^{15}	ペタ (peta)	P	10^{-15}	フェムト (femto)	f
10^{18}	エクサ (exa)	E	10^{-18}	アト (atto)	a
10^{21}	ゼタ (zetta)	Z	10^{-21}	ゼプト (zepto)	z
10^{24}	ヨタ (yotta)	Y	10^{-24}	ヨクト (yocto)	y
10^{27}	ロナ (ronna)	R	10^{-27}	ロント (ronto)	r
10^{30}	クエタ (quetta)	Q	10^{-30}	クエクト (quecto)	q

10. Pythonに関する基礎知識

　プログラミング言語を用いて数値計算を行うときに，知っておきたい最低限の事柄について簡単に紹介する．プログラミング言語として，ここではアプリケーション開発や科学技術計算などで広く利用されている Python（パイソン）を取り上げる．

四則演算

　四則演算は最も基本的な数値計算である．プログラミング言語では，四則演算を次のように表す．

```
a + b  # 足し算
a - b  # 引き算
a * b  # 掛け算
a / b  # 割り算
```

また，Python では 2^3 や 5^2 などのベキ乗を

```
2**3  # 計算結果 = 8
5**2  # 計算結果 = 25
```

のように表すことができる．

　Python での割り算は注意が必要である．多くのプログラミング言語は（古いバージョンの Python も含めて），整数どうしの四則演算を行うと，計算結果として整数が返されるように設計されている．そうすると，割り算の結果が小数になる場合が問題になるが，その場合には小数点以下は切り捨てられる（例えば，5/2 の計算結果は 2 になる）．一方，Python の割り算は，割り切れようが割り切れまいが常に実数を返す．つまり，例えば，

```
4 / 2  # 計算結果 = 2.0
5 / 2  # 計算結果 = 2.5
```

となる．Python では，整数部分を返す割り算の演算を二重スラッシュ // で表す．以下に結果を示しておく．

```
4 // 2  # 計算結果 = 2
5 // 2  # 計算結果 = 2
```

10. Python に関する基礎知識 59

```
4.0 // 2.0  # 計算結果 = 2.0
5.0 // 2.0  # 計算結果 = 2.0
```

実数どうしの四則演算結果はすべて実数になる．では，整数と実数が混在したときの四則演算結果はどうなるのだろうか？ 実際に Python を用いて実験してみると，次の結果が得られる．

```
2.0 + 3   # 計算結果 = 5.0
2.0 - 3   # 計算結果 = -1.0
3.0 * 4   # 計算結果 = 12.0
5.0 / 2   # 計算結果 = 2.5
4.0 // 2  # 計算結果 = 2.0
5.0 // 2  # 計算結果 = 2.0
```

これらからわかるように，整数と実数の演算では，整数が実数に "格上げ" されてから計算された結果が得られる（つまり，計算結果は実数になる）．

なお，プログラムコードの中に # 記号が現れると，Python は # 記号から行末までを無視する．上記のコードではこの約束に従って，# 記号に続けてコメントを書き込んでいる．

変数と関数

数値の四則演算を行うだけなら電卓のほうが手軽で便利である．プログラミング言語を使う利点は，変数や関数を利用して積分を計算したり複雑な微分方程式を解いたりできることであろう．必要ならば自作の関数を定義することもできる．

プログラミング言語における変数とは，データを格納する入れ物であり．例えば，

```
x = 0.1
```

というコードによって，0.1 という数値データを変数 x に格納できる．ここで次のことを注意しておきたい．数学では，x = 0.1 を「x は 0.1 に等しい」と読むが，プログラムコードの中では「x に 0.1 を代入する」と読むべきである．このことは，次のコードから理解できるであろう．

```
x = 2.0
x = x + 1.0
print(x)  # 画面に 3.0 と表示される
```

2 行目に注目してほしい．そこではまず右辺が評価（計算）され，その結果が左辺に代入される．したがって，左辺の x に格納される値は 3.0 である．数学では，x = x + 1.0 を満たす x は存在しない．

Python では自作の関数を次のような構文で定義できる．

```
def 関数名 (引数 1, 引数 2, ...):   # <-- 最後にコロン (:) が必要
    関数本体のブロック
```

例えば，x の n 乗を計算する関数は

```
def calc_pow(x, n):
    result = x**n
    return result   # return 文を使って計算結果を返している
```

と定義できる．

　関数の本体部分がインデント（字下げ）されていることに注意しよう．Python では，関数本体を
インデントの揃った実行文の集まり（ブロック）として表現する．上の calc_pow(...) の例では，
2 行目と 3 行目が関数本体のブロックを構成している．他のプログラミング言語では，ブロックを
波括弧 {...} で囲んで表現することが多いが，Python ではインデントを使ってブロックを表すので，
関数の本体をすべて書き終えたらインデントを解除する．そうすることで Python に関数の定義が
終わったことを伝えることができる．インデントを用いたブロックは後で述べる if 文や for 文にも
登場する．

数学関数

　数学でよく使われる関数はあらかじめ用意されている．以下は数学関数を含む Python コードの
例である．

```
import math   # 数学関数を利用するために，math モジュールを読み込む
x = math.pi   # math.pi は円周率を表す
y = math.cos(x)
print(y)       # 画面に-1.0 と表示される
```

2 行目で math モジュールで定義されている円周率 pi の値を変数 x に代入している．3 行目では同
じく math モジュールで定義されている cos 関数を使って cos(x) を計算し，その結果を変数 y に代
入している．math モジュールには他にも，sin, tan, log, sqrt (square root) など多くの数学関数が
定義されている．

文字列

　整数や実数だけでなく文字列も重要なデータである．文字列とは，「文字が並んだもの」のこと
をいう．例えば，apple や windows は文字列である．文章も，スペースや句読点を文字の一種と思
えば，文字列である（改行も文字の一種とみなされる）．逆に，x, y, z のような 1 文字も文字列の
仲間である．さらに，123 や 3.14 などの数値も文字の並びという意味では文字列である．そうなる

と，変数や数値と文字列を見分ける方法が必要になる．Python では文字の並びをシングルクオート'...'（またはダブルクオート"..."）で囲んで文字列を表す．つまり，プログラムコードの中で，x は変数であるが，'x'（または "x"）は文字列である．同様に，3.14 は数値であるが，'3.14'（または "3.14"）は文字列である．実際，次のコードを実行するとエラーになる．

```
2 + '3'  # --> エラー
```

Python は数値と文字列を足し合わせる方法を知らないからである．しかし，文字列どうしを足し合わせることはできる．

```
print('Hello ' + 'Python')  # 画面に Hello Python と表示される
```

この例からわかるように，文字列を足し合わせて（連結して）新たな文字列を作ることができる．

ダブルクオートは，シングルクオートが含まれる文字列を表現したいときに便利である．例えば，I'm Python という文字列を画面に表示したいときは，全体をダブルクオート"..." で囲んで

```
print("I'm Python")  # 画面に I'm Python と表示される
```

と書けばよい．

f 文字列（フォーマット済み文字列）

Python のバージョン 3.6 から導入された f 文字列を紹介しよう．f 文字列はデータを画面に出力したりファイルに保存したりするときに役立つ．

f 文字列は f'...' のように文字列'...' の先頭に f を付して表現される（ダブルクオートも使用可）．以下に f 文字列の使用例を示す．

```
var = 0.1
print(f'var is equal to {var}')  # 画面に var is equal to 0.1 と表示される
```

f 文字列の中にある波括弧 {...} は置換フィールドと呼ばれる．この例では，変数 var の値が置換フィールドに挿入される．

置換フィールドには書式も指定できる．

```
x = 0.0123
print(f'x = {x:f}')  # 画面に x = 0.012300 と表示される（小数表記）
print(f'x = {x:e}')  # 画面に x = 1.230000e-02 と表示される（指数表記）
```

この例では書式が :f（小数表記）や :e（指数表記）で指定されている（指数表記では 10^{-2} が e-02 と表される）．書式には，出力する数値の長さなども指定できる．例えば，上の例で置換フィールドを {x:.4f} や {x:.4e} と書けば，小数点以下 4 桁まで表示される．

```
x = 0.0123
print(f'x = {x:.4f}')   # 画面に x = 0.0123 と表示される（小数表記）
print(f'x = {x:.4e}')   # 画面に x = 1.2300e-02 と表示される（指数表記）
```

他にもいろいろな書式指定ができるが，詳しくは解説書やマニュアルなどを参考にされたい．

条件分岐（if 文）

条件に応じて実行する内容を分岐させたいときには if 文を使う．if 文の最も基本的な構文は

```
if 条件:   # <-- 最後にコロン（:）が必要
    条件が真のときに実行するコードのブロック
```

である．if 文で実行させるコードは，関数を定義したときと同様に，インデントされたブロックとしてコーディングされる．複数の条件がある場合は次のように書く．

```
if 条件1:
    条件1が真のときに実行するコードのブロック
elif 条件2:   # elif は else if を意味する
    条件1が偽で条件2が真のときに実行するコードのブロック
elif 条件3:
    条件1と2が偽で条件3が真のときに実行するコードのブロック
else:
    上の条件がすべて偽のときに実行するコードのブロック
```

if 文の例として，2つの引数 a と b の大きさを比較し，大きい方を返す関数を定義したコードを以下に示す．

```
def get_max(a, b):
    if a > b:      # a が b より大きいならば
        max = a    # 変数 max に a を代入する
    else:          # それ以外の場合には
        max = b    # 変数 max に b を代入する
    return max     # return 文を使って max の値を返す
```

各行のインデントの深さに注意してほしい．

繰り返し（for 文）

繰り返し処理に用いられる for 文（for ループとも呼ばれる）について説明しよう．for 文の構文は

10. Python に関する基礎知識　　63

```
for ループ変数 in リストなど: # <-- 最後にコロン (:) が必要
    繰り返し実行されるコードのブロック
```

である．1 行目にあるリストとは，[1, 2, 3, 4] のように括弧 [...] でまとめられたカンマ区切りのデータである．

for 文の簡単な例として，1 から 4 までの整数の和を計算し，その結果を変数 s に代入するコードを考えてみよう．最も単純なやり方は，

```
s = 1 + 2 + 3 + 4  # 変数 s に 10 が代入される
```

であるが，同じ計算は

```
s = 0        # まず変数 s に 0 を代入する（s を 0 に初期化する）
s = s + 1 # 左辺の s に 0 + 1 = 1 が代入される
s = s + 2 # 左辺の s に 1 + 2 = 3 が代入される
s = s + 3 # 左辺の s に 3 + 3 = 6 が代入される
s = s + 4 # 左辺の s に 6 + 4 = 10 が代入される
```

とも書ける．このように同様な実行文を繰り返すことによって和を計算できるのであるが，for 文を使えば，この繰り返し処理を

```
s = 0
for n in [1, 2, 3, 4]:
    s = s + n
```

のように簡潔に記述できる．この for 文は次のように動作する．まず最初にリストの先頭の整数（つまり 1）がループ変数 n に代入され，s = s + n が実行される．その後，for 文の先頭に戻り，リストの次の整数（つまり 2）が n に代入され，s = s + n が実行される．このような手続きが n = 4 まで繰り返され，最終的に s = 10 が得られる．リストの代用として Python の組み込み関数 range(n_start, n_end) を使えば，同じ処理を次のように書くこともできる．

```
s = 0
for n in range(1,5):
    s = s + n
```

関数 range(n_start, n_end) は整数 n_start から n_end − 1 までの n_end − n_start 個の整数列を返す．したがって，この for 文は上記の for 文と同じ動作をする．なお，range(n_start, n_end) の n_start は省略でき，そのときは n_start = 0 と解釈される．例えば，range(5) は 5 つの整数列 0, 1, 2, 3, 4 を返す．

文字列は文字の並びであるから，リストの類似物と見ることができる．そのため，次のような for
ループも動作する．

```
for char in 'abcd'
    print(char)
```

このコードを実行すると，

```
a
b
c
d
```

のように，文字列を構成する各文字が画面に出力される．

データの入出力

　キーボードなどの外部装置からデータの入力を促す機能をアプリケーションに実装したいとしよ
う．このような機能はインタラクティブなアプリケーションに必要である．数値計算でも同様なプ
ログラム設計をしたいと思うケースは多い．例えば，計算に必要なパラメータとして，数値をキー
ボードから入力するようにしたい場合が考えられる．これは次のような 1 行のコードで実現できる．

```
var = int(input('var = '))
```

右辺の input 関数は，var = という文字列を画面に表示し，キーボードからの入力を待つ．何か数
値が入力されると input 関数はそれを文字列として受け取る．このコードでは，input 関数が受け
取った文字列を int 関数で整数に変換し，変数 var に代入している（int は integer，すなわち，整数
を意味する）．変数 var に実数を入力したい場合は，int 関数を float 関数に置き換えて，

```
var = float(input('var = '))
```

とすればよい（float は floating point number，すなわち，浮動小数点数を意味する）．float 関数は
文字列を実数に変換してくれる．

　データを画面へ出力（表示）するには，ここまで何度も使ってきた print 関数を使えばよいが，
データをファイルに保存しておきたいときもあるだろう．そのときは，print 関数の出力先をファイ
ルにすればよい．出力先となるファイルは次のように open 関数を使って用意することができる．

```
fout = open('out.dat', 'w')
x = 0.1
y = x**2
```

```
print(f'{x:.4e}  {y:.4e}', file = fout)
fout.close()
```

open 関数の第 1 引数にはファイル名，第 2 引数にはファイルのモード（ファイルの用途）を指定する．ファイルのモードには，'w'（書き込みモード），'r'（読み込みモード），'a'（追記モード）などがあり，それらの中から目的に合ったものを選ぶ．ここでは書き込み用のファイルがほしいので，第 2 引数に 'w' を指定している．4 行目の print 関数で，変数 fout で指定されるファイル（つまり，out.dat）にデータを書き込んでいる（第 2 引数を省略すると，出力先が画面になる）．最後の行で役目を終えたファイルを閉じている．

11. パソコンによる数値計算

　物理法則の多くは微分方程式や積分方程式などで表される．これらの方程式は，簡単な場合には式の変形から解ける（解析的に解けるという）が，現実の複雑な問題ではコンピュータを用いて数値的に近似解を求める必要がある．本章では，パソコンを用いた数値微分や数値積分の方法について説明し，実際にプログラムを実行することで，数値計算における近似についても理解する．

基礎知識

微分係数と定積分

　ある関数 $f(x)$ の $x = x_0$ での微分係数は，次の式で定義される．

$$\left(\frac{\mathrm{d}f}{\mathrm{d}x}\right)_{x_0} = \lim_{\Delta x \to 0} \frac{f(x_0 + \Delta x) - f(x_0)}{\Delta x} \tag{11.1}$$

これは，$x = x_0$ における $f(x)$ の接線の傾きを表す．一方，区間 $[a, b]$ での $f(x)$ の定積分は，次の式で定義される．

$$\int_a^b f(x)\,\mathrm{d}x = \lim_{N \to \infty} \sum_{n=0}^{N-1} f(a + nh)h, \quad h = \frac{b-a}{N} \tag{11.2}$$

これは，$f(x)$ と x 軸および 2 つの縦線 $x = a$，$x = b$ で囲まれた図形の面積を表す．

数値計算における誤差

　微分係数や定積分を解析的に取り扱う場合は連続数を用いるのに対して，**数値計算では有限桁の浮動小数点つまり離散的な値を用いる**ため，式 (11.1) と (11.2) にあるような極限を取ることはできない．したがって，数値計算によって求められる値は，ある精度での近似解であることを頭に入れておく必要があり，その精度を決める誤差に注意を払うことが重要である．有限桁の数値を用いる数値計算では，誤差を小さくするために，いろいろな計算の仕方が工夫されている．

数値計算の原理

数 値 微 分

　$x = x_0 \pm \Delta x$ における関数 $y = f(x_0 \pm \Delta x)$ は，$x = x_0$ のまわりで

$$f(x_0 + \Delta x) = f(x_0) + \Delta x \left(\frac{\mathrm{d}f}{\mathrm{d}x}\right)_{x_0} + \frac{(\Delta x)^2}{2}\left(\frac{\mathrm{d}^2 f}{\mathrm{d}x^2}\right)_{x_0} + \frac{(\Delta x)^3}{6}\left(\frac{\mathrm{d}^3 f}{\mathrm{d}x^3}\right)_{x_0} + \frac{(\Delta x)^4}{24}\left(\frac{\mathrm{d}^4 f}{\mathrm{d}x^4}\right)_{x_0} + \cdots \tag{11.3}$$

$$f(x_0 - \Delta x) = f(x_0) - \Delta x \left(\frac{\mathrm{d}f}{\mathrm{d}x}\right)_{x_0} + \frac{(\Delta x)^2}{2}\left(\frac{\mathrm{d}^2 f}{\mathrm{d}x^2}\right)_{x_0} - \frac{(\Delta x)^3}{6}\left(\frac{\mathrm{d}^3 f}{\mathrm{d}x^3}\right)_{x_0} + \frac{(\Delta x)^4}{24}\left(\frac{\mathrm{d}^4 f}{\mathrm{d}x^4}\right)_{x_0} + \cdots \quad (11.4)$$

と展開できる. 式 (11.3) と (11.4) から 1 階の微分係数 $(\mathrm{d}f/\mathrm{d}x)_{x_0}$ を求める 2 通りの方法を示す.

（方法 1）

式 (11.3) を書き直して $(\mathrm{d}f/\mathrm{d}x)_{x_0}$ の表式を求めると

$$\begin{aligned}
\left(\frac{\mathrm{d}f}{\mathrm{d}x}\right)_{x_0} &= \frac{f(x_0 + \Delta x) - f(x_0)}{\Delta x} - \frac{\Delta x}{2}\left(\frac{\mathrm{d}^2 f}{\mathrm{d}x^2}\right)_{x_0} + \cdots \\
&= \frac{f(x_0 + \Delta x) - f(x_0)}{\Delta x} + O(\Delta x)
\end{aligned} \quad (11.5)$$

となる. このように隣り合う 2 点での関数値で微分を近似すると, 誤差は Δx の程度になる. 記号 $O(\Delta x)$ は打ち切り誤差が Δx の程度であることを表す.

（方法 2）

式 (11.3) と (11.4) の差をとると x_0 の両隣りの点での関数値で微分を近似することになり

$$\begin{aligned}
\left(\frac{\mathrm{d}f}{\mathrm{d}x}\right)_{x_0} &= \frac{f(x + \Delta x) - f(x_0 - \Delta x)}{2\Delta x} - \frac{(\Delta x)^2}{6}\left(\frac{\mathrm{d}^3 f}{\mathrm{d}x^3}\right)_{x_0} \\
&= \frac{f(x_0 + \Delta x) - f(x_0 - \Delta x)}{2\Delta x} + O((\Delta x)^2)
\end{aligned} \quad (11.6)$$

を得る. この場合, 誤差は $O\left((\Delta x)^2\right)$ であるので,（方法 2）は（方法 1）より近似がよい. 同様にして, 式 (11.3) と (11.4) を加えることにより, 2 階の微分係数 $(\mathrm{d}^2 f/\mathrm{d}x^2)_{x_0}$ の近似式を次のように得ることができる.

$$\begin{aligned}
\left(\frac{\mathrm{d}^2 f}{\mathrm{d}x^2}\right)_{x_0} &= \frac{f(x_0 + \Delta x) - 2f(x_0) + f(x_0 - \Delta x)}{(\Delta x)^2} - \frac{(\Delta x)^2}{12}\left(\frac{\mathrm{d}^4 f}{\mathrm{d}x^4}\right)_{x_0} + \cdots \\
&= \frac{f(x_0 + \Delta x) - 2f(x_0) + f(x_0 - \Delta x)}{(\Delta x)^2} + O(\Delta x^2)
\end{aligned} \quad (11.7)$$

数 値 積 分

等間隔 h で並ぶ基点 $x_n = x_0 + nh$ （x_0 は始点, $n = 0, 1, 2, \ldots$）がある. $x = x_n$ での関数 $f(x)$ の値を $f_n = f(x_n)$ とする. ここでは, 簡単な数値積分の公式として, 台形公式とシンプソンの公式を示す.

(a) 台形公式

積分区間 $[a, b]$ を分割数 N で等分すると, 基点は $x_n = a + nh$ （キザミ幅 $h = (b - a)/N$, $n = 0, 1, \ldots, N$）と表される. 区間 $[x_n, x_{n+1}]$ の積分値を台形の面積 $(f_n + f_{n+1})h/2$ で近似すると次の台形公式が導かれる.

$$\int_a^b f(x)\,\mathrm{d}x = \sum_{n=0}^{N-1}(f_n + f_{n+1})\frac{h}{2} = \left(\frac{f_0 + f_N}{2} + \sum_{n=1}^{N-1} f_n\right)h \quad (11.8)$$

なお, 区間 $[x_n, x_{n+1}]$ における積分値の誤差は $O(h^3)$ である.

68　　　　　　　　　　　　　　　　基 礎 事 項

(b) シンプソンの公式

　積分区間 $[a, b]$ を分割数 $2N$ で等分すると，基点は $x_n = a + nh$ （キザミ幅 $h = (b-a)/2N$, $n = 0, 1, \ldots, 2N$）と表される．区間 $[x_n, x_{n+2}]$ において，関数 $f(x)$ を 2 次関数で近似すると，積分値は $(f_n + 4f_{n+1} + f_{n+2})h/3$ となり，次のシンプソンの公式が導かれる．

$$\int_a^b f(x)\,\mathrm{d}x = \frac{h}{3}\Big(f_0 + f_{2N} + 2\sum_{n=1}^{N-1} f_{2n} + 4\sum_{n=1}^{N} f_{2n-1} \Big) \tag{11.9}$$

なお，区間 $[x_n, x_{n+2}]$ における積分値の誤差は $O(h^5)$ であり，シンプソンの公式により求められる定積分の値の誤差は，関数値を 1 次関数で近似している台形公式よりも一般に小さくなる．

演習

　ここでは数値計算の演習として，本章の付録の Python を用いたプログラムを使用する．[基礎事項 10. Python に関する基礎知識] を参考にしながら，プログラムの内容をよく理解しておき，必要に応じてプログラムを自分で変更する．

数 値 微 分

　Python で書かれた数値微分プログラム "bibun.py" を用いて，関数 $f(x) = x^4$ について，$x_0 = 10$ における 1 階の微分係数が Δx にどのように依存するかを調べ，厳密な値と比較する．このとき，

　①　Δx の最大値を 1，最小値を 0.01

　②　Δx の最大値を 0.01，最小値を 0.0001

とする．ただし，プログラム "bibun.py" は，21 行目の数値微分の式において，係数 a1, a2 の値が与えられていないので，正しいプログラムではない．19，20 行目の各式の右辺に適切な値を与え，正しいプログラムに修正してから数値計算を実行する．プログラムを実行すると，それぞれの Δx と，そのときの数値微分の値が画面に表示される．また，Δx と数値微分の関係がグラフで示される．

台形公式による数値積分

　台形公式による数値積分プログラム "daikei.py" を用いて，次に示す定積分の数値積分を行う．

$$4\int_0^1 \sqrt{1-x^2}\,\mathrm{d}x = \pi \tag{11.10}$$

分割数 N を変えて計算し，数値積分の値がキザミ幅 h にどのように依存するかを調べ，厳密な値 $(\pi = 3.14159\cdots)$ と比較する．このとき，分割数 N の初期値を 10，増分を 4 とする．これは，キザミ幅 h をほぼ 0.01 〜 0.1 の範囲で変化させることに相当する．ただし，プログラム "daikei.py" は，数値積分の式において，係数 a1, a2, a3 の値が与えられていないので，正しいプログラムではない．各式の右辺に適切な値を与え，正しいプログラムに修正してから数値計算を実行する．また，用いた係数 a1, a2, a3 を実験ノートに記録しておく．プログラムを実行すると，それぞれの h と，そ

11. パソコンによる数値計算 *69*

のときの数値積分の値が画面に表示される．また，h と数値積分の関係がグラフで示される．

シンプソンの公式による数値積分

数値積分プログラム "daikei.py" をシンプソンの公式用に変更し，式 (11.10) の定積分を行い，数値積分の値のキザミ幅 h 依存性を求める．そのためには，"daikei.py" の 18～25 行を以下のように変更する．

```
1      nmaxh = int(nmax / 2)
2      sum1 = 0
3      for n in range(1, nmaxh):
4          x = xmin + 2 * n * h                          # 基点 xn
5          sum1 = sum1 + fnc(x)
6      sum2 = 0
7      for n in range(1, nmaxh + 1):
8          x = xmin + (2 * n - 1) * h
9          sum2 = sum2 + fnc(x)
10     a1 =                                              # 適切な値を代入すること
11     a2 =                                              # 適切な値を代入すること
12     a3 =                                              # 適切な値を代入すること
13     a4 =                                              # 適切な値を代入すること
14     sum = (a1*fx0 + a2*fxn + a3*sum1 + a4*sum2) * h
```

ただし，このプログラムは，数値積分の式において，係数 a1, a2, a3, a4 の値が与えられていないので，各式の右辺に適切な値を与え，正しいプログラムに修正してから数値計算を実行する．用いた係数 a1, a2, a3, a4 は記録しておく．シンプソンの公式では，分割数 N（プログラム中では nmax）は，偶数でなければならないことに注意する．

プログラムを実行して出力されるすべてのグラフの横軸と縦軸が何を表すのかを理解し，グラフ各軸のラベルとして記入しておく．

課　　題

(1) 数値微分①で得られたグラフは，「Δx が小さくなると数値微分の値の誤差（真値との差）が小さくなること」を表す．ところが，②で得られたグラフは，「Δx を小さくしすぎると，誤差が大きくなってしまうこと」を表す．この誤差は，有限桁の数値を用いる数値微分の**桁落ち誤差**と呼ばれる．この理由を調べてみよう．

(2) 台形公式とシンプソンの公式の数値積分で得られたグラフから，数値積分の値の誤差が，キザミ幅 h にどのように依存するか．また，キザミ幅 h が同じ場合，台形公式とシンプソンの公式のどちらの数値積分の値がより正確か．理由も含めて説明しよう．

付録 1. 数値微分（プログラム名＝"bibun.py"）

```python
 1 import math                              # math モジュールの import
 2 import matplotlib.pyplot as plt          # グラフ描画用のモジュールの import
 3 def fnc(x):                              # 微分する関数の定義
 4     return x*x*x*x                       # x**4 と書くこともできる
 5 def fntrue(x):                           # 解析的に微分して得られた関数の定義
 6     return 4*x*x*x                       # 4*x**3 と書くこともできる
 7 x0 = float(input('x0='))                 # x0 の入力
 8 dxmax = float(input('dxmax='))           # Δx の最大値の入力
 9 dxmin = float(input('dxmin='))           # Δx の最小値の入力
10 nh0 = int(input('nh0='))                 # Δx を変更する回数
11 dxdel = (dxmin-dxmax)/(nh0-1)            # Δx の変化分の計算
12 gx = []                                  # グラフ描画用の変数（Δx 保存用）
13 gy = []                                  # グラフ描画用の変数（計算結果保存用）
14 fout = open('bibun.out','w')             # 結果を出力するためのファイルを開く
15 for i in range(0, nh0):                  # for 文による Δx の変更
16     dx = dxmax + dxdel * i               # Δx の計算
17     xm1 = x0 - dx                        # x0 - Δx
18     xp1 = x0 + dx                        # x0 + Δx
19     a1 =                                 # 適切な値を代入すること
20     a2 =                                 # 適切な値を代入すること
21     bks1 = (a1*fnc(xp1) - a2*fnc(xm1))/dx # 方法 2 による数値微分
22     print(f'{dx:.12e} {bks1:.12e}')      # Δx と計算結果を画面に出力する
23     print(f'{dx:.12e} {bks1:.12e}', file = fout) # Δx と計算結果をファイルに出力する
24     gx.append(dx)                        # gx に Δx の値を追加
25     gy.append(bks1)                      # gy に計算結果を追加
26 fout.close()                             # ファイルを閉じる
27 plt.plot(gx, gy, marker='o')             # グラフを作る
28 plt.show()                               # グラフを画面に表示する
```

11. パソコンによる数値計算　　　71

付録 2. 台形公式による数値積分（プログラム名＝"daikei.py"）

```
 1 import math                              # math モジュールの import
 2 import matplotlib.pyplot as plt          # グラフ描画用のモジュールの import
 3 def fnc(x):                              # 被積分関数 f(x) の定義
 4     return math.sqrt(1-x*x)
 5 xmin = float(input('xmin='))             # 積分の下限
 6 xmax = float(input('xmax='))             # 積分の上限
 7 n0 = int(input('n0='))                   # 分割数の初期値
 8 nz = int(input('nz='))                   # 分割数の増分
 9 nh0 = 21                                 # 分割数を変更する回数
10 gx = []                                  # グラフ描画用の変数（h 保存用）
11 gy = []                                  # グラフ描画用の変数（計算結果保存用）
12 fout = open('daikei.dat','w')            # 結果を出力するためのファイルを開く
13 for i in range(0, nh0):                  # for 文による分割数 n の変更
14     nmax = n0 + nz*i                     # 分割数の計算
15     h = (xmax - xmin) / nmax             # キザミ幅 h の計算
16     fx0 = fnc(xmin)                      # 関数 f(x) の下限での値
17     fxn = fnc(xmax)                      # 関数 f(x) の上限での値
18     sum = 0
19     for n in range(1, nmax):             # for 文による和の計算
20         x = xmin + n * h                 # 基点 xn
21         sum = sum + fnc(x)
22     a1 =                                 # 適切な値を代入すること
23     a2 =                                 # 適切な値を代入すること
24     a3 =                                 # 適切な値を代入すること
25     sum = (a1*fx0 + a2*fxn + a3*sum) * h # 積分値を求める
26     sum = sum * 4
27     print(f'{h:.12e} {sum:.12e}')        # h と計算結果を画面に出力する
28     print(f'{h:.12e} {sum:.12e}', file = fout)  # h と計算結果をファイルに出力する
29     gx.append(h)                         # gx に h の値を追加
30     gy.append(sum)                       # gy に計算結果を追加
31 fout.close()                             # ファイルを閉じる
32 plt.plot(gx, gy, marker='o')             # グラフを作る
33 plt.show()                               # グラフを画面に表示する
```

実験課題

1. 重力加速度 g

1. 実験概要

ボルダ（J. C. Borda (1733–1799)，フランスの物理学者）により考案された剛体振り子を用い，振り子の周期と長さ，振幅を測定することで g の測定を行う．本実験では，0.1%程度の相対精度（有効数字 3～4 桁）で g を決定することを目的とする．

2. 基礎知識

剛体を水平な固定軸で支えた振り子を剛体振り子という．図 **1.1** に示すような，点 O を通る水平な固定軸で支えられた剛体の鉛直面内での自由振動の運動方程式は，

$$I\frac{\mathrm{d}^2\theta}{\mathrm{d}t^2} = -Mgh\sin\theta \tag{1.1}$$

と表される．ここで，I は軸 O のまわりの剛体の慣性モーメント，h は軸 O と重心 G の間の距離，M は剛体の質量，θ は OG と鉛直線とのなす角である．振幅が小さい微小振動 ($\theta \ll 1$) の場合は，

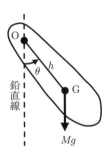

図 **1.1**　剛体振り子

$\sin\theta \simeq \theta$ と近似できるため，式 (1.1) は単振動の方程式となる．その振動の周期 T は，

$$T = 2\pi\sqrt{\frac{I}{Mgh}} \tag{1.2}$$

で表され，振り子の振幅には依存しない．これは，ひもの長さ ℓ の単振り子の周期 $T = 2\pi\sqrt{\ell/g}$ と比較すると，$\ell = I/Mh$ としたときの周期に等しい．

振幅が大きく微小振動とみなせない場合は単振動に近似できず，式 (1.1) を直接的に解く必要がある．この微分方程式は厳密に解くことができ（補足説明を参照），その周期 T は振幅 α に依存す

ることが導かれる．α がさほど大きくないときは

$$T = 2\pi\sqrt{\frac{I}{Mgh}}\left(1 + \frac{1}{4}\sin^2\frac{\alpha}{2} + \frac{9}{64}\sin^4\frac{\alpha}{2} + \cdots\right) \simeq 2\pi\sqrt{\frac{I}{Mgh}}\left(1 + \frac{\alpha^2}{16}\right) \quad (1.3)$$

と近似でき，振幅 α の 2 乗に比例した補正項が加わる．この式を書き直すと次式が得られる．

$$g = \frac{4\pi^2 I}{T^2 Mh}\left(1 + \frac{\alpha^2}{16}\right)^2 \simeq \frac{4\pi^2 I}{T^2 Mh}\left(1 + \frac{\alpha^2}{8}\right) \quad (1.4)$$

3. 実験原理

本実験で用いるボルダの振り子は，図 1.2 に示すように，細く軽い針金でつられた金属球（半径 r，質量 M）が，針金をつるす支持体のナイフエッジ K を支点として振動するようになっている．このような支持体と金属球からなる物体全体の重心の位置や慣性モーメントを正確に求めるのは難しい．しかし，支持体のみを振動させたときの周期と支持体に金属球をつるした振り子全体の周期が一致するとき，支持体の存在を無視することができる．そのように調整した支持体を用い，針金の質量を無視すると，支点のまわりの振り子の慣性モーメント I は

$$I = \frac{2}{5}Mr^2 + M(l+r)^2 \quad (1.5)$$

となる．ここで l は支点（K の下部）から球頂部までの距離である．式 (1.5) と $h = l + r$ を式 (1.4) に代入することにより次式を得る．

$$g = \frac{4\pi^2(l+r)}{T^2}\left\{1 + \frac{2r^2}{5(l+r)^2}\right\}\left(1 + \frac{\alpha^2}{8}\right) \quad (1.6)$$

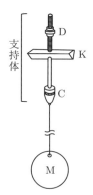

図 1.2 振り子の構成

4. 実験方法

本実験では，$T, r, l+r$ および α を測定することにより，重力の加速度 g を求める．

1. 重力加速度 g 77

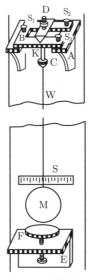

図 1.3 実験装置

4.1 実験に用いる装置と器具

ボルダの振り子（金属球，針金，ナイフエッジ（支持体），支座），水準器，標準尺，読み取り望遠鏡，ノギス，ストップウォッチ．

4.2 実験装置

装置の外観を図 1.3 に示す．支持台 A の上に支持体のナイフエッジ K を支える支座 B がのる．支座 B には，水平にするための調節ねじがついている．支持体の心棒の下端には針金を固定するねじ C があり，上部には支持体自身の振動の周期を調節するねじ D がある．振り子の針金 W は，長さ約 1 m，直径 0.1 mm 程度の鋼線である．金属球 M の直径は 4～5 cm 程度である．針金 W の下端付近の背後には水平に固定した目盛り尺 S があり，振り子の振幅を測るために用いる．金属円板 F は上下させることができ，振り子の長さを標準尺で正確に測るときに用いる．

4.3 実験の手順

(1) 支持台 A の上に支座 B をのせ，水準器を用いて水平になるようにねじ S_1, S_2, S_3 を調節する．
(2) 支座 B 上で支持体だけを 10 回程度微小振動させ，周期がおよそ 2 秒になるように支持体のねじ D を上下に調整する．
(3) 金属球を固定した針金 W をチャックねじ C で支持体に取り付け，支座 B 上で 10 回程度振動させてその周期を測る．この周期と (2) で測った周期の差が 0.2 秒以内になるまで，(2) の調整を繰り返す．
(4) 読み取り望遠鏡を目盛り尺 S の前方約 2 m の位置にすえ，針金 W と重なって見える S の目盛り a_0 を読み取る（振り子の起点）．

実 験 課 題（力学および熱学に関する実験）

(5) ボルダ振り子をナイフエッジに直角な鉛直面内で振動させる．振幅は望遠鏡の視野内に抑える．

(6) 振り子の周期測定を開始する直前の回帰点の位置 a_1(cm) および測定終了直後の回帰点の位置 a_2(cm) を目盛り尺 S で読み取っておく．これらは平均の振幅 α (rad) を計算するときに用いる．

(7) 周期の測定は精度を上げるために次のように行う．針金が目盛り尺 S の同じ箇所を 10 回通過するごとにその時刻をストップウォッチを用いて 0.1 秒の位まで測り記録する．**表 1.1** に例を示してあるように，この測定を連続で 190 回まで測定する．これによって 100 周期の測定を 10 回行うことになり，その 100 周期の平均値を求めることによって周期 T の測定精度を高める．

(8) 次に，振り子の支点（支座 B の上部）から球 M の下部までの距離 $l + 2r$ を標準尺を用いて測る．まず，M の下にある台 F の上面が M の下端に軽く触れるまで上げてから振り子を取り去り，標準尺を支座 B にまたがせて棒の下端が F の上面に軽く触れるように下げて，副尺を用いてその全長 $l + 2r$ を記録する．

(9) 支座 B の上面からスケール S までの距離 d を巻き尺で測る．

(10) 金属球の半径 r を，ノギスを使用して複数箇所で正確に測定し，その平均値を求める．

(11) (6) から (9) までの測定を 2 回繰り返す．

5. データ解析

(1) 10 周期ごと 190 周期までの時刻測定結果を**表 1.1** のようにまとめて 10 個の 100 周期の平均周期を計算して 1 周期 T の測定値を求める．

(2) 振り子の支点から重心までの距離 $l + r$ を，$l + 2r$ と球の半径 r の測定結果から求める．

(3) 振り子のフレ角 θ は，目盛り尺 S 上の位置を a とすると

$$\theta = \arctan \frac{a - a_0}{d} \simeq \frac{a - a_0}{d} \tag{1.7}$$

と表される．平均の振幅 α (rad) を周期の測定前後に測定した a_0, a_1, a_2 を用いて，幾何平均

表 1.1 測定値の記録の仕方

回　数	分	秒	回　数	分	秒	100 回の時間（分秒）	
0	1	40.8	100	5	09.7	3	28.9
10	2	01.2	110	5	30.7	3	29.5
20	2	22.0	120	5	51.7	3	29.7
30	2	43.1	130	6	12.5	3	29.4
40	3	03.8	140	6	33.5	3	29.7
50	3	24.8	150	6	54.5	3	29.7
60	3	45.8	160	7	15.3	3	29.5
70	4	06.6	170	7	36.3	3	29.7
80	4	27.6	180	7	57.5	3	29.9
90	4	48.6	190	8	18.5	3	29.9
平均時間	3	29.59	平均周期			$T = 209.59/100 = 2.0959$ 秒	

から次のように求める.

$$\alpha = \frac{\sqrt{(a_1 - a_0)(a_2 - a_0)}}{d} \tag{1.8}$$

(4) 以上から得られた $T, l+r, \alpha$ を式 (1.6) に代入し, 重力加速度 g を求める.

6. 発展課題

(1) 基礎事項 4 (p.22) に記載された精度の評価方法を参考にして, g の精度 Δg を式 (1.6) と各測定値の精度 ($\Delta T, \Delta(l+r)$ など) から評価する. その際, 式 (1.6) の最初の因子 $(4\pi^2(l+r)/T)$ のみ考慮すればよい[1]. また, 多数回測定して求めた平均値 (周期 T など) の精度 (ΔT など) は [基礎事項 4. 精度と有効数字] の式 (4.21) (p.26) から見積もる. 1 回しか測定していない測定値 ($l+r$ など) に対しては, 標準尺やノギスの副尺の読み取り精度を用いる.

(2) 最終測定結果を $g \pm \Delta g$ の形式で示す.

(3) 得られた $g \pm \Delta g$ の値を, 巻末付録 (6) に示されている自分が測定を行った地域の重力加速度実測表の数値と比較する. 誤差の範囲内で一致しない場合は, 原因について考察する.

(4) 振り子の慣性モーメントが式 (1.5) で与えられることを確認する.

(5) 支持体のみを振動させたときの周期と振り子全体の周期とが一致する場合に, 支持体の存在を無視できることを証明する.

7. 補足説明

7.1 式 (1.3) の導出

微小振動とみなせない一般的な振り子の振動における式 (1.3) の導出手順を以下に示す.

時刻 $t = 0$ に $\theta = \alpha$ の位置から静かに振り子を放した場合を考える. 運動エネルギーと重力の位置エネルギーの和 (力学的エネルギー) が保存されることから

$$\frac{I}{2}\left(\frac{d\theta}{dt}\right)^2 + Mgh(1 - \cos\theta) = Mgh(1 - \cos\alpha) \tag{1.9}$$

が成立する. 位置エネルギーは $\theta = 0$ の位置を基準としている. この式を変形すると

$$\frac{1}{\sqrt{\sin^2\frac{\alpha}{2} - \sin^2\frac{\theta}{2}}}\frac{d\theta}{dt} = \pm 2\sqrt{\frac{Mgh}{I}} \tag{1.10}$$

が得られる. いま, $t = 0$ に $\theta = \alpha \ (> 0)$ から静かに動き始めた場合を考え, 式 (1.10) を $\alpha \ (t = 0)$ から $\theta \ (t = t)$ まで積分すると

$$\int_\alpha^\theta \frac{d\theta'}{\sqrt{\sin^2\frac{\alpha}{2} - \sin^2\frac{\theta'}{2}}} = -2\sqrt{\frac{Mgh}{I}}\, t \tag{1.11}$$

が得られる. 左辺の積分は θ の関数なので, この式から θ が時刻 t の関数 $\theta(t)$ として定められるこ

---

[1] 補正項である $2r^2/5(l+r)^2$ と $\alpha^2/8$ 自身が 10^{-3} 以下であるため, 補正項自体の測定精度は Δg に大きく寄与はしない.

とになる．この $\theta(t)$ は Jacobi の楕円関数と呼ばれ初等関数で書くことはできないが，微小振動の場合は式 (1.11) で $\sin\dfrac{\alpha}{2} = \dfrac{\alpha}{2}$, $\sin\dfrac{\theta}{2} = \dfrac{\theta}{2}$ と近似すると具体的に積分を実行することができ，単振動

$$\theta(t) = \alpha\cos\omega t \tag{1.12}$$

に帰着する $(\omega = \sqrt{Mgh/I})$.

次に，微小振動ではない一般的な場合の周期について考える．振り子が周期運動をしているとすれば，$\theta = \alpha$ から $\theta = 0$ に達するまでの時間は周期 T の 1/4 と考えられるので

$$\int_0^\alpha \frac{\mathrm{d}\theta'}{\sqrt{\sin^2\dfrac{\alpha}{2} - \sin^2\dfrac{\theta'}{2}}} = 2\sqrt{\frac{Mgh}{I}}\,\frac{T}{4} \tag{1.13}$$

と書ける．左辺は数値積分で求めることができるが，通常は以下の変数変換

$$k = \sin\frac{\alpha}{2}, \qquad \sin\frac{\theta'}{2} = \sin\frac{\alpha}{2}\sin\phi \tag{1.14}$$

を行って，$0 \to \alpha$ の θ' 積分を $0 \to \pi/2$ の ϕ 積分に置き換えることで，

$$T = 4\sqrt{\frac{I}{Mgh}}K(k), \qquad K(k) = \int_0^{\pi/2} \frac{\mathrm{d}\phi}{\sqrt{1 - k^2\sin^2\phi}} \tag{1.15}$$

と書く．ここで定積分 $K(k)$ は第 1 種完全楕円積分と呼ばれる．振り子の周期は $k = \sin\dfrac{\alpha}{2}$ を通して振幅 α に依存していて，微小振動の周期 $T = 2\pi\sqrt{I/Mgh}$ は $k \to 0$ の極限で実現していることになる．

$K(k)$ の値は，$k = 0$ での $\pi/2$ から出発して k に依存して，はじめは比較的ゆっくりと増加する．振幅 α がそれほど大きくないうちは，$K(k)$ の被積分関数を k^2 について展開し，その最初の数項を拾えば十分の精度で近似できるので，周期 T は

$$T = 2\pi\sqrt{\frac{I}{Mgh}}\left(1 + \frac{1}{4}\sin^2\frac{\alpha}{2} + \frac{9}{64}\sin^4\frac{\alpha}{2} + \cdots\right) \tag{1.16}$$

と書ける．α が比較的小さいときは，最初の補正項のみ考えればよく，さらに $\sin(\alpha/2) \simeq \alpha/2$ と近似すれば，式 (1.3) が導出される．

2. ヤング率

1. 実験概要

伸び変形に対する弾性定数であるヤング率 (T. Young) を測定することにより，固体の弾性について理解する．実験は，金属棒の中央におもりをぶら下げて荷重をかけ，棒のたわみをユーイングの装置を用いて測定し，ヤング率を導出する．

2. 基礎知識

剛体は力を加えても全く変形しない理想的な固体であるが，現実の固体は力が加えられると変形する．力を加えたときの変形が小さく，力を取り除くと元の形状に戻るような固体を弾性体という．変形が小さいときは固体内部に変形の大きさに比例した力が生じ，外から加えられた力とつり合うところで変形がとまる．固体の弾性では，変形の程度を示す**歪み**と，固体内の任意の断面の単位面積当たりにはたらく力である**応力**（単位は N/m^2）が，基本的な物理量である．歪みが小さいとき[1]，応力と歪みは比例関係にあるので，その比例定数を弾性定数という．

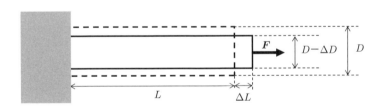

図 2.1　棒の 1 次元方向への引っ張り

歪みには，固体内のある方向に対して，同じ方向に変形する「伸び（縮み）」と垂直方向に変形する「ずり」がある．応力にも，対応する断面に対して垂直に作用する場合と断面に対して面内に作用する「ずり応力」がある．歪みや応力のように方向依存性をもつような量はテンソルと呼ばれ，一般には行列形式で表される[2]．ここでは扱いが簡単な等方的で一様な固体のヤング率について説明する．

いま，図 2.1 に示すような長さ L の棒を力 F で引っ張り，長さが $L + \Delta L$ になったとする．棒の底面積を S とすると断面に垂直にはたらく応力 p と歪み ε はそれぞれ $p = \dfrac{F}{S}$, $\varepsilon = \dfrac{\Delta L}{L}$ と表さ

---

[1] 弾性限界以上の応力を加えて歪みを発生させたときは，その後応力を徐々に取り去っても，元の状態に戻らず歪みが残留する．このような現象が起こると正しい弾性定数は求められないので，実験は応力が比例限界以下の範囲で行う．
[2] ここでは，テンソルは扱わない．

れる．変形が小さい場合，応力は歪みに比例するので

$$p = \varepsilon E \tag{2.1}$$

と書け，比例定数 E をヤング率という．$\varepsilon = \dfrac{\Delta L}{L}$ は無次元量であるので E は $p = \dfrac{F}{S}$ と同じ次元をもち，単位は N/m^2 である．

棒が $L + \Delta L$ になると，実際には伸びに垂直な方向は縮む．横方向への縮み $\dfrac{\Delta D}{D}$ は伸び $\dfrac{\Delta L}{L}$ に比例し

$$\frac{\Delta D}{D} = \sigma \frac{\Delta L}{L} \tag{2.2}$$

と表される．比例定数 σ はポアソン比と呼ばれ，物質に固有の定数となる．

σ は無次元量であり，理論的な σ の範囲は $-1 \sim 0.5$ であるが，実在物質ではおおむね $0.25 \sim 0.5$ の値をとることが知られている．

3.　実験原理

ここではユーイング (J. A. Ewing) の装置を用いて，金属棒のヤング率を測定する．**図 2.2** のように，両端を固定した金属棒の中心におもりをのせたときの棒のたわみ e を測定する．図 2.2 の棒の変形では，上面は圧力を受けて縮み，下面は張力により伸びるから，ヤング率 E が関係する．おもり W の質量を m，重力の加速度の大きさを g，エッジ間の長さを L，棒の厚さを a，幅を b とすると，7.1 節「ユーイングの実験装置」に示すように以下の式が導出される．

$$e = \frac{mgL^3}{4a^3 bE} \tag{2.3}$$

一般に e は極めて小さいので，ユーイングの装置では**図 2.3** に示すように，望遠鏡と鏡を用いて変化量を拡大して測定する．装置は 2 枚の金属棒 A（試料棒）と B（補助棒），金属棒を支持するナイフエッジ K_1 と K_2，おもりをつり下げるフック F_1 とこれを支える F_2，鏡 M，おもり W，望遠鏡 T，および望遠鏡位置においたスケール S からなる．このほか，S を照らす照明，巻き尺，ノギス，マイクロメーターが必要である

図 2.4 に望遠鏡と試料棒を真横から見た様子を示す．望遠鏡から鏡 M までの距離が D である．おもりをのせることにより試料棒 A が e だけたわんで，鏡の足 L_1 と L_2 を結んだ直線方向が水平から角度 θ 傾くと，鏡 M の面も垂直に対して θ 傾く．おもりをのせる前に，鏡で反射したスケール S の目盛りが望遠鏡の十字線の水平線と一致する数値 z_0 を読む．おもりをのせると鏡が傾くので，スケール S の目盛りが移動し，このときの値 z_1 を読み取ると，読み取り値の差 $(z_1 - z_0)$ と傾き角 θ の関係は

$$\tan 2\theta = \frac{z_1 - z_0}{D} \tag{2.4}$$

と表される．また，L_1 と L_2 の間の距離を r（**図 2.5** 参照）とすると $\sin\theta = \dfrac{e}{r}$ が成り立つ．$\theta \ll 1$

2. ヤング率

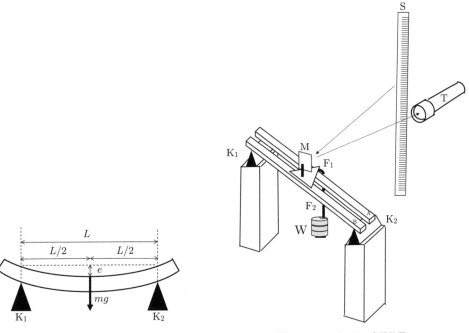

図 2.2 荷重による棒のたわみ e

図 2.3 ユーイングの実験装置

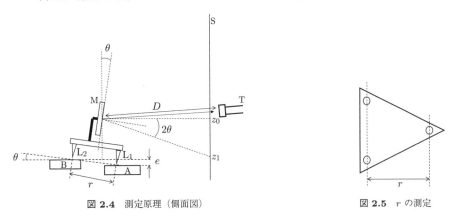

図 2.4 測定原理（側面図）

図 2.5 r の測定

のとき $\sin\theta \simeq \theta$, $\tan 2\theta \simeq 2\theta$ であり，$z = z_1 - z_0$ とすると

$$e = \frac{zr}{2D} \tag{2.5}$$

となる．したがって，ヤング率は次のように求められる．

$$E = \frac{DmgL^3}{2a^3bzr} \tag{2.6}$$

4. 実験方法

試料棒を図 2.3 のように水平においてその中央におもりをつるし，鏡に写ったスケールの位置 z の変化を読み取る．おもりの質量 m と位置 z の関係を測定してグラフにプロットし，傾き $\dfrac{\Delta z}{\Delta m}$ を

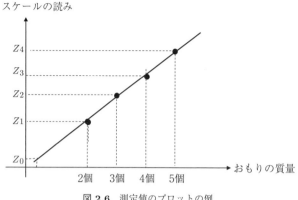

図 2.6 測定値のプロットの例

求め，それが $\dfrac{DgL^3}{2a^3bEr}$ に等しいことからヤング率 E を求める．このとき必要となる鏡とスケール間の距離 D，試料を支えるナイフエッジ間の距離 L，試料の厚さ a，試料の幅 b，鏡の足の作る二等辺三角形の高さ r を測定しておく．

4.1 実験手順

(1) 実験開始前に，おもり 1 個ずつの質量を測定しておく．

(2) 図 2.3 に従って装置を組み立てる．金属棒 A, B はエッジ K_1, K_2 に直角に，かつはみ出した部分の長さが等しくなるように平行におく．巻き尺かノギスを用いて金属棒の正確な中央を決めて，おもりをのせるフック F_1 は，F_2 とともにその位置につるす．望遠鏡 T とスケール S はもう一方の台の上におき，S をスタンドで照らす．

(3) 望遠鏡 T をのぞいて十字線がはっきり見えることを確認する（接眼レンズの位置を調整することが必要な場合もある）．鏡 M を正しい位置にセットし，おもり 2 個をのせて安定させる．T の真後ろから M を見て，肉眼で S の像を探す．M の側に立ち，鏡の方向を調節する．S の像が見えたらその目の位置に T を置き，筒先を M の方に向ける．T をのぞいて焦点を調節し，まず M を見つける．そこから筒の長さを少し短くすると S の像が見える．

(4) おもり 2 個の状態の S の目盛りを読み，これを z_1 とする．ここから 1 個ずつおもりをのせて，測った目盛りを $z_2, z_3, z_4, \cdots$ とする．おもりをのせるとき衝撃が加わると，M の向きが変わってしまうので慎重に行うこと．また歪みが大きくなったとき，M の足が金属棒にきちんとのっていないことがあるので注意すること．

(5) 上記の測定の際，横軸におもりの質量 m，縦軸に S の読み z のグラフ用紙を用意し，図 2.6 に示すように，おもりを加える（取り除く）ごとにデータ点をプロットし，測定点が直線から大きくずれていないかどうかを確認しながら行うこと．

(6) 1 個ずつおもりを取り去る過程も測定する．

(7) 次に金属棒を裏返して (4), (5), (6) の測定を行う．

(8) 金属棒 A と B を交換して (4)〜(7) の測定を行う.

(9) 図 **2.5** に示す距離 r を測定するために鏡 M の足を紙に押しつけ，3 つの跡が作る二等辺三角形の高さをノギスで測定する．鏡 M と S の距離 D，ナイフエッジ K_1 と K_2 の距離 L は巻き尺で，試料棒の厚さ a をマイクロメーター，幅 b をノギスで測定する．おのおの 3 回以上測定し，平均値を用いる．

5. データ解析

(1) 実験方法 (5) で作図したグラフの測定点を通る最適の直線を目分量で引き，その傾きを求める．グラフの縦軸と横軸の値をそれぞれ m と kg の単位に直して傾きを求めておくと，正しい単位の E [N/m^2] を容易に導ける．

(2) 式 (2.6) より，データ解析 (1) で求めた傾きが $\dfrac{DgL^3}{2a^3bEr}$ に等しいことを用いて，E [N/m^2] を求める．計算の際，各測定値を MKS 単位で表しておく．

(3) 金属棒の表側と裏側で求めた E の値の平均値をその試料の E とする．仮の ΔE として，表側と裏側の E の値の差を 1/2 した値を求める．

(4) 3 回以上測定した測定値に関して，平均値と平均値の誤差を計算する．

(5) 基礎事項 4 の説明に従って，各測定値の平均値と平均値の誤差から E の精度 ΔE を計算する．

(6) データ解析 (5) で求めた ΔE とデータ解析 (3) で求めた仮の ΔE の大きい方を測定値の精度 ΔE とし，最終結果を $E \pm \Delta E$ の形式で示す．

6. 発展課題

(1) 求めた試料のヤング率の値を巻末付録の表 (7) にある種々の物質のヤング率と比較し，その材質を推定せよ．

(2) グラフ用紙にプロットした測定点を通る最適の直線を，最小二乗法を用いて求める．得られた傾きと傾きの誤差の値からからヤング率 E とヤング率の精度 ΔE を計算し，データ解析で求めた E, ΔE と比較する．

(3) E を求めた試料に対して，巻末付録の表 (7) にある同じ物質の剛性率の値を用い，[実験課題 3. 剛性率] の式 (3.5) から試料のポアソン比 σ を求めよ．

(4) どのような物質（固体）に対しても，ポアソン比が 0 〜 0.5 の値になる理由を考察せよ．

7. 補足説明

7.1 ユーイングの実験装置

　図 **2.7** のように厚さ a，幅 b，長さ L の棒の一端を固定し水平に保って，他端に質量 M のおもりをつるしたとする．このとき，おもりをつるした端から x の距離にある部分にかかる力を考える．棒が変形して曲がると，中心線 PQ より上では張力により伸び，下では圧力により縮む．これは図 2.2 の上下を逆にして，棒の中心から右側の部分に注目したものに対応する．

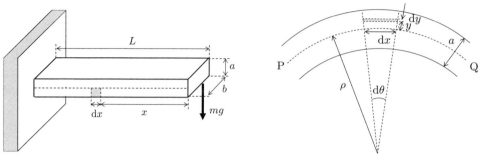

図 2.7 基本原理

PQ の曲率半径を ρ とすると，PQ より y だけ上の長さ dx，厚み dy の部分における伸びは，$(\rho+y)d\theta - \rho d\theta = y d\theta$，となる．したがって，伸びの割合は

$$\frac{y\,d\theta}{dx} = \frac{y\,d\theta}{\rho\,d\theta} = \frac{y}{\rho}$$

となる．この部分の断面積は $b\,dy$ であるから，この部分にかかる力は式 (2.1) より $dF = \dfrac{Eby\,dy}{\rho}$．よって，PQ より上の断面にかかる力による，PQ 面内の軸のまわりの力のモーメント[3]は

$$\int_{F(y=0)}^{F(y=a/2)} y\,dF = \int_0^{a/2} \frac{Eby^2}{\rho}dy = \frac{a^3bE}{24\rho} \tag{2.7}$$

となる．一方，PQ より下の断面にかかる力による，力のモーメントもこれに等しい．したがって，全断面にかかる力のモーメントは $\dfrac{a^3bE}{12\rho}$ になり，これが先端にかかる力 mg によるモーメント mgx とつり合って，以下の式が成立する．

$$mgx = \frac{Ea^3b}{12\rho}, \quad \frac{1}{\rho} = \frac{12mgx}{a^3bE} \tag{2.8}$$

次に図 2.8 に示す荷重端における下がり e を求めよう．ここで棒の厚さ a を無視し，dx の部分の両端の接線が荷重線と交わる点を R, S とする．RS の距離 de は，$de = x\,d\theta = \dfrac{x\,dx}{\rho}$ なので，$0 \leq x \leq L$ の範囲で積分し，式 (2.8) を用いると次のように e が求まる．

$$e = \int_0^L \frac{x}{\rho}dx = \frac{4mgL^3}{a^3bE} \tag{2.9}$$

図 2.2 の場合には，上式の m を $\dfrac{1}{2}m$，L を $\dfrac{1}{2}L$ で置き換えればよいので，式 (2.3) が得られる．

7.2 体積弾性率

引っ張りによる体積変化率 $\dfrac{\Delta V}{V}$ と引っ張り応力 p の関係について説明する．変形が小さいときは p は $\dfrac{\Delta V}{V}$ に比例するので

$$p = K\frac{\Delta V}{V} \tag{2.10}$$

---

[3] 力のモーメントは大きさと向きをもつ物理量であるが，ここでは大きさを扱っている．

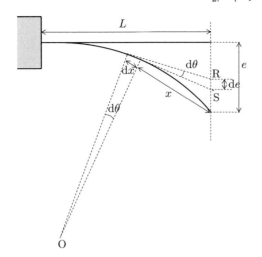
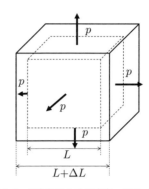

図 2.8 基本原理　　　　図 2.9 立方体の 3 次元方向への引っ張り

と書ける．比例定数 K は体積弾性率と呼ばれ，単位は $\mathrm{N/m^2}$ である．体積の膨張は，1 次元的な引っ張りを x, y, z 方向に順次行うことによる変形と等価であると考えられるので，K は次に示すように E と σ で表すことができる．

　図 2.9 に示すように一辺 L の立方体を x, y, z 方向に同じ力で引っ張り，各面には p の応力が作用して最終的に各辺が $L+\Delta L$ に伸びたとする．x 方向への引っ張り応力 p により，立方体には x 方向に伸びの歪み ε_x が生じる．このとき，同時に y, z 方向には，$\sigma\varepsilon_x$ の縮みの歪みが起きる．同様に y, z 方向への引っ張りの応力によって起きる伸びの歪み $\varepsilon_y = \varepsilon_z \,(= \varepsilon_x)$ は，x 方向に $\sigma\varepsilon_y, \sigma\varepsilon_z$ の縮みの歪みを引き起こす．すなわち，正味の x 方向の変形はこれらを加えて

$$\frac{\Delta L}{L} = \varepsilon_x - \sigma\varepsilon_y - \sigma\varepsilon_z = (1-2\sigma)\varepsilon_x = (1-2\sigma)\frac{p}{E}$$

となり，y 方向と z 方向の正味の伸びも同様の式になる．体積は $V = L^3$ なので，$\dfrac{\Delta V}{\Delta L} = 3L^2$ となり

$$\frac{\Delta V}{V} = 3\frac{\Delta L}{L} = \frac{3(1-2\sigma)}{E}p \tag{2.11}$$

が得られる．したがって，式 (2.10) より

$$K = \frac{E}{3(1-2\sigma)} \tag{2.12}$$

となる．

3. 剛性率

1. 実験概要

　ずり変形に対する弾性定数である剛性率を測定することにより，固体の弾性について理解する．実験は，金属線におもりをぶら下げて回転振動を起こし，振動の周期を測定することにより，金属線の剛性率を導出する．図 3.1 に，実験に用いるねじれ振り子を模式的に示す．ねじれ振り子とは，金属線のねじれに対する復元力によって，ぶら下げられたおもりが軸のまわりに回転振動するようにしたものである．

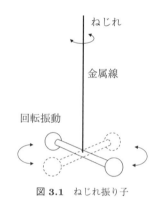

図 3.1　ねじれ振り子

2. 基礎知識

　剛体は力を加えても全く変形しない理想的な固体であるが，現実の固体は力が加えられると変形する．力を加えたときの変形が小さく，力を取り除くと元の形状に戻るような固体を弾性体という．変形が小さいときは固体内部に変形の大きさに比例した力が生じ，外から加えられた力とつり合うところで変形がとまる．固体の弾性では，変形の程度を示す**歪み**と，固体内の任意の断面の単位面積当たりにはたらく力である**応力**（単位は N/m^2）が，基本的な物理量である．歪みが小さいときは[1]，応力と歪みは比例関係にあるので，その比例定数を弾性定数という．

　歪みには，固体内のある方向に対して，同じ方向に変形する「伸び（縮み）」と垂直方向に変形する「ずり」がある．応力にも，対応する断面に対して垂直に作用する場合と断面に対して面内に作用する「ずり応力」がある．歪みや応力のように方向依存性をもつような量はテンソルと呼ばれ，

---

[1] 弾性限界以上の応力を加えて歪みを発生させたときは，その後応力を徐々に取り去っても，元の状態に戻らず歪みが残留する．このような現象が起こると正しい弾性定数は求められないので，実験は応力が比例限界以下の範囲で行う．

3. 剛性率

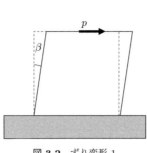

図 3.2 ずり変形 1

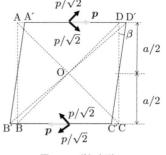

図 3.3 ずり変形 2

一般には行列形式で表される[2]．ここでは，扱いが簡単な等方的で一様な固体の剛性率 G について説明する．

図 3.2 に示すように，台に固定された立方体の上面に，ずり応力 p (N/m^2) が面に平行に作用して，ずり変形により側面が正方形からひし形に変化したとする．傾いた角度を β（ラジアン）とすると，変形が小さいときは

$$p = G\beta \tag{3.1}$$

と書くことができ，比例定数 G を剛性率という．式から明らかなように，剛性率の単位も N/m^2 である．

剛性率 G は，ヤング率 E とポアソン比 σ（[実験課題 2. ヤング率] の 2.2 節 基礎知識を参照のこと）を用いて表すことができる．応力 p を図 3.2 のように，1 辺の長さ a の立方体の上面に作用させたとき，作用・反作用の法則から固定された下面にも，大きさが同じで逆向きの応力が作用する．以下に示す考察を簡便にするために，**図 3.3** に，変形後のひし形を平行移動して中心 O を一致させたものを示す．ここで応力 p を対角方向 AC, BD に分解する．BD が B'D' に伸びるのは，p のうち BD 方向への引っ張りの成分 $\frac{p}{\sqrt{2}}$ による変形と，AC 方向への圧縮の成分 $\frac{p}{\sqrt{2}}$ による変形の両方の寄与による．AC 面や BD 面の面積は AD 面に比べて $\sqrt{2}$ 倍になっているので，AC 面に作用する応力の大きさは，引っ張り，圧縮の両成分とも $\frac{p}{\sqrt{2}}$ を $\sqrt{2}$ で割って $\frac{p}{2}$ となる．BD の伸びは，[実験課題 2. ヤング率] にある式 (2.1) の引っ張り応力による寄与 $\frac{p/2}{E}\sqrt{2}a$ と，式 (2.2) の圧縮からの寄与 $\sigma\frac{p/2}{E}\sqrt{2}a$ の和となる．立方体の下面に作用する応力も同じ寄与となるので，結局，対角線 BD の変化は次式で与えられる．

$$B'D' - BD = \left(\frac{p}{E} + \sigma\frac{p}{E}\right)\sqrt{2}a \tag{3.2}$$

一方，角度 β から幾何学的に BD の変化を求めると

$$DD' = \frac{a}{2}\tan\beta \cong \frac{a}{2}\beta \tag{3.3}$$

---

[2] ここでは，テンソルは扱わない．

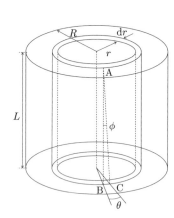
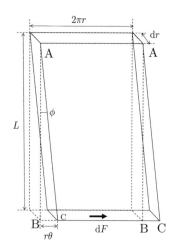

図 3.4 剛性率測定原理　　　　図 3.5 円筒をひろげた図

なお，$\beta \ll 1$ のときの近似 $\tan\beta \simeq \beta$ を用いた．これらの式から

$$\beta = \frac{2(1+\sigma)}{E}p \tag{3.4}$$

となるので，式 (3.1) より

$$G = \frac{E}{2(1+\sigma)} \tag{3.5}$$

となる．

3. 実験原理

　回転角が小さいとき，ねじれ振り子の振動は単振動になる．長さ L，半径 R，剛性率 G の針金の上端面を固定し，下端面に中心軸のまわりのモーメントが N であるような偶力を加え，小さな角 θ だけねじるとする．このとき図 3.4 に示すように，針金の内部に針金と共軸で半径 r，厚さ $\mathrm{d}r$ の薄い円筒を考える．ここで $\mathrm{d}r$ は r に比べて十分に小さいとする．円筒の側面に中心軸と平行な直線 $\overline{\mathrm{AB}}$ を引き，下端面をねじったときに直線 $\overline{\mathrm{AB}}$ が受ける変位を考える．いま，点 A が固定されているとすると，点 B は下端面の変位（変位角を θ とする）によって点 C に移るために，直線 $\overline{\mathrm{AB}}$ は直線 $\overline{\mathrm{AC}}$ に変化し，角 ϕ だけ傾く．このとき，弧長 $\overparen{\mathrm{BC}} = r\theta$，$\phi = r\theta/L$ である．なお，$\phi \ll 1$ として $\tan\phi \simeq \phi$ を用いた．

　円筒を広げた様子を図 3.5 に示す．底面にはたらく力を $\mathrm{d}F$ とすると，底面におけるずれの応力は $\dfrac{\mathrm{d}F}{2\pi r\, \mathrm{d}r}$ であるから，剛性率の定義（式 (3.1)）より

$$\frac{\mathrm{d}F}{2\pi r\, \mathrm{d}r} = G\phi = \frac{Gr\theta}{L} \tag{3.6}$$

したがって

$$\mathrm{d}F = \frac{2\pi G\theta r^2\, \mathrm{d}r}{L} \tag{3.7}$$

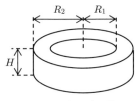

図 3.6 おもり（円環）

が得られる．これから，円筒に作用するずれの応力のモーメントの大きさは

$$dN = r\,dF = \frac{2\pi G\theta r^3 dr}{L} \tag{3.8}$$

となる．したがって，半径 R の針金に，このような変形を起こさせるために，下端に作用する偶力のモーメントの大きさは

$$N = \int_0^R \frac{2\pi G\theta r^3}{L}\,dr = \frac{\pi GR^4\theta}{2L} \tag{3.9}$$

となり，$\mu = \pi GR^4/2L$ とすると $N = \mu\theta$ と表される．なお，μ をねじれ剛性と呼ぶ．

次に，半径 R，長さ L，剛性率 G の針金に，慣性モーメント I の剛体をつるしてねじれ振動を行うとき，運動方程式は

$$I\frac{d^2\theta}{dt^2} = -\mu\theta \tag{3.10}$$

となる．ここで針金の質量は無視した．この式は単振動の運動方程式であり，周期を T とすれば

$$T = 2\pi\sqrt{\frac{I}{\mu}} = 2\pi\sqrt{\frac{2LI}{\pi GR^4}} \tag{3.11}$$

したがって，おもりの慣性モーメント I が既知ならば，周期 T を測定することにより針金の剛性率 G を求めることができる．

この実験では図 3.6 に示すような円環（内径 $2R_1$，外径 $2R_2$，高さ H，質量 M）を懸垂金具で支持したものをおもりとしている．懸垂金具の形は複雑でその慣性モーメントを計算することは困難であるが，次のような方法でこの困難を避けることができる．いま，慣性モーメント I_0 の懸垂金具を用いて，慣性モーメント I の物体を針金につるすとすると，式 (3.11) より

$$G = \frac{k(I + I_0)}{T^2}, \quad k = \frac{8\pi L}{R^4} \tag{3.12}$$

いま I_0 を消去するため，おもりを懸垂金具に鉛直および水平に支持したときの慣性モーメントを I_1, I_2 とし，これに対する振り子の周期を T_1, T_2 とすると

$$G = k\frac{I_1 + I_0}{T_1^2} = k\frac{I_2 + I_0}{T_2^2} = k\frac{I_2 - I_1}{T_2^2 - T_1^2} \tag{3.13}$$

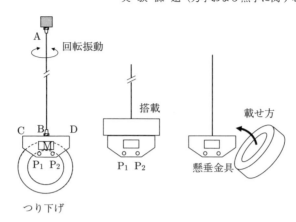

図 3.7 実験装置

ここで

$$I_1 = \frac{M(R_1^2 + R_2^2)}{4} + \frac{MH^2}{12} \tag{3.14}$$

$$I_2 = \frac{M(R_1^2 + R_2^2)}{2} \tag{3.15}$$

であるから

$$G = \frac{2\pi L M (R_1^2 + R_2^2 - H^2/3)}{R^4 (T_2^2 - T_1^2)} \tag{3.16}$$

が得られる．すなわち，I_0 の値が未知でも G を求めることができる．

4. 実験方法

図 3.7 のように試料である針金の下端に固定した懸垂金具の下側におもりをつるし，針金をねじることで生じる振動の周期 T_1 を測定する．次に，懸垂金具の上におもりを固定して針金をねじり，その際の振動の周期 T_2 を測定する．式 (3.16) に T_1, T_2 を代入して剛性率 G を求める．その際に必要となる針金の長さ L，おもりの重さ M，おもりの外半径 R_1，おもりの内半径 R_2，おもりの高さ H，針金の半径 R はあらかじめ測定しておく．

4.1 実験手順

実験装置の概略を図 3.7 に示す．長さ 1 m の試料（針金）の上端をねじ A に固定して，下端を図のように懸垂金具 CD に備えたねじ B に固定する．P_1, P_2 はおもりの円環を CD に垂直につるすためのピンで，CD の前面には鏡 M が取り付けられている．P_1 と P_2 をいったんはずして円環をCD の上にのせれば，円環を水平に支持できる．このとき，CD の慣性モーメントを同じにするため，P_1 と P_2 を必ず CD に差し込んでおく．

必要な器具は，ストップウォッチ，マイクロメーター，ノギス，巻き尺，台ばね秤である．

3. 剛 性 率

(1) おもりの円環の質量 M を台ばね秤で測る．M の誤差 ΔM には秤の最小目盛りを用いる．

(2) 円環の内半径 R_1 と外半径 R_2 は，大型のノギスで互いに直角な方向に場所を変えて 4, 5 回測る．高さ H も場所を変えて，ノギスで 4, 5 回測る．それぞれの平均値と平均値の誤差を求めて，解析に用いる．

(3) 懸垂金具に円環をつるす．ねじ A, B 間の針金の長さを巻き尺で読み取り，これを L_1 とする．

(4) 針金の半径 R はマイクロメーターで測る．一般に針金の直径には，測定場所による違いや断面が厳密な円でないことによる違いがあるので，針金を約 10 等分し，それぞれの位置で，互いに直交する 2 方向について測定し，平均する．

(5) 振り子が静止しているとき，鏡 M に自分の顔が映っていることを確認し，その位置に座って振動を観測する．

(6) 振り子を最初，約 90° ねじり，静かに手を放してねじれ振動をさせる．横揺れがあれば，針金の下端付近に軽く手を触れて鎮める．鏡に自分が映る瞬間の時刻を 10 周期ごとに記録し，[実験課題 1. 重力加速度 g] で説明してある方法で，周期 T_1 と誤差 ΔT_1 を求める．

(7) 円環を懸垂金具から取りはずし，懸垂金具の上に円環をのせる．円環を支持していたピン P_1 と P_2 を懸垂金具に差し込み，(6) と同様の手順でねじれ振動の周期 T_2 と誤差 ΔT_2 を求める．

(8) 周期 T_1, T_2 の測定が終わったら，再びねじ A, B 間の針金の長さ L_2 を測り，はじめに測定した L_1 との平均を L とする．平均値の誤差 ΔL には，$|L_1 - L_2|/2$ と巻き尺の最小目盛りの $1/10$ のうち大きい方を用いる．

5. データ解析

(1) 実験で求めた T_1, T_2 など，各物理量の値を式 (3.16) に代入して，試料の剛性率 G (N/m^2) を求める．

(2) 基礎事項 4 の説明に従って，各測定値の平均値と平均値の誤差から精度 ΔG を計算し，最終結果を $G \pm \Delta G$ の形式で示す．

6. 発展課題

(1) 求めた試料（針金）の剛性率の値を巻末付録の表 (7) にある種々の物質の剛性率と比較し，その材質を推定せよ．

(2) 巻末付録の表 (7) にある試料（針金）のヤング率の値を用い，式 (3.5) から試料のポアソン比 σ を求めよ．

(3) どのような物質（固体）に対しても，ポアソン比が $0 \sim 0.5$ の値になる理由を説明せよ．

(4) 図 3.3 の長さ B'D'-BD と長さ DD' の関係を式で示し，式 (3.2) と (3.3) から式 (3.4) を導け．

(5) 実験に用いたおもりの各回転軸に対する慣性モーメントを表す式 (3.14) と (3.15) を導け．

7. 補足説明

7.1 平行軸の定理

質量 M の剛体の重心を通る回転軸（z_0 軸）のまわりの慣性モーメントを I_0 とすると，z_0 軸を a だけ平行移動して得られる z 軸のまわりの慣性モーメント I との間には，以下の関係がある．

$$I = I_0 + Ma^2$$

7.2 垂直軸の定理

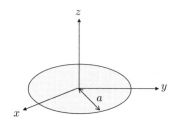

図 3.8 垂直軸の定理の適用例

厚さが無視できる薄い板状の剛体の面に垂直な z 軸のまわりの慣性モーメント I_z と，互いに垂直な板の面内の x 軸および y 軸の慣性モーメント I_x, I_y との間には，以下の関係がある．

$$I_z = I_x + I_y$$

垂直軸の定理を用いると，半径 a の薄い円板の直径を回転軸とする慣性モーメントを以下のように求められる．図 3.8 の配置で x 軸，y 軸のまわりの回転は同じだから $I_x = I_y$ である．円板の中心を通り，円板に垂直な軸のまわりの慣性モーメントは，$I_z = \frac{1}{2}Ma^2$ となるので，$I_x = \frac{1}{2}I_z = \frac{1}{4}Ma^2$ となる．

4. 液体の表面張力

1. 実験概要

水銀が丸くなったり，葉っぱの上の水滴が球形になるのは，液体の表面をできるだけ小さくしようとする表面張力のはたらきによる．シャボン玉の薄い膜は表面張力の作用で，その中に大気圧よりわずかに大きい圧力の空気を閉じ込めることができる．このように，日常の多くの現象で見られる表面張力を定量的に測定し，液体のこの重要な性質を理解しよう（図 4.1）．

図 4.1 体積一定で表面積を最小化すると球になる．

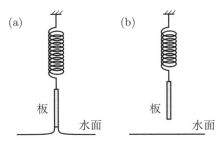

図 4.2 測定の模式図．(a) 重力と表面張力による力，(b) 重力のみ．

この実験では，金属製の薄い板を水面に接触させ，ばねで上方に引き上げることを考える．板は水を持ち上げ，水の表面張力は板に鉛直下向きにはたらく（図 4.2）．ばねには，板にはたらく重力とこの表面張力による力が加わるであろう．すなわち，板が水面から離れる前と後でばねの伸びを測定すれば，表面張力による力を測定することができる．表面張力は単位長さ当たりの力であるから，測定した力を板と水面の接触部分の長さで割ったものが表面張力である．実際の測定では，表面張力によって持ち上げられる水にはたらく重力も，補正項として考慮しなくてはならない．

2. 基礎知識

液体が気体と接する境界面では，液体の表面をできるだけ小さくしようとする力（表面張力）が現れる．このため外力（重力など）の作用が無視できる場合には，体積一定の液体は表面積を最小化

しようとして球形となる．表面張力の原因は，原子・分子の微視的な引力相互作用にまで遡る．液体内部の原子・分子は周囲の分子から，均等な引力を受けている．一方，表面の原子・分子は，液体内部の方向しか引力を受けない．このアンバランスな状態は原子・分子にとってエネルギー的に不安定であるため，表面に存在する原子・分子の数が最小になるような配置が実現する．もし巨視的にこの球を変形させると，その表面積は必ず増加する．このとき，表面を減少させる力が生じ，もとの球に戻そうとする．これが液体表面の表面張力である．

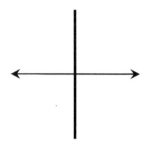

図 4.3　表面上の仮想的微小線分にはたらく力．

液面上に仮想的な微小線分を考えるとき（図 4.3），その線分に垂直でかつ液面の接線方向にはたらいて表面積を小さくしようとするのが表面張力で，**単位長さ当たりの力 T**（単位は N/m）として定義される．つまり，表面張力は表面上すべての方向にはたらいているが，ある線分を定義するとその線分上にはたらく力が現れるのである．表面張力は分子間相互作用が原因であるので，同じ液体でも温度や接する気体の種類によって変わる．様々な表面張力測定法のうち，本実験では以下に述べる**輪環法**と呼ばれる方法を用いる．

3. 実験原理

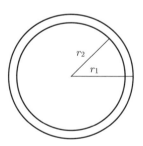

図 4.4　金属製円環．

図 4.4 に示すような，外半径 r_1，内半径 r_2 の金属製の円環を，その中心軸が鉛直になるようにつるし，下端をわずかに液中に浸した後，環を静かに上向きの力 F で引き上げると，環に接する液面は環が上昇するにつれて盛り上がる（図 4.5）．表面張力に対する表式を求めるために，円環は水面から高さ h のところでつり合っており，ばねによる力 F は鉛直上向きに，表面張力は鉛直下向き

にはたらいているとする．下向きの力には3種類の力がある．環の質量 M による重力 Mg，水面から引き上げられた水による重力，および表面張力 T による力である．水面から引き上げられた水の体積を V，水の密度を ρ とすると，その重力は $V\rho g$ である．また，水面と円環が接触している部分の長さを L とすると，表面張力による力は TL である．よって，つり合いの式は

$$F - (Mg + V\rho g + TL) = 0 \tag{4.1}$$

である．

円環であるので $L = 2\pi(r_1 + r_2)$ である．引き上げられる水の体積を $V = \pi(r_1^2 - r_2^2)h$ と近似すると，表面張力 T は

$$T = \frac{F - Mg}{2\pi(r_1 + r_2)} - \frac{r_1 - r_2}{2}\rho g h \tag{4.2}$$

と求められる．なお，図 4.5 に示すように，盛り上がった液体表面の接線方向は，水面近くでは水平方向であり，環の高さ h の増加とともに徐々に鉛直方向になっていくので，h が低いときはこの方向の補正が必要となる．しかし，高さ h が高くなるほど式 (4.2) の精度がよくなる．こうして，環が離れる瞬間の液面からの高さ h とそのとき環に加えられている力 F を測定すれば，他の諸量を既知として，液体の表面張力 T を求めることができる．

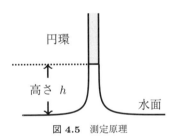

図 4.5　測定原理

4. 実験方法

この実験で使用する装置の模式図を図 4.6 に示す．架台には鏡に目盛りを施した目盛り尺がついていて，位置が読めるようにしてある．ばねの位置とシャーレの位置は上下に可動となっている．ばねには分銅を置くための秤皿と，円環を取り付ける．

まず，ばね定数を測定し，そのばね定数を用いてばねにはたらく力の測定をする．ばねには円環にはたらく表面張力の他に，円環および持ち上げられた水の重力がはたらく．これらを分離して，表面張力を算出する．

4.1　ばね定数の測定

(1) ばねと目盛り尺が平行鉛直になるように架台を調整し，アルコールでよく拭いた円環を下面が水平になるように秤皿の下につるす．

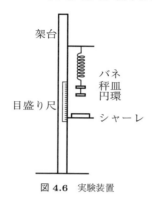

図 4.6 実験装置

(2) ばねの伸びと荷重の関係を求めるため，ばねの先端あたりに目印として基準点Pを自分で定め，ばねの伸びを測るときの指標とする．秤皿に質量 $m = 0.5, 1, 1.5, \cdots, 3.5$ g の分銅を順次のせていって，そのたびに基準点Pの位置 z を鏡目盛りより読み取る．このとき，基準点P，鏡に写ったPの像および目が一直線になるよう視差をなくし，目盛り尺で精度 1/10 mm まで読み取る．次に，$m = 3.5, \cdots, 1.5, 1, 0.5, 0$ g のように荷重を減らしながら，前と同様に基準点Pの位置を読み取る．

(3) 分銅の質量 m を横軸に，読み取り値 z を縦軸にとり，測定値をグラフにプロットする．測定点がほぼ一直線に並んでいれば，それらの点を平均的に通過するように直線を引き，m と z の関係とする．

4.2 液面から離れる瞬間の円環にはたらく力の測定

(1) シャーレを水とアルコールで洗浄した後に，シャーレに水を入れ，架台に載せる．温度計の先端もアルコールで洗浄しておく．

(2) まず，ばねにはたらく力を測定する．円環を水面に接触させ，シャーレの位置を下げていき，液面から円環が離れる瞬間の基準点の位置 z_0 を測定する．このときのシャーレの位置 h_1 も記録する．最後に水温 θ を記録する．この測定を数回行う．

(3) 環が離れる瞬間までに引き上げられた液体の高さ h を次のようにして求める．環をよく乾かし，基準点Pが z_0（各回の測定で異なる）の位置に来るまで，秤皿に小分銅をのせる．小分銅がなければ，針金などを適当な長さに切ったものを使う．次にシャーレを徐々に上げて，まさに水面が触れようとする位置でのシャーレの位置 h_2 を記録する．各回の測定に対して h を $h = h_1 - h_2$ から決定し，平均値を求める．

(4) 先に描いたグラフまたは実験式から，z_0 の平均値に対応する分銅の質量 m_0 を求める．ばねによる力 F は次式で与えられる．

$$F = Mg + m_0 g \tag{4.3}$$

4.3 環の内半径と外半径の測定

(1) 環の外径 $2r_1$ をノギスで数か所測り，その平均値を求める．また，環の厚さ d をマイクロメーターで数か所測り，その平均値を求める．このとき，環が歪まないよう測定には十分に注意する．

(2) $r_1 - r_2 = d$, $r_1 + r_2 = 2r_1 - d$ を求める．

5. データ解析

(1) 外半径 r_1，内半径 r_2，環の外径 $2r_1$，厚さ d，$r_1 - r_2$，$r_1 + r_2$ の値を表にまとめ，同時に平均値も記す．

(2) 各回の測定で得た θ, z_0, h_1, h_2, h を表にまとめ，θ, z_0, h について平均値を求める．グラフから求めた m_0 より $F - Mg$ の値を計算する．

(3) 式 (4.2) に得られた数値を代入して表面張力を求める．ρ, g に対しては巻末付録の表 (2), (6) を用いよ．計算式および各項の値も示すこと．

6. 発展課題

(1) 式 (4.2) の第 1 項と第 2 項の大きさを比較し，それらの T に対する相対的な重要性を考察せよ．

(2) 式 (4.2) の第 1 項と第 2 項の精度をそれぞれ見積もり，それらを ΔT_1, ΔT_2 とする．これらをもとに，表面張力に対する最終精度を最大値 $|\Delta T| = |\Delta T_1| + |\Delta T_2|$ から求める．この精度の値から表面張力 T の最終結果を $T \pm \Delta T$ の形式で示せ．

(3) z と m の関係に対して，目分量で引いた直線を，最小二乗法で求めた直線と比較せよ．

7. 補足説明

- ノギスとマイクロメーターの使用方法は，[基礎事項 3. 基本的な測定器具とデータの読み取り](p.9) にある．
- 実験方法 4.2, 4.3 は，各 5 回繰り返して結果を表にまとめること．
- 式 (4.2) の各項の精度は，[基礎事項 4. 精度と有効数字] (p.24) の式 (4.9) を用いて求める．
- 各測定値の誤差は，[基礎事項 4. 精度と有効数字] (p.26) の「測定値と誤差の評価」の式 (4.21) を用いて求める．

5. 固体の比熱

1. 実験概要

物質の状態変化は熱的性質の変化として現れる．熱的性質を表す基本的な物理量である比熱を，水熱量計を用いた混合法により固体試料について求め，デュロン・プティの法則の予測値と比較検討する．

2. 基礎知識

2.1 熱容量と比熱

物体を加熱（冷却）することで温度が変化するとき，その比例係数を熱容量と呼ぶ．熱容量は単位温度の上昇に必要な加熱量（蓄熱量）に相当する．熱容量 C (J/K) は温度 T など物質の状態によっても変化するが，微小な温度変化 dT (K) をもたらす加熱量（物体の吸熱量）を q (J) とするとき，以下の関係式で定義される．

$$q = C \, \mathrm{d}T \tag{5.1}$$

微小変化の際の加熱量 q は，物体の内部エネルギー変化 dU と物体の行う仕事量 w との間に，熱力学第 1 法則（エネルギー保存則）により，$q = \mathrm{d}U - w$ の関係がある．したがって，仕事量 w の有無によって dT の変化に必要な加熱量，すなわち熱容量の値も異なり，$w = 0$ となる等積変化の場合は定積熱容量 C_V，$w \neq 0$ となる等圧変化では定圧熱容量 $C_p \, (> C_V)$ と呼ばれる．

温度 $(t_1 < t_2)$ と熱容量 (C_1, C_2) が異なる 2 物体が，まわりから断熱された状態で熱接触した後の平衡温度を t_e とすると，接触前後で両者の熱容量が変化しなければ，2 物体間の伝熱量 Q は次式のように表される．

$$|Q| = C_1(t_\mathrm{e} - t_1) = C_2(t_2 - t_\mathrm{e}) \tag{5.2}$$

物質の単位質量当たりの熱容量は比熱，1 モル当たりの熱容量はモル比熱と呼ばれる．物体の質量を m とするとき，比熱 c は $c = C/m$ (J/g K) と表される．また，モル質量（1 モル当たりの質量）を M (g/mol) として，モル比熱 c_m は $c_\mathrm{m} = cM$ (J/mol K) と表される．

2.2 固体の比熱

炭素やホウ素など少数の例外を除き，多くの固体元素の定積モル比熱は室温付近以上ではほぼ一定で等しく，気体定数を R として $3R$ となることが，デュロン・プティの法則 (P. L. Dulong, A. T.

Petit) として知られている．このことは，以下のように理解される．

1モル（アボガドロ数 N_A 個）の原子からなる固体（結晶）内において平衡点まわりで熱振動する原子の運動は，$3N_A$ 個の振動の自由度をもつと考えることができる．エネルギー等分配の法則によれば，1自由度当たりの運動エネルギーと位置エネルギーのそれぞれの平均値は，ボルツマン定数を k_B，熱力学的温度を T として $k_B T/2$ である．したがって，1モルの固体の内部エネルギーは，$U = 3N_A \times 2 \times (k_B T/2) = 3N_A k_B T = 3RT$ と表される．上述のように等積変化では $w = 0$ となるので $q = dU$ であり，定積熱容量は一般に $C_V = q/dT = (\partial U/\partial T)_V$ と表されるので，定積モル比熱は $c_{V,m} = 3R$ となる．

実際の固体の比熱は，温度の低下とともにデュロン・プティの法則からはずれて減少し，熱力学第3法則に従い，絶対零度でゼロに漸近する．この振る舞いに関しては，量子力学による説明が必要となる．

3. 実験原理

周囲から断熱された熱量計内に水の入った容器を置き，高温の試料を投入した際の温度上昇を測定することで，試料の比熱を決定する方法を混合法と呼ぶ．混合法では附属品を含む容器の熱容量 C_{we} を考慮する必要がある．水を用いた熱量計では，水の比熱 c_w (J/gK) を基準として，容器の熱容量を同じ熱容量をもつ水の質量に換算した量（水当量）M_{we} を用いて，$M_{we}c_w$ で表す．

温度 t_1 (℃)，質量 m_w (g) の水が入れられた水当量 M_{we} (g) の容器に，温度 t_2 (℃)，質量 m (g)，比熱 c (J/g K) の試料を投入したときの，試料と熱量計を合わせた系全体が熱平衡に達したときの温度を t_e とする．混合法では，試料と水の比熱 c, c_w が温度によらず一定であるとみなし，系全体は周囲から断熱された熱量計内に置かれているとすると，伝熱量のつり合いを表す式 (5.2) を用いて，試料の比熱 c (J/g K) が次式で与えられる．

$$c = \frac{(m_w + M_{we})c_w(t_e - t_1)}{m(t_2 - t_e)} \tag{5.3}$$

なお，本実験で用いる固体試料については，デュロン・プティの法則に従って室温付近での比熱の温度変化は小さいため，一定とみなせる．

水当量 M_{we} については，上述の試料の比熱を求める際と同様に求める．温度 t_1' (℃)，質量 m_{w1}' (g) の水が入れられた容器（熱容量 $M_{we}c_w$）に，温度 t_2' (℃)，質量 m_{w2}' (g) の温水を投入した後の平衡温度を t_e' とすれば，式 (5.2) から水当量 M_{we} が次式で決められる．

$$M_{we} = \frac{m_{w2}'(t_2' - t_e')}{t_e' - t_1'} - m_{w1}' \tag{5.4}$$

4. 実験方法

本実験では，設定温度に加熱した未知の金属試料を水を入れた銅製容器に投入し，その後の水温の時間変化を計測して混合後の平衡温度を決定する．その後，水を入れ替えた容器に温水を加えて

同様の測定を行い，式 (5.4) から熱量計の水当量を測定し，式 (5.3) から金属試料の比熱を決定する．金属を同定するため，比重測定器を用いて試料の密度も測定する．

4.1 実験装置

試料を加熱するための加熱器（図 5.1），熱量計（図 5.2），電子天秤，各種温度計，比重測定器を用いる．水温変化測定の計時にはストップウォッチもしくは各自の時計などを用いる．

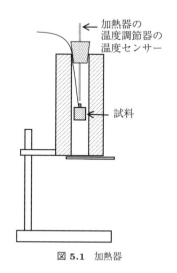

図 5.1 加熱器

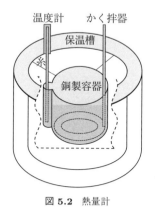

図 5.2 熱量計

4.2 熱量計による試料の温度変化の測定

測定前に，各机上の補足説明も必ず読むこと．

(1) 試料の質量 m を秤量し，図 5.1 のように試料を加熱器中に糸で宙づりにする．なお，糸は熱量計の底まで達する長さであることを確認しておく．図 5.1 のようなセッティングが完了したら，

加熱器の温度調整器の電源スイッチを ON にする．加熱器が固定された設定温度 (90°C) に落ち着くまで 20 分程度待つ．加熱器は高温になるので，触れて火傷をしないよう十分注意すること．

(2) 熱量計の銅製容器（かく拌器も含む）の質量を秤量する．次に，これに水を八分目まで入れて質量を秤量し，差分をとって水の質量 m_w を求める．この容器を熱量計の中に糸でつるして図 5.2 のように熱量計を組み立てる．熱量計は加熱器から離しておく．

(3) 温度調整器の指示温度が $t_2 = 90°C$ になるまで待つ．

(4) 熱量計の水を静かにかく拌しながら，液晶温度計の温度を 30 秒ごとに 5 分間読み，ノートに記録するとともにグラフにプロットする（図 5.3 の A–B の部分）．

(5) 熱量計を加熱器の真下に入れ，温度調整器の指示温度が $t_2 = 90°C$ であることを再確認してから，熱量計内にある容器の水中に試料を降ろす．この時刻を記録し，熱量計は加熱器から離しておく．

(6) 水温の変化を 30 秒ごとに 20 分程度測定する．その間，静かにかく拌する．

(7) データ解析 (1) を行い，t_1 と t_e を決定する．

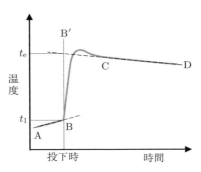

図 5.3 熱量計の水温の時間変化の概略図

4.3 熱量計の水当量の測定

(1) 熱量計の銅製容器の中から試料を取り出して水を捨てた後，新たに水を六分目まで入れる．4.2 (2) と同様に，水を入れた容器（かく拌器も含む）の質量を秤量し，差分から水の質量 m'_{w1} を求める．この容器を熱量計の中につるして熱量計を組み立てる．

(2) 4.2 (4) と同様に，水を静かにかく拌しながら 5 分間ほど水の温度 t'_1 を測定する．

(3) 給湯ポットの温水を容器に移し，その温度 t'_2 を温度計で測定する．この温水を熱量計内につるされた銅製容器の水に注ぎ足し，八分目まで入れる．4.2 (6) と同様に，静かにかく拌しながら温度変化を測定する．

(4) 温度変化測定終了後の熱量計の質量を測定することで，加えた温水の質量 m'_{w2} を決定する．

(5) データ解析 (2) を行い，水当量 M_{we} を決定する．

4.4 試料の密度の測定

比重測定器で試料の密度 ρ を求める．比重測定器の使用法は備え付けの説明を参照する．

5. データ解析

(1) 試料を熱量計に投入する前後の熱量計内の水温の時間変化を図 5.3 のようにプロットし，試料を投入する前の水温 t_1 および試料と熱量計を合わせた系全体の平衡温度 t_e を外挿法によって求める（図 5.3 で A–B および D–C の外挿破線と，投下時刻に引いた縦軸に平行な点線 B–B′ との交点の温度を，それぞれ t_1 および t_e とする）．

(2) データ解析 (1) と同様な解析を行い，t_1' と t_e' を決定する．得られた t_1' と t_e' および他の測定値を式 (5.4) に代入して，熱量計の水当量 M_{we} を求める．

(3) データ解析 (1) で得られた t_1 と t_e，データ解析 (2) で得られた M_{we} および他の測定値を式 (5.3) に代入して，試料の比熱 c を求める．なお，水の比熱は $c_w = 4.18$ J/g K とする．

(4) 測定で得られた密度の値を巻末付録の表 (5) の値と比較して物質名を推定する．各種固体の比熱の値は巻末付録の表 (12) に記載されているので，密度の値から推定された物質の比熱と，実験により得られた比熱の値とを比較し，妥当な値が得られているか確認する．推定された物質のモル質量を用いて，比熱 c (J/g K) をモル比熱 c_p (J/mol K) に換算し，デュロン・プティの法則の予測値と比較検討する．

6. 発展課題

(1) 熱量計（かく拌棒と容器）が銅製であると仮定し，その質量と比熱から水当量を推定して，実験で求めた水当量と比較する．ただし，銅の比熱は巻末付録の表 (12) に記載されている値を用いる．

(2) 温度が図 5.3 のように時間変化する理由を考察し，外挿法による推定が妥当となる理由を考える．

(3) 実験で求めた比熱は，室温付近・大気圧下での定圧比熱 c_p である．一方，デュロン・プティの法則の本来の適用対象は定積比熱である．そこで，以下の熱力学関係式を用いて c_p から定積モル比熱 $c_{V,\mathrm{m}}$ を求める．

$$c_{p,\mathrm{m}} - c_{V,\mathrm{m}} = \frac{Tv\beta^2}{\kappa} \tag{5.5}$$

ただし，$c_{p,\mathrm{m}}$ (J/mol K) は定圧モル比熱，T (K) は絶対温度，v (m^3/mol) はモル体積，β と κ は体膨張率と体積圧縮率である．ρ を密度，M をモル質量，α を線膨張率，K を体積弾性率として，$v = M/\rho$，$\beta = 3\alpha$，$\kappa = 1/K$ の関係がある．計算の際には $T = 300$ K とし，κ と α については巻末付録の表 (7) と (15) の値を用いる．体積弾性率の詳細については [実験課題 2. ヤング率] を参照．

(4) 発展課題 (3) で計算した通り，固体では定圧比熱と定積比熱の差は小さく，巻末付録の表 (12) のような固体比熱の表では，通常，大気圧下における定圧比熱の測定値が示されている．表 (12)

を用いることで，いくつかの物質のモル比熱を求め，多くの固体元素の比熱はデュロン・プティの法則に従い，約 $3R$ となることを確認する．加えて，表 (12) と同じ 25°C で比熱の値が 0.51 J/g K 程度となる炭素（ダイヤモンド）についても，確かに法則の適用例外となることを確認する．また，以上の結果となる理由を調べる．なお，気体定数 R は巻末付録の表 (1) の値を用いる．

6. 光の回折と屈折

1. 実験概要

　光が波の性質をもつために生じる光の回折と屈折を，分光計を用いて理解する．光の回折とは，光の一部の進行が障害物によって妨げられるとき，直進方向とは異なる方向に光が回り込んで進行する現象である．本実験では，ガラスに等間隔な平行な溝をたくさん刻んだ回折格子によって回折現象を際だたせて観測し，回折現象の理解を深めるとともに，回折格子分光器の基礎を理解する．また，光の屈折とは，屈折率が異なる媒質に入射したときに，境界面で光の進行が曲げられる現象をいう．本実験では，プリズムの屈折率を測定することから，屈折率が光の波長に依存すること（光の分散）を理解する．

2. 基礎知識

2.1 電磁波と波動方程式

　可視光は波長 (λ) が $400 \sim 700\,\mathrm{nm}$ ($\mathrm{nm} = 10^{-9}\,\mathrm{m}$) の電磁波で，振動する電場と磁場の波であることはマクスウェルの方程式から導かれる（補足説明 7.1）．振動する電場と磁場の方向は互いに垂直で，進行方向とも直交しているので，電磁波は横波である．z 方向に進み，x 方向に振動する光の電場 $E_x(z,t)$ と y 方向に振動する磁場 $H_y(z,t)$ は

$$E_x(z,t) = E_0 \cos(kz \mp \omega t), \qquad H_y(z,t) = H_0 \cos(kz \mp \omega t) \tag{6.1}$$

と表される．角振動数 $\omega\,(= 2\pi\nu)$ と波数 $k\,(= 2\pi/\lambda)$ の間に $\omega = ck$ の関係があるとき，次の波動方程式

$$\frac{\partial^2 E_x(z,t)}{\partial z^2} = \frac{1}{c^2}\frac{\partial^2 E_x(z,t)}{\partial t^2}, \qquad \frac{\partial^2 H_y(z,t)}{\partial z^2} = \frac{1}{c^2}\frac{\partial^2 H_y(z,t)}{\partial t^2} \tag{6.2}$$

を満たす．c は，$c^2 = (\varepsilon\mu)^{-1}$ の関係式により電気定数（誘電率）ε と磁気定数（透磁率）μ に関係する光速である．また，$\omega = ck$ は，よく知られた振動数と波長の関係 ($c = \nu\lambda$) と等しい．通常の誘電体での光学的性質は，電場で理解することができるので，本章でも電場による説明を行う．

　電磁波である光は，障害物がない真空中や空気中では直進し，物質が存在すると反射，屈折および回折する．特に屈折光，回折光の進む方向は電磁波の波長に依存する．

2.2 反射と屈折

図 6.1, 図 6.2 に示すように点 A から出た光が，M‑M′ の界面で反射，または屈折して点 B に到達する場合を考える．**図 6.1** に示す点 C における反射の場合，入射角と反射角は等しく，$\theta = \phi$ となる．

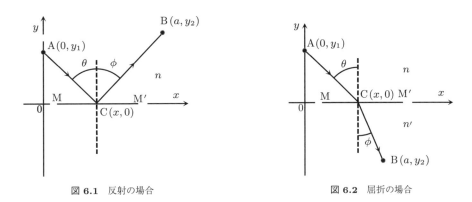

図 **6.1** 反射の場合　　　　　図 **6.2** 屈折の場合

図 6.2 に示す屈折現象では，屈折後の光路 C→B の屈折角 ϕ は，屈折の法則（スネルの法則）

$$n \sin\theta = n' \sin\phi \tag{6.3}$$

によって求められる．式 (6.3) は，屈折角 ϕ が界面 M‑M′ 前後の屈折率 n, n' に依存することを示しているが，光の波長によっても変わる（屈折率 n, n' が波長に依存するため）．反射，屈折現象は，ホイヘンスの 2 次波の原理で直感的に説明されている（[実験課題 10. 超音波の回折と干渉] を参照）が，フェルマーの原理「ある点から他の点に到達する光は最小時間の経路を選択する」を用いて説明される（補足説明 7.2）．

2.3 干渉

干渉と回折は，波の特徴である重ね合わせの原理から生ずる．干渉と回折には明確な区別がなく，ほとんど同じ物理的説明が与えられている．**図 6.3** に示すヤングの実験を例にとって，干渉について考える．同一光源から出た単一の角振動数 ω をもつ光がスリット S_1 および S_2 に同時に到達する

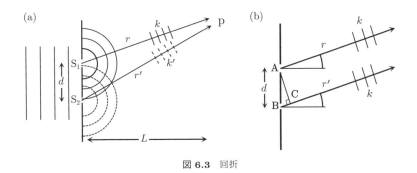

図 **6.3** 回折

とする．図 **6.3**(a) に示すようにスリット通過後の光に対して，スリット S$_1$ と S$_2$ から点 P までの距離をそれぞれ r と r' とし，光の進行方向を示す波数ベクトルを $\boldsymbol{k}, \boldsymbol{k}'$ とする．スリット近傍では球面波になっているが $(\boldsymbol{k} \neq \boldsymbol{k}')$，点 P が十分遠く $(\lambda \ll L)$ になると球面波の曲率は小さくなり，ほぼ平面波として扱える $(\boldsymbol{k} = \boldsymbol{k}', \boldsymbol{r} \parallel \boldsymbol{r}')$．したがって，図 **6.3**(b) に示すように光路差は

$$|\boldsymbol{r} - \boldsymbol{r}'| = d \sin \theta \tag{6.4}$$

となる．ここで位相 $\phi_1 = \boldsymbol{k} \cdot \boldsymbol{r}$ と $\phi_2 = \boldsymbol{k} \cdot \boldsymbol{r}'$ を導入すると，式 (6.4) の光路差は点 P での電場の位相差として次のようになる．

$$\frac{2\pi |\boldsymbol{r} - \boldsymbol{r}'|}{\lambda} = |\phi_1 - \phi_2| = \frac{2\pi}{\lambda} d \sin \theta \tag{6.5}$$

式 (6.5) は，波長 λ が d に比べて十分大きいと，位相差はほとんど 0 となり，干渉項はなくなる．また，逆に d が波長 λ に比べ大きいと，位相の変化の度合いが大きくなり，谷と山を空間的に判別できなくなるために干渉が観測されなくなることを示している．このように，d と波長 λ が同程度の場合に干渉が際だって現れることになる．式 (6.5) は，スリット S$_1$, S$_2$ からの合成電場としても導かれる（補足説明 7.3）．

3. 実験原理

3.1 回折格子

回折格子には多数の溝が等間隔で規則的につけられている．1 mm 中の溝が 500 本あるいは 2000 本の場合，隣り合う格子の間隔はそれぞれ $d = 2\,\mu\mathrm{m}$ あるいは $0.5\,\mu\mathrm{m}$ となり，可視光の波長 0.4 〜 0.7 $\mu\mathrm{m}$ と同程度か数倍大きい．回折格子に平面波の光があたると，各溝で光は回折され，それら回折光は干渉条件によって互いに強め合ったり，弱め合ったりする．互いに強め合う条件は，式 (6.5) の位相差が 2π の整数倍のときであるので，$|\phi_1 - \phi_2| = 2\pi m$（$m$：整数）

$$d \sin \theta_m = m\lambda \tag{6.6}$$

の回折条件が得られる．ここで $m = 1$ のときは隣りの溝の球面波と位相が 1 波長異なる方向に回折される 1 次回折波，$m = 2$ のときは 2 波長異なる方向にできる 2 次回折波である．式 (6.6) は，回折角 θ_m と波長 λ がわかっているときは溝間隔 d を求める式になり，溝間隔 d がわかっているときには θ_m を測定することにより波長 λ を求める式となる．後者が回折格子分光器の原理となる．

3.2 プリズムの屈折率

プリズムによって屈折される可視光は，波長 λ の短い光ほどフレ角が大きくなり，虹色に分解される．この分解を光の分散と呼ぶ．図 **6.4** に示す角度 δ をフレ角と呼び，入射光と屈折光の進行方向の間の角度である．フレ角 δ は，入射光と屈折光がプリズムに対して対称な配置にある場合に，最小 δ_0 となる．最小フレ角 δ_0 とプリズムの頂角 α が与えられると，プリズムの屈折率 n が求めら

6. 光の回折と屈折

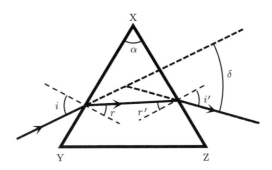

図 6.4 プリズムによる光の屈折

れることを示す. 図 6.4 のように, プリズムの 1 つの面 XY に入射した光が屈折され, さらに他の面 XZ で屈折されて出てくる場合を考える. このとき, フレ角 δ は, 図 6.4 に示す幾何学的関係より

$$\delta = (i-r) + (i'-r') = i + i' - \alpha, \quad r + r' = \alpha \tag{6.7}$$

が成り立つ. ここで, i および r は XY 面の法線がそれぞれ入射光および屈折光となす角, i' および r' は XZ 面のそれである. α は XY 面と XZ 面のなすプリズムの頂角である. いま, プリズムの屈折率を n とすると, スネルの法則により

$$n = \frac{\sin i}{\sin r} = \frac{\sin i'}{\sin r'} \tag{6.8}$$

が成り立つ. プリズムへの入射角 i を変えるとフレ角 δ も変化する. 最小フレ角 δ_0 は, $d\delta/di = 0$ の条件により決定される. 式 (6.7) の関係式を考慮すると, この条件は $(\cos r/\cos i)=(\cos r'/\cos i')$ となり, 式 (6.8) が成立するためには, $r = r'$, $i = i'$ でなければならないことになる. したがって, 式 (6.7) より, $i = (\delta_0 + \alpha)/2$, $r = \alpha/2$ となり, これらを式 (6.8) に代入すると, 屈折率 n は

$$n = \frac{\sin[(\delta_0 + \alpha)/2]}{\sin[\alpha/2]} \tag{6.9}$$

と導かれ, 最小フレ角 δ_0 およびプリズムの頂角 α から n が求まる.

4. 実験方法

4.1 実験に用いる装置と器具

・分光計, 水銀ランプ, 回折格子 (1 mm 当たり 600 本の溝が切ってある), プリズム (大, 中, 小)

4.2 実験装置

分光計の主な部分を図 6.5 に示す. 分光計は, コリメーター C, 試料ステージ F, 望遠鏡 T, 測角器 (ゴニオメーター) D から構成される. 光源は水銀ランプを用い, これから出た光はコリメーター C を通り, 望遠鏡 T を通って接眼鏡に達する. 回折格子, プリズムを試料ステージ F に適切に置き, 水銀ランプより発する各可視光線の波長, 各可視光線に対するプリズムの屈折率 n を求める.

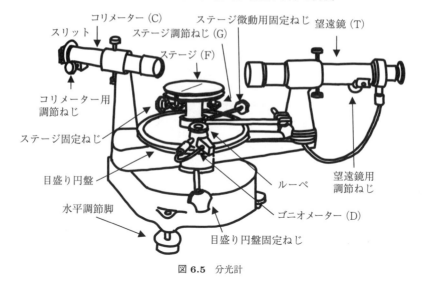

図 6.5 分光計

4.3 実験手順

4.3.1 測定前の分光計の調整

調整などについては，各机上の補足説明も必ず読むこと．

(1) 水銀ランプは点灯しても出力が安定するまでに時間がかかるので，直ちに点灯すること．点灯には電源の POWER スイッチを ON にし，START ボタンを数秒間（ランプのフィラメントが赤みを帯びるまで）押し続けたのち離す．また，消灯は POWER スイッチを OFF にする．

(2) 望遠鏡 T の接眼部の電球を点灯し，電球の光を確認する．次に図 6.6(a) のように試料ステージに回折格子を置き，電球の反射光の像が最も鮮明になるように，望遠鏡 T の焦点調節ねじ（望遠鏡の横についているねじ）で調整する（図 6.6(b)）．

(3) 図 6.7 に示すようにステージには何も置かず，コリメーターから直進してくる光の像を観測し，スリット像が一番鮮明になるように，コリメーターの横についているねじで調整する（これでコリメーターの調節が終了）．このとき，スリットの像が鉛直であることを確認しておく．

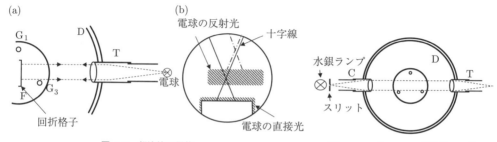

図 6.6 望遠鏡の調整　　　　図 6.7 コリメーター望遠鏡の調整

4.3.2 回折格子の実験

(1) 図 **6.8** に示すように，回折格子をコリメーターに対して垂直になるように設置し，ステージ固定ねじで試料ステージを固定する．回折格子の溝の方向がほぼ垂直であるならば，水銀ランプより発する各可視光線の 1 次回折線と 2 次回折線が図 **6.9** に示すように左右に現れる．左右の像が上下にずれる場合は，左右の像を交互に観測しながら，G_1 で調節する．

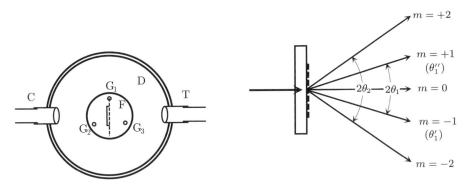

図 **6.8** 回折格子の据え付け調整　　図 **6.9** 1 次と 2 次回折線の現れ方

(2) 5 種類の水銀ランプの可視光線，黄色 2 本，緑，青，紫の 1 次回折線 ($m = 1$) と望遠鏡の十字線の交点が一致する角度位置 θ_1'，θ_1'' を測角器 D の副尺を用いて読み取り，

$$\theta_1 = \frac{|\theta_1'' - \theta_1'|}{2} \tag{6.10}$$

から θ_1 を求める．ただし，黄色は二重線であるので，スリット幅を狭くし分離して測定すること．また，正確な角度読み取りには，スリット幅を調整して，回折像の幅を十字線の縦線の幅程度にする必要がある．主尺には 30 分ごとに目盛りが振ってあり，副尺を使うと最小読み取り角は 1′（1 分）である．

(3) 以上の角度の結果と格子定数 d（**600 本/mm から計算せよ**）から，式 (6.6) を用いて各可視光線に対する波長を計算する．

4.3.3 プリズムの屈折率の実験

(1) プリズムを図 **6.10** に示すように設置する．プリズムの屈折面と試料台の回転軸を平行にする必要がある．このために，スリットの像が屈折面 XY によって 90° 方向に反射されるようにプリズムを置き，G_2 または G_3 を調整して，スリット像の中心部が十字線の中心と一致するようにする．

(2) プリズムをステージ F とともに回転し，他の屈折面 XZ からの反射光についても同様の調節を行う．狂いがあれば，ねじ G_1 も調節する．

(3) 図 **6.11** に示すようにプリズムの頂角 X をコリメーターの方向に向けておき，ステージの回転

軸を固定する．コリメーターからの光の XY 面による反射光を望遠鏡の中心で受け，このときの望遠鏡の角度位置 α_1 を測角器 D の副尺を用いて読む．同様に，XZ 面による反射光を受けた光の角度位置 α_2 を読む．これから，プリズムの頂角 α は

$$\alpha = \frac{|\alpha_1 - \alpha_2|}{2} \tag{6.11}$$

で求められる．

(4) ステージ固定ねじを緩め，ステージ F にプリズムをのせたまま自由に回転できるように，コリメーター，プリズム，望遠鏡を図 6.12 のように配置する．望遠鏡をのぞきながらステージを回転すると，プリズムで屈折したスリット像は左右に移動する．望遠鏡で像が常に視野内にある

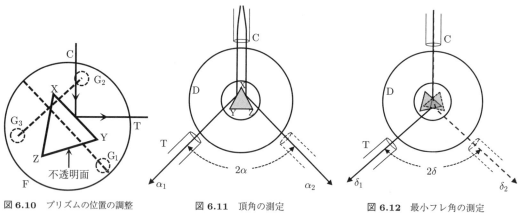

図 6.10 プリズムの位置の調整　　図 6.11 頂角の測定　　図 6.12 最小フレ角の測定

ように追っていくと，ある位置に来たときに，像の動きがいったん止まり，今度は戻り始める．この像の動きの向きの変わり目が最小フレ角の位置である．以上の手順で，最小フレ角の角度位置 δ_1 を各波長の可視光線ごとに，望遠鏡の角度位置測角器 D で副尺を用いて読み取る．次にステージを回して，スリットの像がプリズムの他の面に入射して屈折されるようにして，他の最小フレ角 δ_2 を読む．これから，最小フレ角 δ_0 は

$$\delta_0 = \frac{|\delta_2 - \delta_1|}{2} \tag{6.12}$$

で求められる．

(5) 水銀ランプの紫，緑，黄色の各可視光線について δ_0 を測定する．ただし，黄色の二重線を分離して測定することができない場合には，合成線として測定し，平均の波長を使用せよ．

5. データ解析

(1) 水銀ランプの各可視光線の波長 λ の結果をまとめる．各波長の測定精度 $\Delta\lambda$ も求め，$\lambda \pm \Delta\lambda$ nm の形式で示すこと．なお，ここでは精度は次式で与えられるものとする．

$$(\Delta\lambda)^2 = \left(\frac{\partial\lambda}{\partial\theta_m}\right)^2 (\Delta\theta_m)^2$$

ここで $\Delta\theta_m$ は最小読み取り角度で，単位はラジアンである．

(2) プリズムの頂角 α および最小フレ角 δ_0 の測定から，式 (6.9) を用いて，水銀ランプの紫，緑，黄色の各可視光線に対するプリズムの屈折率 n を求める．また，横軸に波長，縦軸に屈折率をとったグラフも示す．

(3) α と δ_0 の精度 $\Delta\alpha$ (rad) と $\Delta\delta_0$ (rad) を最小読み取り角度から見積もり，

$$(\Delta n)^2 = \left(\frac{\partial n}{\partial\alpha}\right)^2 (\Delta\alpha)^2 + \left(\frac{\partial n}{\partial\delta_0}\right)^2 (\Delta\delta_0)^2$$

を用いて，屈折率 n の決定精度 Δn を計算する．最終結果は，$n \pm \Delta n$ の形式で示す．

(4) 巻末付録の表 (19) を参考にして，使用したプリズムの材質を推定せよ．推定した材質の屈折率も上記グラフに示すこと．

6. 発展課題

(1) $\omega = ck$ のとき，式 (6.1) で与えられる電場と磁場が，それぞれ式 (6.2) の波動方程式を満たすことを確かめよ．

(2) 補足説明 7.2 において，反射の場合，入射角と反射角が等しいときに，最小時間（最小距離）となることを確かめよ．

(3) 補足説明 7.3 の式 (6.23) の時間平均を行い，式 (6.24) になることを確かめよ．

7. 補足説明

7.1 マクスウェル方程式

マクスウェル方程式は，電磁気学の主要な法則をまとめた 4 つの基礎方程式である．

$$\nabla \cdot \boldsymbol{E} = \frac{\rho}{\varepsilon_0} \tag{6.13}$$

$$\nabla \cdot \boldsymbol{B} = 0 \tag{6.14}$$

$$\nabla \times \boldsymbol{E} = -\frac{\partial \boldsymbol{B}}{\partial t} \tag{6.15}$$

$$\nabla \times \boldsymbol{B} = \mu_0 \left\{ \boldsymbol{j} + \varepsilon_0 \frac{\partial \boldsymbol{E}}{\partial t} \right\} \tag{6.16}$$

ここで，$\boldsymbol{E}$ は電場の強度，$\boldsymbol{B}$ は磁束密度，ε_0 は電気定数（真空の誘電率），μ_0 は磁気定数（真空の透磁率），ρ は電荷密度，$\boldsymbol{j}$ は電流密度を表す．上式はそれぞれ電磁気学での重要な法則を示しており，式 (6.13) は電場に対するガウスの法則，式 (6.14) は磁場に対するガウスの法則，式 (6.15) は電磁誘導の法則，式 (6.16) はアンペール–マクスウェルの法則である．

電荷も電流も存在しない真空中 $(\rho = 0, \boldsymbol{j} = 0)$ では，

$$\frac{\partial}{\partial t}\mu_0\varepsilon_0\frac{\partial \boldsymbol{E}}{\partial t} = \frac{\partial}{\partial t}\nabla \times \boldsymbol{B} = \nabla \times \frac{\partial \boldsymbol{B}}{\partial t} = -\nabla \times (\nabla \times \boldsymbol{E}) = (\nabla \cdot \nabla)\boldsymbol{E} \tag{6.17}$$

となり，真空中の電場の波動方程式

$$\mu_0 \varepsilon_0 \frac{\partial^2 \boldsymbol{E}}{\partial t^2} = (\nabla \cdot \nabla) \boldsymbol{E} \tag{6.18}$$

が導かれる．ここで，光の進行方向を z 方向，電場の振動方向を x とすると $E_x(z, t)$ で表され，式 (6.2) が導かれる．磁場に対しても同様に表されるが，電場とは直交し $B_y(z, t)$ となる．

式 (6.2) と式 (6.18) を比較すると，真空中の光速 c_0 は，

$$c_0 = \frac{1}{\sqrt{\mu_0 \varepsilon_0}} \tag{6.19}$$

となる．

7.2 フェルマーの原理による反射と屈折の説明

フェルマーの原理は最小時間の原理とも呼ばれ，「ある点から他の点に到達する光は最小時間の経路を選択する」という原理である．

図 6.2 に示すように，座標 $(0, y_1)$ の点 A から出発して，座標 (a, y_2) の点 B まで到達する場合を考える．光が屈折する境界面 $(y = 0)$ 上下の屈折率をそれぞれ n, n' とすれば，光の速度は，それぞれ $c_0/n, c_0/n'$ となる．したがって，境界面を通過する位置を点 $C(x, 0)$ とすると，A→C に要する時間 t_1 は $\dfrac{\sqrt{x^2 + y_1^2}}{c_0/n}$，C→B の時間 t_2 は $\dfrac{\sqrt{(a-x)^2 + y_2^2}}{c_0/n'}$ となる．したがって，全時間 t_T $(= t_1 + t_2)$ が最小となる条件は $\mathrm{d}t_T/\mathrm{d}x = 0$ で与えられる．実際に微分を実行すると

$$\frac{1}{c_0} \left[n \frac{x}{\sqrt{x^2 + y_1^2}} - n' \frac{a - x}{\sqrt{(a-x)^2 + y_2^2}} \right] = 0 \tag{6.20}$$

となる．次の三角関数の定義

$$\frac{x}{\sqrt{x^2 + y_1^2}} = \cos\left(\frac{\pi}{2} - \theta\right) = \sin\theta$$

$$\frac{a - x}{\sqrt{(a-x)^2 + y_2^2}} = \cos\left(\frac{\pi}{2} - \phi\right) = \sin\phi$$

を考慮すると，よく知られた屈折の法則（スネルの法則），式 (6.7) が導かれる．

7.3 式 (6.5)（干渉）の導出

図 6.3(a) に示す点 P での合成電場 $E(P, t)$ は

$$E(P, t) = E_0 \cos(\boldsymbol{k} \cdot \boldsymbol{r} - \omega t) + E_0 \cos(\boldsymbol{k}' \cdot \boldsymbol{r}' - \omega t) \tag{6.21}$$

となる．前述のように，点 P が十分遠い場合 $(\lambda \ll L)$，$\boldsymbol{k} = \boldsymbol{k}'$，また位相 $\phi_1 = \boldsymbol{k} \cdot \boldsymbol{r}$，$\phi_2 = \boldsymbol{k} \cdot \boldsymbol{r}'$ を用いると，式 (6.21) は

$$E(P, t) = E_0 \cos(\omega t + \phi_1) + E_0 \cos(\omega t + \phi_2) \tag{6.22}$$

と簡単になる．点 P で観測される光の強度 $I(P, t)$ は，電場の 2 乗（正確には絶対値の 2 乗である

が，ここで考えている電場は実数なので 2 乗でよい）に比例しているので

$$I(P,t) \propto (E(P,t))^2 = I_0 + I_0 \cos(\phi_1 - \phi_2)$$
$$+ \frac{1}{2} I_0 [\cos(2\omega t + 2\phi_1) + \cos(2\omega t + 2\phi_2) + 2\cos(2\omega t + \phi_1 + \phi_2)] \quad (6.23)$$

となる．ここで，$I_0 = E_0^2$ とした．光の振動周期 $\nu^{-1} = 2\pi\omega^{-1}$ は観測時間 T に比べて十分小さいため，時間 T にわたる式 (6.23) の平均値となる．

$$I_P = \frac{1}{T} \int_0^T I(P,t)\,\mathrm{d}t = I_0 + I_0 \cos(\phi_1 - \phi_2) \quad (6.24)$$

式 (6.23) の第 3 項から第 5 項の正弦波の時間平均は 0 となる．式 (6.24) の第 2 項が干渉を表す項で，$\phi_1 - \phi_2$ の値によって，I_P が 0 から $2I_0$ まで変化する．図 6.3(b) に示す距離の差 $\boldsymbol{r} - \boldsymbol{r}'$ は $d\sin\theta$ と等しい．位相差は距離の差と波数 $k\,(= 2\pi/\lambda)$ の積で与えられることから，到着時の位相差は

$$\phi_1 - \phi_2 = \frac{2\pi d\sin\theta}{\lambda} \quad (6.25)$$

となる．

7. 光の干渉

1. 実験概要

　光が波であることを示す典型的な現象が光の干渉である．この実験では，干渉性が高いレーザー光源から出た光を2つに分け，異なった光路長を通過させたあと再び重ね合わせたときに起こる干渉を観測し，光の波としての性質を理解する．また，光路の一部を真空にすることで光路長が変化し，干渉条件が変わることを利用して，空気の屈折率と空気中の光速を求め，光速は光が通過する物質により変化することを理解する．

2. 基礎知識

2.1 光路長

　屈折率 n の物質中を距離 l だけ光が進むとき，n と l との積 nl のことを光路長または光学距離という．距離 l を光が進むのに要する時間は，物質中の光速を c，真空中の光速を c_0 とすると $t = l/c = nl/c_0$ であるので，$nl = c_0 t$ と表される．つまり，光路長は同じ時間内に，光が真空中を通過する距離に等しい．1つの光源から出た光が2つの光路に分かれて進むとき，2つの光路長の差を光路差という．

2.2 光の干渉

　2つの波が同時に一点に到達したとき，その点でそれらの波が互いに強め合ったり，弱め合ったりする現象を波の干渉という．1つのレーザー光源から出た光が2つの光路に分かれ，それぞれ距離 l_1, l_2 だけ進み，ある点に到達したとする．このとき，その点で光が互いに強め合う干渉条件は，光路差が真空中の光の波長 λ_0 の整数倍となることである．光が屈折率 n の空気中を進むとき，干渉の条件は，$(nl_1 - nl_2)/\lambda_0 = (l_1 - l_2)/\lambda =$（整数）である．ここで，$\lambda = \lambda_0/n$ は空気中での光の波長である．なお，光の干渉については，[実験課題 6. 光の回折と屈折] に詳しい解説があるので，そちらを参照すること．

2.3 可干渉距離

　波の時間空間変化は，簡単な平面波を考えると $\cos 2\pi(\nu t - x/\lambda + \phi)$ と表せる．なお，ν は振動数である．光は様々な振動数の波の重ね合わせであるが，ある1つの振動数 ν に着目すれば，この式の通りの時間空間変化と考えられる．ところが，実際の光では，ある時刻 t_0 付近で見て $\phi = 0$ であったとしても，別の時刻 t_1 では $\phi \neq 0$ となることがある．干渉実験では，光路差 nl を進む時間

$t = nl/c_0$ だけ異なる時刻の光を重ね合わせるが，その際に位相 ϕ が変わらないことを前提としている．t の時間の間に位相が大きく変化する場合には，干渉が観測されなくなってしまう．干渉が観測される限界の光路差を可干渉距離という．干渉実験では，可干渉距離よりも光路差が小さい範囲で実験を行う必要がある．レーザー以外では可干渉距離は短く，通常は 1 mm に満たない．レーザーであっても可干渉距離の大きさは様々で，気体レーザーでは 1 m 以上になるものもあるが，固体レーザーでは数 mm から 1 cm 程度である．

2.4 干渉計

光の干渉を利用して，種々の物理量を測定するために組み立てられた光学装置を干渉計という．目的に応じて数多くの干渉計が考案されており，ジャマン干渉計，マッハ・ツェンダー干渉計，ファブリ・ペロー干渉計などがある．本実験では，マイケルソン干渉計と呼ばれる装置を用いる．これは，1881 年にマイケルソン (A. A. Michelson) が光速を精密に測定するために開発したものである．この装置を用いたマイケルソンの実験は，後にアインシュタイン (A. Einstein) が相対性理論を導く基礎となったことでよく知られている．

2.5 空気の屈折率

真空中の光速 c_0 と物質中の光速 c との比 $n = c_0/c$ を，その物質の屈折率という．物質の存在により光速は真空中より遅くなるから，屈折率 n は 1 より大きな値となる．屈折率を $n = 1 + n'$ と表すと，理想気体に対して n' はその密度 ρ に比例する．圧力一定の条件のもと，理想気体では絶対温度 T と体積 V との比 T/V は，ボイル・シャルルの法則により一定になる ($V \propto T$)．密度が体積に反比例すること ($\rho \propto 1/V$) と n' が密度に比例すること ($n' \propto \rho \propto 1/V \propto 1/T$) から，$n'T$ は一定であることが導かれる．

固体と気体の密度から，空気の屈折率の大体の大きさを見ておこう．ソーダガラスの密度は組成により多少のばらつきはあるが，約 2.5 g/cm^3．屈折率は $n = 1.55$ 程度であり，$n' = n - 1 = 0.55$ である．一方，酸素気体の密度は 1.43 g/L $= 0.00143$ g/cm^3 と非常に小さい．そのため，n' もガラスの 1000 分の 1 程度になると予想される．実際に酸素の屈折率の値は $n' = 0.000265$ であり，確かにガラスの 1000 分の 1 程度の大きさをもつ．窒素の屈折率も同様の値になるから，空気の屈折率の 1 からのずれ n' は非常に小さい．屈折率は光の屈折角から求めることができるが，空気の屈折率は n' が非常に小さく屈折角が小さいため，この方法で求めることは困難である．干渉計を用いると，光路長 nl の変化を精度よく求めることが可能となる．本実験では，距離 l を固定して屈折率 n を高い精度で測定している．一方で，距離 l を変化させれば，鏡の間の距離の変化を非常に精度よく測定することができる．

3. 実験原理

3.1 マイケルソン干渉計

図 7.1 にこの実験で用いる装置を示す．一定波長の光を発するレーザー光源 LS からの光をハーフミラー（半透明鏡．光を一部反射し，一部透過させる）H で 2 つに分ける．これらをミラー（鏡）M_1, M_2 で反射させたのちスクリーン S で集めると，光の干渉が起こる．つまり，2 つに分けた光の光路差により光が強め合う部分（腹）と弱め合う部分（節）が S 上にできる．なお，干渉パターンが肉眼で観測しやすいように，LS のすぐ後ろにレンズ L を置き，焦点 F で集光した後，進行方向に向かって光を広げている．

どのような干渉パターンが現れるかを考察する．F からスクリーン S まで 2 つの光の進む距離はそれぞれ異なり，これを l_1, l_2 とする．光路差を計算するため光の経路を直線にし，スクリーン S から見た焦点 F の位置を描くと，図 7.2 に示すように，ミラー M_1 を通過する光の焦点は F_1 に，ミラー M_2 を通過する光の焦点は F_2 にあるように見える．すなわち，2 つの光の焦点はそれぞれ F_1 と F_2 と異なる距離に存在することになる．光は空気中を進むので，空気の屈折率を n とすると，スクリーンの中心 C から距離 r の点 R における 2 つの光の光路差 D_r は，$D_r = n\sqrt{l_2^2 + r^2} - n\sqrt{l_1^2 + r^2}$ となる．このとき，点 R で光が互いに強め合う干渉条件は，D_r/λ_0 が整数 N となることである．r の変化とともに干渉条件が変わり，図 7.2 に示すような同心円の干渉パターンが見られる．

ここで，仮にミラー M_2 を前後に移動させたとする．距離 l_2 が変化するので光路差 D_r が変化し，干渉の条件が変わる．スクリーン S の中心 $r = 0$ では，干渉縞が中心に向かって吸い込まれたり，中心から湧き出したりする現象が観察できる．S の中心 $r = 0$ での光路差は，$D_0 = nl_2 - nl_1$ であるので，光が互いに強め合う干渉条件は，$D_0/\lambda_0 = (nl_2 - nl_1)/\lambda_0 = N$ である．1 本の干渉縞が吸い込まれたり湧き出したりして，$N \to N \pm 1$ と変化したということは，光路差 D_0 が波長 λ_0 だけ

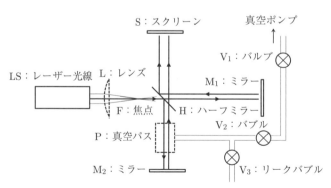

図 7.1 マイケルソン干渉計および実験装置の概略

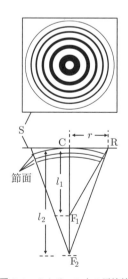

図 7.2 スクリーン上の干渉縞

変化したことを意味する．したがって，干渉縞の変化を調べることにより，2つの光の光路差の変化を精密に測定することができる．

本実験では，ミラー M_2 を直接移動させるのではなく，ハーフミラー H とミラー M_2 との間に長さ d の真空パス P を作り，2つの光の光路差を変化させる．パス P を真空にすることにより，S の中心 $r = 0$ における光路差が，D_0 から D_0' に変わったとする．パス P を通過する光の光路長は，P が真空の場合 $2d$，P に空気を入れた場合 $2nd$ であるから，P を真空にすることによる光路差の変化は $D_0 - D_0' = 2d(n-1)$ となる．P を真空にする前後において，光が互いに強め合う干渉条件は，それぞれ，$D_0/\lambda_0 = N$，$D_0'/\lambda_0 = N'$ であるので，干渉縞の数の変化 $x = N - N'$ は，次の式により与えられる．

$$x = \frac{D_0 - D_0'}{\lambda_0} = \frac{2d(n-1)}{\lambda_0} \tag{7.1}$$

つまり，x を観測すれば，屈折率 n を決めることができる．空気中の光速 c は，真空中の光速 c_0 の値を用いて

$$c = \frac{c_0}{n} \tag{7.2}$$

より求める．

4. 実験方法

実験は，マイケルソン干渉計において，レンズ L のない状態でまず光が2つのミラー M_1, M_2 に垂直に入射するようにし，これらの反射光がスクリーン S で重なるように調整する．その後，レンズ L を導入して図 **7.2** のような干渉縞を観察する．次に，ハーフミラー H とミラー M_2 の間に真空ポンプとつながった真空パス P を配置し，空気を徐々に吸気（あるいは導入）してスクリーン S の中心から湧き出す（吸い込まれる）干渉縞の数 x を数え，式 (7.1) から空気中の屈折率および光速を求める．

4.1 実験装置
実験装置として，図 **7.1** に示すマイケルソン干渉計と真空ポンプを利用する（図 **7.3**）．真空ポンプに関しては [基礎事項 8. 真空] を参照すること．

4.2 干渉縞の観察
(1) はじめにレーザー（波長 $\lambda_0 = 635\,\mathrm{nm}$ の半導体レーザー）のスイッチを入れる．**レーザー光が直接目に入ると失明するおそれがあるので，光の行き先には十分注意を払うこと**．天井からつるされた暗幕を用いて他の実験を行っている学生に，レーザーが照射されないようにする．次に，レーザー光と干渉計の間にレンズがある場合は取りはずす．レーザー光がミラー M_1 の中央付近に当たるようにレーザーの高さ，向きを調節する．

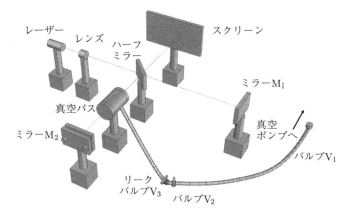

図 **7.3** 実験装置

(2) ミラー M_1 の向きを変えて，M_1 による反射光がレーザーに戻るようにする．ただし，完全に戻すとこのミラー M_1 により新たな光共振器ができてレーザー発振が不安定化するため，レーザーの出口の穴には入れないようにする．

(3) ハーフミラー H の高さを変えて，レーザーがハーフミラー H の（上下の）中央に当たるようにし，H による反射光がミラー M_2 の（左右の）中央に当たるように向きを調整する．この状態で，ミラー M_1 からの反射光がさらに H に反射してスクリーン S に当たることになるが，この光が S の中央に当たるように S の位置と高さを調整する．

(4) ミラー M_2 の高さを変えて，レーザーが M_2 の（上下の）中央に当たるようにする．M_2 の反射光は，スクリーン S にある M_1 からの反射光付近に当たるように向きを調整する．

(5) ミラー M_2 の裏には M_2 の向きを微調整するねじがある．このねじを用いて M_2 の反射光を，M_1 からの反射光とスクリーン S 上で重なるように M_2 の向きを調整する．なお，S に 2 つ以上の反射光が現れることがあるが，一番明るいものを一致させればよい．

(6) レーザーとハーフミラー H の間にレンズ L を入れる．レンズの中心にレーザーが当たるように，レンズの高さを調節し，レンズの中心軸とレーザーの光軸が一致するように向きを調整する．

以上の操作により，スクリーン S 上で，レンズで広がった光の中に図 **7.2** のような干渉縞が見えるはずである．もし同心円状に見えないときは，レンズを取り除いて，もう一度 2 つのミラー M_1 と M_2 からくる光がスクリーン上で重なっていることを確認する．また，ミラー M_2 は前後方向に移動できるので，ハーフミラー H と 2 つのミラーの距離がおおよそ一致するように調整する．ただし，2 つの距離が非常に近いと，ミラーやハーフミラーの表面の歪みによる干渉が見えて，達磨状や双曲線状の縞模様が見えることがあるため，その場合は少し距離をずらすとよい．距離が大きく異なりすぎると可干渉距離を超えてしまい，干渉縞が見えなくなるので，ちょうどよい距離を探す必要がある．

7. 光 の 干 渉

4.3 空気中の光速の測定

(1) 真空パス P の両端の長さ d をノギスで測定する．この長さ d は，ガラス板を含まない状態の長さである．

(2) 真空パス P を干渉計の上におく．P のガラスの中央を通るように高さと向きを調整する．このとき，ガラスが十分透明であり，干渉縞が消えていないことを確認する．もし消えていた場合は，ガラスをよく拭いてやり直す．

(3) バルブ V_1, V_2, V_3 を締め，真空ポンプのスイッチを入れる．バルブ V_1，次に V_2 を開け，P 中の空気を排気する．ポンプの音が静かになり，干渉縞が動かなくなったら排気が終了したので，バルブ V_2 を締める．バルブを締めた後で干渉縞が動き出してしまったら，P とガラス板の間より空気が漏れているので，ガラス板が正しく取り付けられているか確認する．

(4) リークバルブ V_3 を開き，真空パス P を大気圧の空気で満たす．

(5) バルブ V_2 を徐々に開け，ゆっくりと真空パス P 内の空気を排気する．このとき，スクリーン S 上にある同心円状の干渉縞が中心に吸い込まれていくのが観察される．光路差によっては，湧き出す場合もある．吸い込まれていく，または湧き出してくる干渉縞の数 x をバルブ V_2 を開きながら数える．なお干渉縞の動きの速さは，V_2 の開き具合によるので，あまり速くなりすぎないように調整する．最終的には V_2 を全開にして，干渉縞が動かなくなるところまで数える．

(6) x の測定 [(4) と (5)] を 10 回繰り返し，平均をとる．終了したら，V_1 と V_2 を閉じて V_3 を開けた状態にしておく．この実験では同じ設定で測定を繰り返すため，x の誤差（測定値のばらつき）は 1 程度である．x の最大値と最小値の差が 2 より大きい場合は，測定がうまくいっていない可能性が高い．さらに測定を 5 回行う．その際はより慎重に行うこと．

5. データ解析

(1) 空気の屈折率を式 (7.1) より求め，結果を $n \pm \Delta n$ の形式でまとめる．ここで Δn は n の測定誤差である．式 (7.1) より $n' = n - 1$ が測定値の積の形になっていることから，[基礎事項 4. 精度と有効数字] (p.23) の [(2) 乗除算の場合] を参考にして $\Delta n'$ を計算する．Δn は $\Delta n'$ に等しい．x の誤差 Δx は 1 とする．d の誤差 Δd は，ノギスの副尺の最小目盛りの間隔を用いること．λ_0 の誤差は考慮しなくてもよい．

(2) 空気中の光速を求め，結果を $c \pm \Delta c$ (m/s) の形でまとめる．真空中の光速 c_0 は，巻末付録 [(1) 諸定数] に与えられている値を用いる．

6. 発展課題

(1) $n'T$ が温度によらず一定である（nT ではないことに注意）ことを利用し，0°C における空気の屈折率を求めよ．

(2) 0°C における O_2, N_2 の屈折率の値は，それぞれ，1.000265, 1.000293 である．これらの値を用

いて，空気が理想気体であるとみなして 0°C における空気の屈折率の理論推定値を求め，実験値と比較せよ．ただし，空気は O_2 が 20%，N_2 が 80% であるとする．

7. 補足説明

7.1 レーザーの動作原理

レーザーの英語名 LASER は，<u>L</u>ight <u>A</u>mplification by <u>S</u>timulated <u>E</u>missin of <u>R</u>adiation の下線部分を集めて作られた名称で，その意味は放射の誘導放出による光増幅器である．レーザーの動作原理を理解するには，誘導放出，反転分布，光共振器の概念を理解することが必要で，以下これら用語の意味について説明する．また，レーザーの特徴や種類についても簡単に紹介する．

7.1.1 誘導放出

原子・イオンの電子がエネルギー準位の異なる準位に遷移するとき，エネルギー保存則のために，エネルギー差と等しいエネルギーの電磁波のやりとりが必要である．図 7.4 に示す 2 つのエネルギー準位 E_1 と E_2 を考える．この場合，E_1 を基底状態，E_2 を励起状態と呼ぶ．わかりにくければ，[実験課題 19. フランク–ヘルツの実験] を参照しながら，水素原子の $1s$ が E_1，$2p$ が E_2 と考えればよい．2 準位間の遷移には，図 7.4 に示すように 3 種類ある．図 7.4(a) は外部からエネルギー差 $E_2 - E_1$ に相当する振動数 ν ($h\nu = E_2 - E_1$) の光を入射して，E_1 状態の原子・イオンを高いエネルギーの E_2 状態に移す過程で，吸収と呼ぶ．なお，h はプランク定数である．図 7.4(b) と (c) は放出過程で，E_2 の状態にある原子がエネルギー $h\nu$ の光を放出する．この放出過程は 2 つに分けられる．1 つは振動数 ν の光がない場合に起こる自然放出である（図 7.4(c)）．一方で，振動数 ν の光（入射光）が存在する場合，放出確率はその光の強度に比例して高くなる．さらに，放出光は入射光と位相を揃えて，共鳴的に光を放出する．これを誘導放出という（図 7.4(b)）．この誘導放出がなだれ的に生じれば光の強度が増幅するので，レーザーはこの誘導放出を用いた光増幅器である．

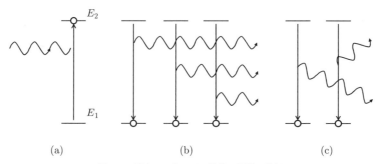

図 **7.4** 異なるエネルギー準位の遷移の種類

7.1.2 反転分布と光ポンピング

励起状態 E_2 にいる原子・イオンの数が少なければ誘導放出は生じないので，励起状態 E_2 にいる原子の数を増やすことが重要となる．これについては温度の統計力学的理解が必要となる．一般に，温度 T で熱平衡状態にあるということは，前述の2準位で考えると以下のようになる．E_1 にいる原子の数を N_1，E_2 にいる原子の数を N_2 とすると

$$\frac{N_2}{N_1} = \frac{e^{-E_2/k_\mathrm{B}T}}{e^{-E_1/k_\mathrm{B}T}} = e^{-(E_2-E_1)/k_\mathrm{B}T} \tag{7.3}$$

となる（図7.5(a)を参照）．熱平衡状態では高いエネルギーの準位にいる原子の数は e^{-x} の指数関数で減少し，温度 T がその減少の割合と関係する．つまり，温度が非常に低い場合 ($k_\mathrm{B}T \ll E_2 - E_1$) では E_2 にいる原子の数は非常に少なくなり，ほとんどの原子は E_1 の状態にいる．一方，温度が高く ($k_\mathrm{B}T \gg E_2 - E_1$) なると，$E_2$ にいる原子の数が多くなるが，決して E_1 の状態の原子数より多くはならない．

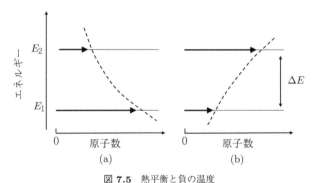

図 7.5 熱平衡と負の温度

レーザーに利用するには，E_2 状態にいる原子の数を E_1 状態にいる原子の数よりも増大する必要がある．図7.5(b) に示すように，E_2 状態にいる原子の数が E_1 状態にいる原子の数よりも多い分布を反転分布と呼ぶ．これは熱平衡状態では決して達成できないため，外部からエネルギーを供給する必要がある．さて，図7.5(b) に示すような場合には2つの準位の原子の数は

$$\frac{N_2}{N_1} = e^{(E_2-E_1)/k_\mathrm{B}T} = e^{-(E_2-E_1)/k_\mathrm{B}(-T)} \tag{7.4}$$

となる．熱平衡における e^{-x} の関数形をもとにすると，温度を負として説明できるので，図7.5(b) の状態を負の温度と呼ぶ．もちろん，これら2つの準位以外の状態の原子の数はこの式に従わないため，これは熱平衡状態ではなく，この温度という言葉は概念的なものである．通常，反転分布達成には，第3番目の準位として E_2 より高いエネルギー準位 E_3 を利用する．つまり，E_1 にいる原子を E_3 に励起し，E_3 から速やかに E_2 に移動させる．もしも，E_2 状態の原子が比較的長くその状態に滞在するとすれば，E_2 にいる原子の数を増加できる．このことをポンピングと呼ぶ．これは井戸の水を汲み上げる類推から命名された．

最後に，出てきた光を閉じ込めて高い強度にする貯蔵器が必要で，これを共振器と呼び，通常で

はファブリ・ペロー干渉計が用いられる．この干渉計は，2つの鏡を対向させたもので，1つの鏡の反射率はほぼ100%で，他の1つのそれは98%としてある．したがって，外部には，内部の光強度の2%しか出てこないが，それでも数十Wの出力が得られる．

7.2 レーザーの特徴と種類

レーザーの特徴は以下の3つにまとめられる．

(1) 単色性が高いこと．

7.1.1項「誘導放出」で述べたように，レーザーはある1組のエネルギー準位間の誘導放出を利用しているので，振動数が1つの単色光である．

(2) 干渉性が高いこと．

通常の電球などの場合には位相は全くでたらめで，しかも強度も時間変化している．しかし，レーザーの場合には空間的に位相と強度が決まっていることが特徴である．本実験ではこの干渉性を利用する．

(3) 強度が高いこと．

非常に高い強度でかつ指向性が高い光である．強度については，例えば，CO_2 気体レーザーは鉄板の加工に利用されている．

レーザーは発信媒体の種類によって，気体レーザー，固体レーザー，半導体レーザー，色素レーザーなどがある．気体や固体レーザーの場合，利用しているエネルギー準位に制約があるので，振動数を連続的に変化させることが難しいが，半導体レーザーや色素レーザーでは波長を連続的に変化できる．大出力レーザーとしては気体レーザーが利用されている．また，CD，DVD，BDなどの光学ディスクの読み書きや光通信に使用されているレーザーは，小さな半導体レーザーである．なお，出力の時間依存性によって，連続発信レーザーと瞬間的に出力するパルスレーザーの区別がある．連続発振レーザーでは出力のレーザー光強度は一定であるが，パルスレーザーではレーザー光強度は非常に短い時間だけ出力され，ある時間間隔で繰り返し放出される．パルスレーザーではレーザー光のエネルギー密度を非常に高くすることができる．

8. 光の偏光

1. 実験概要

波動としての光が横波か縦波かについての歴史的論争にけりをつけたのが，偏光の確認であった．偏光は横波の特徴である．本実験ではレーザーを光源として用い，偏光子の特徴や反射光の偏光度の測定など基礎的実験を通じて横波としての光の理解を深めるとともに，レーザー光源にも親しむ．レーザーの発振原理は [実験課題 7. 光の干渉] を参照せよ．

2. 基礎知識

2.1 電磁波

光の本質は，空間を伝播する電場と磁場の波，すなわち電磁波である．電磁気学の基礎方程式であるマクスウェルの方程式から，電磁波は光と同じ速さ (2.99792458×10^8 m/s) で真空中を伝わること，そして光と同様に横波であることが示される．振動数 ν，速さ c で z 方向に伝播する電磁波を考えると，電磁波の横波性から，電場と磁場のベクトルは常に x–y 面に平行になる．このときの電場ベクトル $\boldsymbol{E} = (E_x, E_y)$ の各成分は，

$$E_x = E_{0x} \cos\left(2\pi\nu\left(t - \frac{z}{c}\right) + \phi_x\right), \quad E_y = E_{0y} \cos\left(2\pi\nu\left(t - \frac{z}{c}\right) + \phi_y\right) \tag{8.1}$$

と表すことができる．ここで，ϕ_x と ϕ_y は電場の x 成分と y 成分の初期位相を表している．式 (8.1) は，c を光速に等しくとると，真空中のマクスウェルの方程式から導かれる波動方程式の解になる．磁場 $\boldsymbol{H}$ は，電場 $\boldsymbol{E}$ と同じ波動方程式に従い，$\boldsymbol{H}$ の波動も式 (8.1) と同様な振動解で与えられるが，その振動方向は $\boldsymbol{E}$ と直交する．図 8.1 に，電場が x 成分のみをもつ場合の電場と磁場の振動の様子を示してある．

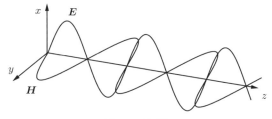

図 8.1 電磁波

2.2 偏光

式 (8.1) で表される電場ベクトルの先端の座標 (E_x, E_y) が，どのような軌跡を描くかについて考えよう．この軌跡は，E_x と E_y の位相差 $\delta = \phi_x - \phi_y$ の違いによって，次の3つのタイプに分類される．

(1) $\delta = m\pi$ （m は整数）の場合，

$$\frac{E_y}{E_x} = \frac{(-1)^m E_{0y}}{E_{0x}} = 一定 \tag{8.2}$$

となり，点 (E_x, E_y) は直線上にあることがわかる．例として $\delta = 0$，$E_{0y}/E_{0x} = 2$ の場合を考えると，点 (E_x, E_y) は x–y 面内で図 8.2 のような直線上を振動する．このように，一定方向に振動しながら伝播する光を**直線偏光**と呼ぶ．図 8.1 は，電場が x 方向に振動する直線偏光を表している．

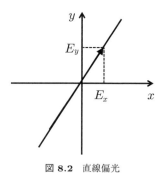

図 8.2　直線偏光

(2) $\delta = (m+1/2)\pi$ でかつ $E_{0x} = E_{0y} = E_0$ である特別な場合には，

$$E_x^2 + E_y^2 = E_0^2$$

が成り立つので，電場ベクトル $\boldsymbol{E}$ の大きさは常に一定で向きだけが変化する．この光を進行方向から見ると，電場ベクトルの先端は円周上を回転する（図 8.3）．このような光を**円偏光**という．

(3) その他の位相差の場合には，電場ベクトル $\boldsymbol{E}$ の大きさと向きはともに変化する．一般に，E_x と E_y の間に

$$\left(\frac{E_x}{E_{0x}}\right)^2 + \left(\frac{E_y}{E_{0y}}\right)^2 - 2\left(\frac{E_x}{E_{0x}}\right)\left(\frac{E_y}{E_{0y}}\right)\cos\delta = \sin^2\delta \tag{8.3}$$

の関係が成り立つことに注意しよう．この式は，点 (E_x, E_y) の軌跡が楕円を描くことを示している．このように，電場が楕円振動する場合の光を**楕円偏光**という．

なお，円偏光・楕円偏光については電場ベクトル $\boldsymbol{E}$ の向きが回転するが，光を進行方向 ($z = \infty$) から見て，時計回りに $\boldsymbol{E}$ が回転する場合を右回り，反時計回りに回転する場合を左回りと呼ぶこと

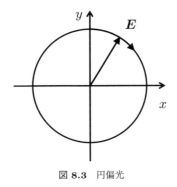

図 8.3 円偏光

がある．例えば，図 8.3 に示した円偏光は，光が紙面の裏から表へ進むとき，右回り円偏光と呼ばれる．

単一の振動数 ω をもつ電磁波においては，ここで説明した直線偏光，円偏光，楕円偏光の 3 つの偏光状態のいずれかをとるが，実際には単一の振動数をもつ電磁波を作り出すことは困難である．そのため，これら 3 種類以外の偏光状態も存在しており，部分偏光や無偏光と呼ばれる．部分偏光や無偏光については補足説明を参照すること．

3. 実験原理

3.1 偏光子と検光子

光を直線偏光に変える素子を偏光子という．本実験では，偏光子としてポラロイド板を用いる．ポラロイド板は，ヨウ素を含む有機化合物の微結晶の方向を揃えてシート状に加工した人工偏光板である．この結晶は，ある特定の方向に振動する光は強く吸収し，それに垂直な方向に振動する光はほとんど吸収しないという性質をもっているため，ポラロイド板を通過した光は直線偏光になる．

例えば，$(\cos\theta, \sin\theta)$ 方向の偏光方向だけを通過させるように，偏光子を設置した場合を考えよう．入射光は，光を通す方向に垂直な成分と平行な成分をもっている．垂直成分はポラロイド板に吸収されてしまう．透過するのは平行成分だけで，この成分の振幅は $\bar{E} = E_x \cos\theta + E_y \sin\theta$ に等しい．ポラロイド板は平行成分も一部吸収するため，光を通す方向の偏光方向をもつ光であっても透過光の強度は減少するが，ここではその影響は無視する．この偏光子を通過した式 (8.1) の電磁波は次のように書ける．

$$\boldsymbol{E} = (\bar{E}\cos\theta, \bar{E}\sin\theta) \tag{8.4}$$

このとき，E_x と E_y は同じ位相で振動しているから，位相差は $\delta = 0$ となり直線偏光であることがわかる．

ポラロイド板は偏光状態を調べる検光子としても用いられる．直線偏光の入射光をポラロイド板に入射し，ポラロイド板を回転すると，光がポラロイド板を通過しない回転位置がある．このとき，入射した直線偏光の偏光方向とポラロイド板の光を通す方向が互いに直交している．入射光が直線

偏光でなければ，ポラロイド板を回転しても常に光が透過するが，その角度依存性から，光の偏光
状態がわかる．

　直線偏光をポラロイド板を通して観測したとき，透過光の強度とポラロイド板の回転角の間には，
次のような関係が成り立つ．入射する直線偏光の偏光方向が，ポラロイド板の光を通す方向に対し
て角度 θ だけ傾いているとしよう．これは，上記の式 (8.4) の例で $E_{0y} = 0$ とした場合に対応する．
光の強度は振幅の 2 乗に比例するから比例係数を α として，透過光の強度 I は $I = \alpha \bar{E}^2$ となる．こ
れは，入射光の強度 $I_0 = \alpha E_{0x}^2$ の $\cos^2 \theta$ 倍に減少することになる．

$$I = I_0 \cos^2 \theta \tag{8.5}$$

　円偏光の場合も考えよう．その場合は $E_{0x} = E_{0y} = E_0$ である．また，簡単のために $\phi_x = 0$,
$\phi_y = \pi/2$ とする．このとき，$\bar{E}$ は次のようになる．

$$\bar{E} = E_0 \left\{ \cos\theta \cos\left(2\pi\nu \left(t - \frac{z}{c} \right) \right) - \sin\theta \sin\left(2\pi\nu \left(t - \frac{z}{c} \right) \right) \right\} \tag{8.6}$$
$$= E_0 \cos\left(2\pi\nu \left(t - \frac{z}{c} \right) + \theta \right) \tag{8.7}$$

このとき，$\bar{E}$ の振幅は θ によらないため，検光子を通過した光の強度は θ に依存せず，一定値となる．
今の場合は入射光の強度は $I_0 = \alpha(E_{0x}^2 + E_{0y}^2) = 2\alpha E_0^2$ であり，透過光の強度は次のようになる．

$$I = \frac{I_0}{2} \tag{8.8}$$

　楕円偏光の場合の導出は示さないが，以下の形になる．

$$I = \frac{I_0}{2} \left(1 + \beta \cos 2\theta \right) \tag{8.9}$$
$$\beta = \frac{E_{0x}^2 - E_{0y}^2}{E_{0x}^2 + E_{0y}^2} \tag{8.10}$$

ここで，x 方向を楕円偏光の長軸方向とした．このとき，$E_{0x} > E_{0y}$, $\phi_y = \pi/2$, $\phi_x = 0$ とできる．
また，$I_0 = \alpha(E_{0x}^2 + E_{0y}^2)$ である．

3.2　直線偏光度

　検光子を通過した光の強度を検光子の向き θ の関数としてプロットすると，180° 周期になる．そ
の最大値を $I_{\max}$，最小値を $I_{\min}$ として次の値 P を見積もる．

$$P = \frac{I_{\max} - I_{\min}}{I_{\max} + I_{\min}} \tag{8.11}$$

直線偏光に対して P を見積もると，$P = 1$ となることがわかる．円偏光の場合には $P = 0$ となり，
楕円偏光では $0 < P < 1$ である．最も一方向に偏った偏光が直線偏光であり，すべての取りうる方
向に等しく電場ベクトルが向く偏光が円偏光であるため，この P は偏光の偏りの度合いを示してい
ることがわかる．ここではこの P を直線偏光度と呼ぶ．部分偏光状態を考慮した偏光度については

補足説明を参考すること.

3.3 反射と偏光

偏光はガラスなどの物質表面で反射した光にも現れる. 実際に, ガラス表面で反射した光を偏光板を通してみると, 偏光板の回転に応じて明るくなったり暗くなったりすることが観測される. マクスウェルの方程式に基づく電磁波の理論によると, 一様な 2 つの媒質（例えば, 空気とガラス）の境界面に入射した光の反射率（＝反射光の強度/入射光の強度）は, 次のようになることが知られている. 反射率は入射光の偏光方向によって異なり, その偏光方向が入射面（図 8.5 では紙面）に平行な場合（p 偏光）と垂直な場合（s 偏光）の反射率をそれぞれ R_p, R_s とすると,

$$R_p = \frac{\tan^2(\phi_i - \phi_r)}{\tan^2(\phi_i + \phi_r)}, \quad R_s = \frac{\sin^2(\phi_i - \phi_r)}{\sin^2(\phi_i + \phi_r)} \tag{8.12}$$

が成り立つ. ただし, ϕ_i は入射角, ϕ_r は屈折角である. この式はフレネルの式と呼ばれている. 屈折角 ϕ_r は, 媒質の屈折率と入射角 ϕ_i に依存し, 入射側媒質に対する透過側媒質の相対屈折率を n とすると, スネルの法則（屈折の法則）により

$$\frac{\sin \phi_i}{\sin \phi_r} = n \tag{8.13}$$

が成り立っている.

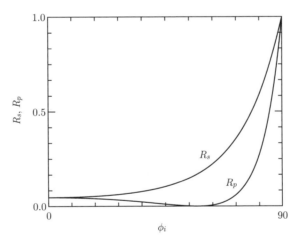

図 8.4 反射率の入射角 ϕ_i 依存性

図 8.4 に, 式 (8.12) と (8.13) から計算された R_p と R_s の入射角 ϕ_i 依存性を示す（n の値は 1.5 にとっている）. R_s は ϕ_i とともに単調に増加するのに対し, R_p はある角度でゼロになることに気づく. 式 (8.12) より, $R_p = 0$ となるのは, 入射角 ϕ_i と屈折角 ϕ_r の間に $\phi_i + \phi_r = 90°$ の関係が満たされたときであることがわかる. 言い換えると, 反射光線と屈折光線のなす角が直角になるように光が入射されたとき, p 偏光の反射率 R_p はゼロとなる.

この性質を利用すると，容易に直線偏光を作ることができる．光を $\phi_i + \phi_r = 90°$ となるように入射すると，光のp偏光成分は反射されずに完全に透過してしまうため，このときの反射光は入射面と垂直に偏ったs偏光となるのである（図 8.5）．この事実は1815年にブリュースターによって発見され，$R_p = 0$ となる ϕ_i をブリュースター角と呼ぶ．ブリュースター角 ϕ_B は，

$$\tan\phi_B = n \tag{8.14}$$

で与えられることが，スネルの法則 (8.13) から導かれる．

この実験では，入射光として円偏光を用いて，反射光の直線偏光度を調べる．電場の y 方向を s 方向とし，x 方向を p 偏光の方向としよう．入射光の電場成分は，$E_{0x} = E_{0y} = E_0$ であるが，反射光の電場成分は $E_x = \sqrt{R_p}E_0$，$E_y = \sqrt{R_s}E_0$ となる．ブリュースター角以外の反射角では楕円偏光になっている．$R_p < R_s$ であるから，検光子で強度の角度 θ による変化を調べると，最大となるのは検光子の向きがs偏光のときで，$I_{\max} = R_s I_0$ である．最小になるのはp偏光のときで，$I_{\min} = R_p I_0$．これから，直線偏光度は

$$P = \frac{R_s - R_p}{R_s + R_p} \tag{8.15}$$

となる．この直線偏光度 P の反射角 ϕ_i 依存性を図 8.6 に示す．ブリュースター角で $P = 1$，つまり直線偏光となることがわかる．

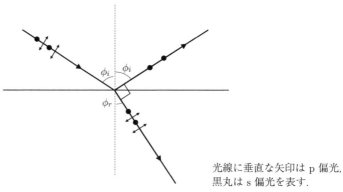

図 8.5 ブリュースター角での反射

光線に垂直な矢印はp偏光，黒丸はs偏光を表す．

図 8.6 直線偏光度の入射角 ϕ_i 依存性

4. 実験方法

実験装置を図 8.7 と図 8.8 に示す．レーザー光源の直線偏光の出力を円偏光に変換したものを用いて実験を行う．図の P と A は，円盤状のポラロイド板を用いた偏光子と検光子である．光はフォトダイオード（光電変換装置の一種）で検出して，強度に比例した電流に変換し，電流計で読み取る．その他，光学台，レーザー確認用調整板，mA メーター，マウント付きガラス板を使用する．

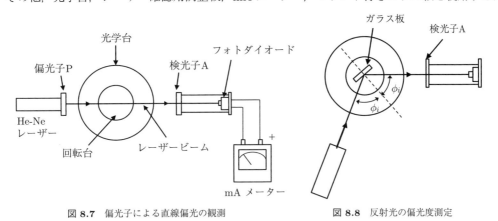

図 8.7　偏光子による直線偏光の観測　　　　　図 8.8　反射光の偏光度測定

なお，レーザー光が直接目に入ると失明するおそれがある．レーザーを直接のぞき込む行為は絶対に行わないこと．天井からつるされている暗幕を用いて，周囲にレーザーを照射しないようにするとよい．

4.1 概要

検光子の向き θ を変えてフォトダイオードの出力電流を測定し，出力電流と θ の関係をグラフにプロットする．このとき出力電流は 180° 周期になり，最大値と最小値を読み取って式 (8.11) を用いて直線偏光度 P を計算する．まず，偏光子を通過させて直線偏光にした光をこの手順で測定して，直線偏光の直線偏光度を調べる．次に，円偏光をガラス板に入射したときの反射光の直線偏光度を，$\phi_i = 45°$ とブリュースター角の入射角に対して調べる．

4.2 偏光子による直線偏光の観測

(1) 図 8.7 に示してあるように，レーザー光源，偏光子 P，検光子 A を一直線に配置する．次に，フォトダイオードをはずし，その場所に紙を設置するなどして，フォトダイオード設置位置でのレーザーの通過状況を確認する．レーザーがフォトダイオードを設置する筒の中央に来るように，筒の設置方向や傾きなどを調節する．フォトダイオードの受光面に光が当たることを確認して，フォトダイオードを取り付け，ねじで固定する．フォトダイオードが受光し，光電流が発生していることを mA メーターで確認する．観測される光電流の値ができるだけ大きくな

るように，筒の向きの微調整を行う．

(2) 偏光子 P を固定し，検光子 A を回転すると，光電流の大きさが変化する．光電流が最小となる回転位置の角度を θ_0 として，その値を記録する．$\theta = \theta_0 - 30°$ から $\theta = \theta_0 + 120°$ までの回転角に対する電流値を記録する．測定点は 10° ごとにとる．光電流の大きさは光の強度に比例するので，光電流 i と検光子の回転角 θ の間に

$$i = i_0 \cos^2(\theta - \theta_0 - 90°) \tag{8.16}$$

の関係が成り立つ．ただし，i_0 は光電流の最大値である．

測定後，光電流が最大になる角度と最小になる角度の差を確認する．その差は 90° になるはずであるが，その値から 20° 以上ずれている場合は，測定中に不注意でフォトダイオードの位置などを動かしてしまった可能性があるため，測定をやり直す．

4.3　反射光の偏光度測定

(1) 偏光子 P は使用しないので取りはずす．図 8.8 に示すように，入射角 ϕ_i と反射角 ϕ_0 をガラスのブリュースター角 57° に設定し，ガラス板からの反射光の強度を測定する．まず，フォトダイオードをはずし，反射光が筒の中心を通過していることを確認する．光が通過していない場合は，ガラス板の向きを調節し，ガラス板の傾きを回転台の下の 3 個のねじで調整する．フォトダイオードを取り付け，光電流が流れることを確認する．

(2) 先の実験と同様に，検光子 A の回転角に対する光電流を測定する．

(3) 入射角 ϕ_i と反射角 ϕ_0 を 45° に設定し，同様の測定を行う．

いずれの反射角の場合も測定後に，光電流が最大になる角度と最小になる角度の差を確認する．その差が 90° から 20° 以上ずれている場合は，測定中に不注意でフォトダイオードの位置などを動かしてしまった可能性があるため，測定をやり直す．

5.　データ解析

5.1　偏光子による直線偏光の観測

(1) 検光子の回転角 θ に対する光電流のグラフを描き，次式で定義される直線偏光度 P を求める．

$$P = \frac{I_{\max} - I_{\min}}{I_{\max} + I_{\min}} \tag{8.17}$$

ただし，$I_{\max}$ と $I_{\min}$ は，それぞれ，検光子を通過した光の強度の最大値と最小値である．

(2) 式 (8.16) を同じグラフに描き，実験結果と比較する．

5.2　反射光の偏光度測定

2 つの異なる入射角に対して測定した，検光子の回転角 θ と光電流の関係をグラフにする．そして，グラフから直線偏光度 P を求める．

6. 発展課題

(1) 反射角 $57°$, $45°$ のそれぞれについて，楕円偏光になると仮定して，式 (8.9) のパラメータ I_0 と β を実験結果のグラフから推定し，同じグラフにプロットせよ.

(2) 楕円偏光の直線偏光度 P の式 (8.9) において，$\beta = 0$ とすると円偏光の式になり，$\beta = 1$ とすると直線偏光の式になることを示せ.

(3) 空気中で光がガラス板によって反射される場合のブリュースター角が約 $57°$ になることを示せ. また，水面で反射される場合のブリュースター角は何度になるか求めよ. ただし，ガラスの屈折率を $n = 1.55$, 水の屈折率を $n = 1.33$ とする.

(4) 反射角 $45°$ でガラス板により反射されたときに期待される直線偏光度 P を式 (8.15) から求めよ.

7. 補足説明

7.1 部分偏光状態と無偏光状態

z 方向に進行する電磁波の電場ベクトルは，x–y 面内を向き，E_{0x}, E_{0y}, そして位相差 $\delta = \phi_x - \phi_y$ で特徴づけられる. そしてそれは，直線偏光，円偏光，楕円偏光の 3 種類に分類される. これは，単一の振動数 ν からなる電磁波の場合に正しいが，通常の光はたとえレーザーであったとしても，ある狭い範囲にわたって様々な振動数の電磁波を含んでいる. 振動数が異なれば，異なる偏光をもつことができるため，振動数ごとに異なる偏光をもつ場合には，時間とともに偏光の様子が変化していくことになる. 例えば，ある瞬間には x 方向の直線偏光であっても，別の瞬間には y 方向の直線偏光であることがあり得る. したがって，電磁波の偏光を記述するには，直線偏光，円偏光，楕円偏光の区別だけでは不十分である. 実際に観測されるほとんどの光はこれらに対応しない偏光状態をとる.

偏光の時間変化を考える際には，電場を電磁波の周期 T より十分長いが観測の間隔よりも短い時間で平均したものを考える必要がある. 可視光の周期 T は 10^{-15} s と非常に短いため，ほぼすべての測定は T より十分長い時間平均となる. 電場は振動しておりその平均はゼロになるため，2 乗の平均をとる. $\boldsymbol{E}$ は 2 次元のベクトルであるので，次の 3 つの平均を考えることができる.

$$\rho_{xx} = \langle E_x^2 \rangle, \quad \rho_{xy} = \langle E_x E_y \rangle, \quad \rho_{yy} = \langle E_y^2 \rangle \tag{8.18}$$

ここで，$\langle x \rangle$ は，x の時間平均である.

常に直線偏光，円偏光，楕円偏光のいずれか 1 つの偏光状態をとり続ける場合を，完全に偏光した状態と呼ぶ. このときは，時間平均を行っても時間平均しない値と変わらないため，次の関係式が成り立つ.

$$S = \rho_{xx}\rho_{yy} - \rho_{xy}^2 = E_x^2 E_y^2 - (E_x E_y)^2 = 0 \tag{8.19}$$

一方で，電場方向が完全に乱雑である場合には，$\rho_{xy} = 0$ かつ，$\rho_{xx} = \rho_{yy}$ が成り立つ. これを無偏

光状態と呼ぶ. この場合は光の強度が $I = \rho_{xx} + \rho_{yy} = 2\rho_{xx}$ であることを用いて

$$S = \rho_{xx}\rho_{yy} - \rho_{xy}^2 = \rho_{xx}^2 = \frac{I^2}{4} \tag{8.20}$$

以上のことから, 偏光度 $\overline{P}$ を次のように定義する.

$$\overline{P} = 1 - \frac{4S}{I^2} = \frac{(I^2 - 4S)}{I^2} = \frac{(\rho_{xx} - \rho_{yy})^2 + 4\rho_{xy}^2}{(\rho_{xx} + \rho_{yy})^2} \tag{8.21}$$

$\overline{P} = 1$ は完全に偏光した状態を, $\overline{P} = 0$ は無偏光状態を表す. そして, $0 < \overline{P} < 1$ の状態を部分偏光状態と呼ぶ.

　無偏光状態に対して本実験の手法により直線偏光度 P を調べると, $P = 0$ となる. つまり, 円偏光と同じ値になる. 円偏光と区別する場合には, 複屈折現象を利用して E_x と E_y に位相差をつけることのできる波長板を用いる. $\pi/2$ の位相差をつけることのできる光学素子を「$\lambda/4$ 波長板」と呼ぶ. この $\lambda/4$ 波長板を通過した円偏光の光は直線偏光となるが, 無偏光の光は無偏光のままであるため, 区別が可能となる. 同様に, 部分偏光状態の直線偏光度は $0 < P < 1$ になるため, 楕円偏光と同じ値をとる. これも位相差をつけて P を調べることで区別が可能である.

9. 気柱の共鳴

1. 実験概要

ある場所で生じた振動が周囲に伝わっていく現象を波動あるいは波という．音が遠方まで伝わるのは，気体・固体・液体など媒質の密度の疎密が音波として周囲に伝播することによるものである．この実験では，気柱の共鳴現象を利用して，音波の波長，振動数（周波数），音速の間の関係や，定在波，共鳴などの概念を理解する．また実際に空気中の音速を求める．

2. 基礎知識

2.1 波動方程式

波を伝えるものを媒質というが，波が伝わる際には媒質そのものが波とともに移動するわけではなく，媒質の各部分のもとの位置からのずれである変位が伝わっていく．媒質中の特定の x 方向に速度 v で進行していく 1 次元の波の変位を考えると，時間 t，位置 x における変位 $y = y(x, t)$ は，時間 0 に位置 $x - vt$ にあったものが伝播したものであり，一般に $y(x, t) = y(x - vt, 0)$ が成立する．つまり，変位 y は $x - vt$ の関数であり，t と x についてそれぞれ 2 回偏微分することで，

$$\frac{\partial^2 y}{\partial t^2} = v^2 \frac{\partial^2 y}{\partial x^2} \tag{9.1}$$

の関係式が得られる．これは波動方程式と呼ばれる，波動に関する基本的な性質である．

2.2 気柱を伝わる音波の波動方程式

媒質の密度の疎密が伝播する音波では，一般的には波の進行方向にも垂直方向にも変位が伝わる．ただし気体では固体のようなずり弾性がなく，圧縮に対する弾性のみが存在するため，音波は縦波として進行方向のみに伝播する．ここでは細長い管の中の気体（気柱）に生じる振動を考えることで，音波の波動方程式を導出する．

図 **9.1** に示すように，密度 ρ，圧力 p の気体が満たされている一様な断面積 S をもつ真っ直ぐな管（軸方向を x とする）を考え，ある瞬間の x の位置にある断面 A と $x + \delta x$ にある断面 B で囲まれた微小体積部分（体積 V）に注目する．この管の一方の端に音波を発生する振動源（音源）を近づけると気柱は振動し，断面 A と断面 B はそれぞれ $x + y(x, t)$ の断面 A′ と $x + \delta x + y(x + \delta x, t)$ の断面 B′ に囲まれた部分（体積 $V + \delta V$）に変形する（y は変位）．音波によって断面 A が受ける圧力 $p(x)$ と断面 B が受ける圧力 $p(x + \delta x)$ は異なり，この圧力差 $\delta p (= p(x + \delta x) - p(x))$ と体積変

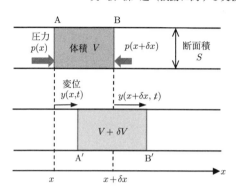

図 9.1 気柱の振動の説明図

化 δV は媒質の体積弾性率 $K(=-V\delta p/\delta V)$ と関係づけられ，

$$\delta p = -K\frac{\delta V}{V} = -K\frac{S(y(x+\delta x,t)-y(x,t))}{S\delta x} = -K\frac{\partial y}{\partial x} \tag{9.2}$$

となる．

次に，この微小体積部分（質量 $\rho S\delta x$）の運動を考える．圧力差 δp によって生じる力 $F=S\delta p$ によって加速度 $\partial^2 y/\partial t^2$ が生じるとみなせるので，その運動方程式は

$$\rho S\delta x\frac{\partial^2 y}{\partial t^2} = S\delta p$$

$$\rho\frac{\partial^2 y}{\partial t^2} = \frac{\delta p}{\delta x} = -\frac{\partial p}{\partial x} \tag{9.3}$$

となる．式 (9.2) を式 (9.3) に代入することで，

$$\frac{\partial^2 y}{\partial t^2} = \frac{K}{\rho}\frac{\partial^2 y}{\partial x^2} \tag{9.4}$$

が得られる．これは式 (9.1) で示した波動方程式となっており，音速 v が気体の密度 ρ と体積弾性率 K を用いて

$$v = \sqrt{\frac{K}{\rho}} \tag{9.5}$$

で与えられることがわかる．

2.3 空気中の音速の実際

実際の実験室では，気圧や温度，湿度などの気象条件が存在する．これらの条件によって，音速がどのように変化するかを考える．音波による空気の振動に伴う局所的な密度変化は，空気の圧縮・膨張に伴う熱の出入りの緩和時間よりも十分に速いため，断熱的変化とみなせる．空気を理想気体とみなせば，理想気体の断熱変化について成り立つポアソンの関係式（$PV^\gamma=$一定）を用いて，体積弾性率について $K=-V(dP/dV)=\gamma P$ が得られる．ここで γ は気体の比熱比で，空気の主成分は窒素と酸素でともに 2 原子分子気体であることから，$\gamma=7/5$ である．したがって，式 (9.5) から

音速は

$$v = \sqrt{\gamma \frac{P}{\rho}} \tag{9.6}$$

となる．圧力 P や密度 ρ は温度・湿度で変化するので，音速も温度・湿度に依存する．空気中の水蒸気の分圧を P_w，乾燥空気の分圧を P_d とすると，水蒸気を含んだ空気の圧力 P は $P = P_d + P_w$ となる．密度についても同様に $\rho = \rho_d + \rho_w$ が成立する．各成分に理想気体の状態方程式が成り立つとし，乾燥空気と水蒸気のモル質量をそれぞれ M_d, M_w とすれば，$P_d = \rho_d RT/M_d$, $P_w = \rho_w RT/M_w$ となる．ここで，R は気体定数，T は絶対温度である．これらより，音速 v は次のように求まる．

$$v = \sqrt{\gamma \frac{P_d + P_w}{\rho_d + \rho_w}} = \sqrt{\gamma \frac{P_d}{\rho_d}\left(\frac{1 + P_w/P_d}{1 + \rho_w/\rho_d}\right)} = \sqrt{\gamma \frac{RT_0}{M_d}} \sqrt{\frac{T}{T_0}} \sqrt{\frac{1 + P_w/P_d}{1 + \frac{M_w P_w}{M_d P_d}}} \tag{9.7}$$

ここで T_0 は 273.15 K （摂氏 0°C）を表す．また，上式中の因子 $\sqrt{\gamma RT_0/M_d} = \sqrt{\gamma P_d/\rho_d}$ は 0°C における乾燥空気の音速 $v_0 = \sqrt{\gamma P(T_0)/\rho(T_0)}$ に等しい．摂氏温度を $t\,(= T - T_0)\,(°C)$ とおき，$t/T_0 \ll 1$, $P_w/P_d \ll 1$, $P \simeq P_d$ と近似することにより，次式を得る．

$$v = v_0(1 + 0.00183t)\left(1 + \frac{3P_w}{16P}\right) \tag{9.8}$$

ここで，水（蒸気）のモル密度 $M_w = 18\,\mathrm{g/mol}$，乾燥空気（窒素:酸素 = 8:2）のモル密度 $M_d = 28.8\,\mathrm{g/mol}$ より，$M_w/M_d = 5/8$ を用いた．この式を用いることで，摂氏温度 t，水蒸気分圧 P_w，気圧 P の下で測定した音速 v から，摂氏 0°C での乾燥空気の音速 v_0 を求めることが可能となる．

2.4　気柱の共鳴

　管内の気柱を伝わる音波は管の端で反射する．音波の波長と気柱の長さが一定の条件を満たすとき，反射波と入射波の干渉により定在波が生ずる（固有振動）．このときの波動方程式 (9.1) の解は $y = [A\sin(kx) + B\cos(kx)]\cos(\omega t + \theta)$ の形の一般解をもつ．なお $\omega = 2\pi f$ は角振動数（f: 周波数），$k = 2\pi/\lambda$ は波数（λ: 波長）であり，$\omega = vk$ すなわち $v = f\lambda$ の関係がある．A, B, θ は境界条件（管の両端での条件）と初期条件（$t = 0$ での条件）で決まる定数である．

　図 **9.2** に示すように長さ l の管の一端を閉じ，開いた他端の近くに置いた振動数一定の音源による定在波の発生を考えよう．このとき，閉じた端（固定端）が定在波の節，開いた端（自由端）が腹となっていて，閉じた端では入射波と位相が π だけ違った逆向きの反射波が生じている．定在波が発生している場合の境界条件は，自由端（これを $x = 0$ とする）では圧力（密度）が一定とみなせる（$\delta p = 0$）ので，式 (9.2) より $\partial y/\partial x = 0$，固定端（$x = l$）では変位がゼロだから $y = 0$ となる．これらの境界条件より，式 (9.1) の解は

$$y = B\cos(kx)\cos(\omega t + \theta) \tag{9.9}$$

$$k = \frac{(2n-1)\pi}{2l} \quad (n = 1, 2, \cdots) \tag{9.10}$$

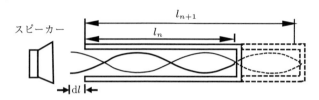

図 9.2 気柱の定在波

となる．したがって，気柱の長さ l が，$l = (2n-1)\pi/2k = (2n-1)\lambda/4$ の条件を満たす場合にのみ，気柱に定在波が生じ共鳴する．

実際の共鳴状態では，管内の気体の振動が開口端に接した部分の気体を乱し，管の少し外側で気体の密度（圧力）が一定になる．音波のような疎密波では定在波の腹（自由端）で密度が一定になるので，このことは自由端が開口端よりもわずかに外側へずれることを意味する．この自由端の位置のずれ dl を開口端補正と呼ぶ（図 9.2）．これは管の形状，太さ，波長に依存するが，管の長さにはほとんど依存しない．dl の値は，r を管の半径として約 $0.55 \sim 0.85\,r$ であることが知られている．この開口端補正を考慮し，気柱の共鳴条件での気柱の長さを $l = l_n$ と書き換えると，気柱の長さと音波の波長の間に次の関係が満たされるときに，共鳴が生じることになる．

$$l_n + dl = \frac{(2n-1)}{4}\lambda \tag{9.11}$$

3. 実験原理

この実験では，図 9.3 に示すように鉛直に固定された，共鳴管と呼ばれる装置を用いる．共鳴管の開口端上部に設置した音源（スピーカー）から振動数 (f) 一定の音波を発生させ，気柱の長さを変化させながら共鳴点を探す．気柱の長さは共鳴管中の水面の高さで変化させる．そのために共鳴管の底とチューブを介して接続している水位調整用の小型タンクを上下させる．

共鳴点の検出には，共鳴管開口端付近に設置した小型マイクを用いる．気柱の長さが式 (9.11) を

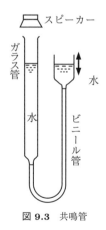

図 9.3 共鳴管

満たす共鳴点付近で開口端付近が定在波の腹となると，マイク出力が大きく変化することを利用して共鳴点を決定する．このようにして求めた各共鳴点 n での気柱の長さ l_n から，式 (9.11) を用いて音波の波長 λ，開口端補正 dl を求め，$v = f\lambda$ の関係から音速 v を求める．

4. 実験方法

実験装置の概略図を図 **9.4** に示す．共鳴管，スピーカー，マイク，低周波発振器とスピーカーアンプとが一体となったユニット，マイク出力を検出する交流電圧計（デジタルマルチメーター）で構成される．スピーカーから発生させた周波数一定の音波に対して，共鳴管の気柱の長さを変えながらマイクの出力電圧の変化を計測することで，共鳴点を決定する．

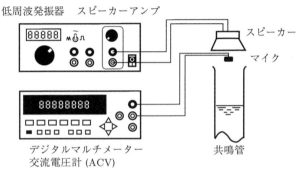

図 **9.4** 装置概略図

4.1 気圧・温度・湿度の測定

音速は気圧，気温と湿度に依存するので，実験室内に設置された気圧計，温度計，湿度計で測定を行い記録しておく．これらの測定は実験の前後で行い，それらの平均値を式 (9.8) の計算に使用する．

4.2 気柱の共鳴点の測定

(1) スピーカーの入力端子を低周波発振器の出力端子 (OUTPUT) に接続する．
(2) マイク出力端子をデジタルマルチメーターの入力端子 (INPUT) に接続し，交流電圧 (ACV) 測定モードに設定する．
(3) 低周波発振器ユニットの電源を投入し，波形を正弦波 (~)，発振周波数 f を 600 Hz に設定する．スピーカーの増幅度（OUTPUT つまみ）をスピーカーからの音が聞き取れる程度に調整する．
(4) 水位調整用の小型タンクを上下させて気柱の長さ（開口端から水面までの距離）を広い範囲で変化させてみる．このとき，共鳴点付近でマイク出力（交流電圧値）が急激に変動（増大，減少）するので，それらの共鳴点がどの位置で生ずるのかを大雑把に把握しておく．共鳴点からはずれた状態で，マイク出力電圧が 2 V 以下になるようにスピーカーの増幅度（OUTPUT つまみ）を再調整する．

(5) 気柱の長さを少しずつ変化させて，各位置での出力電圧を測定して記録する．気柱の長さの変化は，共鳴点からはずれた位置では 2 〜 5 cm 程度に粗くとり，共鳴点付近では 1 mm 程度に細かくとる．共鳴点付近での変化はかなり激しいので，気柱の長さは精度よく読み取る必要がある．

(6) ひと通り測定が終わったら，共鳴点の位置がほぼ等間隔で存在していることを確認する．もし等間隔に並んでいない場合は，抜け落ちている共鳴点がないかなど，適宜追加の測定を行う．

(7) 周波数を変更し，1000 Hz あるいは 800 Hz の場合について，同様の測定を行う．

5. データ解析

(1) 周波数 f ごとに，気柱の長さ（開口端から水面までの距離）l を横軸，マイク出力を縦軸にとったグラフを作成し，出力の極小点を共鳴点として読み取る．

(2) 開口端から近い順に共鳴点に $n = 1, 2, 3, \cdots$ と番号をつけ，n と共鳴点での気柱の長さ l_n の値を表にまとめる．なお $n = 1$ の共鳴点については，装置の都合上，測定できていない場合もあるので，注意する．

(3) 横軸が n，縦軸が l_n のグラフを作成し，目分量で直線を引く．直線の傾きと切片を求め，式 (9.11) の関係から音波の波長 λ および開口端補正 dl を求める．

(4) 得られた波長 λ と周波数 f から，各周波数 f における音速 v を求める．

(5) 式 (9.8) を用いて気象条件（気温・圧力・湿度）から，0°C における乾燥空気中の音速 v_0 を求め，巻末付録の表 (18) と比較する．なお空気中の水蒸気の分圧 P_w (hPa) については，気温 t (°C) における水の飽和水蒸気圧を巻末付録の表 (11) から読み取り，その値と測定した湿度を用いて計算する．

6. 発展課題

(1) 2.1 節で与えられている定在波に対する波動方程式 (9.1) の解と境界条件から，式 (9.9) および関係式 (9.10) を導出せよ．

(2) 式 (9.4) を導出せよ．

10. 超音波の回折と干渉

1. 実験概要

波の特徴を表す物理量（周期，周波数，波長，音速）と，波の基本的な性質である回折と干渉について理解することを目的とする．超音波の波形をオシロスコープにより実測することで波の特徴量を決定し，単スリットによる回折効果および複スリットによる 2 つの波の干渉効果を確認する．

2. 基礎知識

2.1 超音波とは

空気中を伝わる音波は，圧力の振動や密度の疎密が縦波として伝わる弾性振動の波である．人間が聴き取れる可聴音は周波数が 20 Hz から 20 kHz の範囲内にあり，この範囲よりも高い周波数の音波が超音波である．超音波は短時間で振動を繰り返す高周波数であるため，圧力振動で水中に発生させた気泡を利用する超音波洗浄器や，高周波で振動させた工具による超音波加工に利用されている．また，高周波数の超音波は波長が短いため指向性が高く，進行方向の音の広がりが狭い．この性質は様々な目標物の探知や信号伝達に利用されている．

2.2 波の回折と干渉

障害物に遮られた波が背後に回り込んで伝播する現象を回折と呼ぶ．この現象は，波面の各点が新たな波源となるとするホイヘンスの原理により定性的に説明することができる．干渉とは，複数の波が互いに重なり合い，強め合ったり打ち消し合ったりする現象を指す．各点における変位が各々の波による変位の重ね合わせとなるとき，2 つの波の一方の山と他方の山が重なると強め合い，山と谷が重なると打ち消し合う．電磁波を利用する携帯電話の建物内でのつながりやすさが，利用されている電磁波の周波数によることも，建造物による波の回折や干渉の影響による．

3. 実験原理

3.1 波形と周波数・波長

波とは，ある位置での振動が周囲の振動を引き起こし次々と伝わっていく現象であり，時間的にも空間的にも振動が現れる．固定した位置で図 10.1(a) のような超音波の波形の時間変化を観察して周期 T を実測すれば，周波数 f（単位時間当たりの振動数）を $f = 1/T$ の関係から求められる．さらに，図 10.1(b) のような波形の位置変化の測定から波の波長 λ を実測すれば，超音波の進む速さ（音速）v を $v = f\lambda$ の関係から求められる．

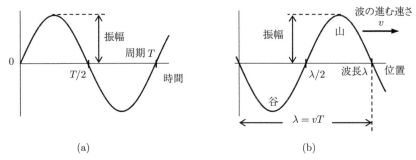

図 10.1 波の (a) 時間変化, (b) 空間変化

3.2 単スリットによる波の回折

図 10.2 のような単スリット（隙間の空いた障害物）に平面波が入射するとき，ホイヘンスの原理に基づけば，隙間の各点が新たな球面波の波源となり，これらの波を重ねることで新たな波面が作られる．この波面は障害物の背後にも回り込む．波の波長に比較して隙間の幅が狭いとき，背後への回り込みも大きく，回折の効果が強く表れる．

3.3 複スリットによる波の干渉

図 10.3 のような複スリット（2つの狭い隙間の空いた障害物）に平面波が垂直に入射するとき，2つのスリットを通過した波は球面波として伝播し，互いに重なり合い干渉する．垂直入射した平面波から生じた球面波なので，2つの球面波の波長は等しく，スリット位置では同位相となる．そこで，遠方に置かれたスクリーン上 x で2つの波の山と山が重なり振動が強め合う条件は $R_1 - R_2 = m\lambda$，山と谷が重なり打ち消し合う条件は $R_1 - R_2 = (m + 1/2)\lambda$ （ただし，$m = 0, \pm 1, \pm 2, \cdots$）と表される．スクリーン上 x までの平均距離 R がスリット間隔 d に比べて十分長い ($R \gg d$) とき，$R_1 - R_2 \simeq d\sin\theta$ と近似されるので，これらの条件は次式のように表される．

$$\text{強め合う} \quad d\sin\theta = m\lambda \tag{10.1}$$

$$\text{打ち消し合う} \quad d\sin\theta = (m + 1/2)\lambda \tag{10.2}$$

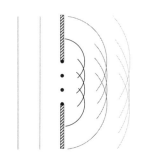

図 10.2 単スリットによる波の回折

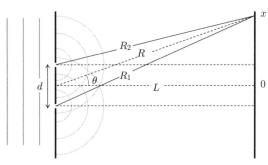

図 10.3 複スリットによる波の干渉

4. 実験方法

オシロスコープを用いて超音波の波形を観察し，その周波数 f と波長 λ を測定する．次に，幅や間隔が異なる単スリットと複スリットを通過した後の超音波振幅の角度変化を測定し，回折現象および干渉現象を観察する．

4.1 実験装置

図 10.4 のように，固定・可動アーム各々に超音波トランスデューサー（電気信号と空気圧変化を相互変換する装置）が取り付けられており，固定アーム側を発音体，可動アーム側を受音体として用いる．発音体に発振器（周期的な電気信号を持続的に発生）を接続して超音波を発生させる．発振器と受音体からのケーブルは（電気信号の周期的変化をみる）オシロスコープの信号入力端子に接続されている．受音体側の可動アームは中心軸まわりに回転できる．発音体側は固定されたままにしておく．

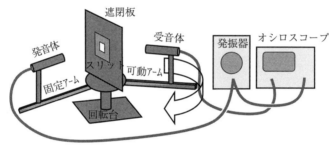

図 10.4 装置全体図

4.2 室温測定

音速は気温に依存するので，その評価のために室温 t (°C) を測定しておく．

4.3 オシロスコープによる超音波の観察

(1) 受音体の載っている可動アームの角度を目盛り板の 0° に合わせ，回転固定ねじを締める．
(2) 受音体の位置を固定するねじを緩め，受音体の距離が 20 cm 程度になるように設定する．
(3) 画面中央に受音信号が，画面下部に発振器の振動電圧が見えるように垂直位置つまみを調整する．このとき，受音信号の上下の振動が画面内に収まるように，感度レンジを設定する．
(4) 発振器の周波数つまみを回し，周波数が 40 kHz 近辺から離れると急激に受音信号が低下することを確認する．以後の測定では受音信号が最大強度になる周波数に固定しておく．

4.4 超音波の周期 T の測定

(1) オシロスコープで（画面下半分に見えている）発振器からの振動電圧を観察する．
(2) 波形が画面の目盛りで読み取りやすいように，水平位置調整つまみで水平移動する．

(3) 1 周期に相当する時間間隔を横方向の目盛りで読み取り，周期 T を決定する．

4.5 超音波の波長 λ の測定

(1) オシロスコープの信号描画開始タイミングは，発音信号（発振器からの振動電圧）により決定（トリガー）されている．受音体の位置を少し変えると（画面中央の）受音信号波形のみ水平方向に動くことを確認する．

(2) 受音体を移動させ，受音信号の波形の山と発音信号の波形の山が重なる位置を見つける．この際，受音体固定ねじを締め，微動つまみも用いて正確に合わせ，副尺も用いて位置を読み取り記録する．

(3) 受音体をさらに移動し，山の位置が次に重なる位置を同様に見つける．

(4) 上記 (2) と (3) の操作を繰り返し，山の重なる位置を計 5 点程度測定する．

(5) 山の位置を縦軸，重なり回数を横軸にとったグラフを作成し，傾きから波長 λ を決定する．

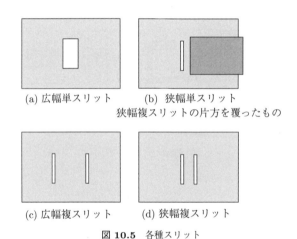

(a) 広幅単スリット　　(b) 狭幅単スリット
　　　　　　　　狭幅複スリットの片方を覆ったもの

(c) 広幅複スリット　　(d) 狭幅複スリット

図 **10.5**　各種スリット

4.6 単スリットによる回折効果の確認

(1) 受音体の位置を 20 cm に設定する．

(2) 以下の点に留意して，遮音板が回転台の中央で固定アームに垂直になるように設定する．
　(a) 遮音板の赤印を中央の回転軸に合わせる．
　(b) 遮音板の受音体側の面を回転目盛り板の ±90° の位置に合わせる．

(3) 図 **10.5**(a) の広幅単スリットを遮音板の中央にセットする．

(4) 受音信号の上下の振動が画面内に収まるように，感度レンジを設定する．

(5) 回転固定ねじを少しゆるめ，可動アームを 0°から ± 70°近くまで 20°ずつ動かし，受音信号の振幅（山の高さ）の値を記録する．

(6) 図 **10.5**(b) のような狭幅単スリット（狭幅複スリットの片方をマグネットで覆ったもの）のス

10. 超音波の回折と干渉 145

リット部分を遮音板の中央にセットし，上記 (4) と (5) と同様の測定を行う．

(7) 狭幅・広幅単スリットでの測定データについて，角度を横軸，受音信号の電圧値の振幅を縦軸にとったグラフをそれぞれ作成する．

4.7　複スリットによる干渉効果の確認

(1) 狭幅複スリットの片方のマグネットをはずし，複スリットの中央を遮音板中央に合わせる．

(2) 受音信号の上下の振動が画面内に収まるように，感度レンジを設定する．

(3) 可動アームを $0°$ から $\pm 70°$ まで動かすと，何か所かで受信信号の振幅が極大・極小になる角度がある．この角度と振幅（山の高さ）の値を記録する．

(4) 図 **10.5**(c) の広幅複スリットに交換し，同様の測定を行う．

(5) 振幅が極大・極小となる角度を θ，極大となる角度の順番を低角側から順番に $m (= \pm 1, \pm 2, \cdots)$ とする（式 (10.1)）．横軸に m（極大）と $m + 1/2$（極小），縦軸に $\sin\theta$ をとったグラフを，狭幅・広幅複スリットでの測定データについてそれぞれ作成する．

5.　データ解析

(1) 実験方法 4.4 で求めた超音波の周期 T の逆数をとり，周波数 f を決定する．得られた周波数を発振器の設定値と比較検討する．

(2) 実験方法 4.5 で作成した山の位置のグラフの測定点を通る最適な直線を目分量で引き，その傾きを求める．この傾きに相当する超音波の波長 λ を決定する．得られた波長 λ とデータ解析 (1) で求めた周波数 f から，関係式 $v = f\lambda$ により，音速 v を決定する．得られた音速を，気温 t (°C) での空気中の音速 v (m/s) の表式 $v = 331.5 + 0.6t$ と比較検討する．（音速の詳しい表式は [実験課題 9. 気柱の共鳴] を参照のこと）

(3) 実験方法 4.6-(7) で作成した広幅・狭幅単スリットに対するグラフを用い，単スリットの回折効果に与えるスリット幅の影響について比較検討する．

(4) 実験方法 4.7-(5) で作成した極大・極小角度のグラフの測定点への最適の直線を目分量で引き，その傾きを求める．式 (10.1), (10.2) に従えば，直線の傾きは λ/d に相当することを用いて波長 λ を決定する．ただし，スリット間隔 d は，狭幅複スリットで 20 mm，広幅複スリットで 60 mm である．狭幅・広幅複スリットで得られた結果について比較検討する．

6.　発展課題

図 10.3 中で $R \gg d$ のとき，長さが R_1 と R_2 の 2 つの直線を互いに平行とみなすことでも $R_1 - R_2 \simeq d\sin\theta$ が示されるが，具体的な近似の評価により $R_1 - R_2 \simeq xd/R = d\sin\theta$ となることを示す．ただし，$R_{1,2} = [L^2 + (x \pm d/2)^2]^{1/2}$，$R^2 = L^2 + x^2$ であり，$x \ll 1$ のとき $(1 \pm x)^{1/2} \simeq 1 \pm x/2$ と近似できる．

11. 金属と半導体の電気抵抗

1. 実験概要

電気抵抗 R は物質の性質のみでなく，物体の形にも依存する．一方 $R = \rho l/S$（S は物体の断面積，l は長さ）の比例係数 ρ は電気抵抗率と呼ばれ，物質の電気的性質を特徴づける物理量である．その逆数は電気伝導率 σ と呼ばれている．電気抵抗は，物質の電子状態を反映する重要な物理量である．この実験では，金属および半導体の電気抵抗の温度依存性を測定し，それぞれの物質の電子状態について理解する．

2. 基礎知識

2.1 電気伝導率・電気抵抗率・電気抵抗

物質中で電流に寄与する電荷を担う粒子をキャリアといい，金属では電子，半導体では電子と正孔，電解質ではイオンである．長さ l，断面積 S の一様な導体中を，電荷 q の粒子が平均速度 v で流れているとすると，電流は $I = nqvS$ となる．ここで，n は単位体積当たりの粒子の個数（数密度）である．電場が弱いとき，平均速度は電場 E に比例し $v = \mu E$ と表される．この比例定数 μ を易動度という．電場 E と，この導体の両端にかかる電圧 V との間には $E = V/l$ の関係があるので，電圧と電流との間には $V = (l/n\mu qS)I$ の関係が成り立つ．電気抵抗を R とすると，$R = V/I$ より

$$R = \frac{l}{nq\mu S} \tag{11.1}$$

を得る．また，$\rho = R(S/l) = 1/(nq\mu)$ を電気抵抗率といい，試料の大きさ・形状によらない物質固有の定数である．その逆数 $\sigma = 1/\rho$ を電気伝導率という．

2.2 金属と半導体

金属ではキャリアは電子で，そのキャリア数は室温付近ではあまり変化しない．電気抵抗は電子が原子の振動や金属中の不純物に散乱されることにより生じる．室温付近では，電気抵抗 R の温度 T に対する依存性は

$$R(T) = R_0\{1 + \alpha(T - T_0)\} \tag{11.2}$$

と表される．ここで，α は抵抗の温度係数である．つまり，金属の電気抵抗は温度に比例して増加する．なお，$T_0 = 273.15\,\mathrm{K}$ で，R_0 は T_0 での抵抗値である．

一方，半導体ではキャリアは電子や正孔で，どちらが主要なキャリアになるかについては物質に

よって異なるが，その数は $\exp\{-E_\mathrm{g}/(2k_\mathrm{B}T)\}$ に比例して温度に依存し，電気抵抗の温度依存性は

$$R(T) = R_\infty \exp\left(\frac{Q}{k_\mathrm{B}T}\right) \tag{11.3}$$

と表される．ここで，k_B はボルツマン定数，T は絶対温度，E_g は価電子帯と伝導帯のエネルギーギャップ（バンドギャップ）である．$Q = E_\mathrm{g}/2$ は活性化エネルギーと呼ばれる．R_∞ は高温極限での抵抗値を表す．つまり，半導体の電気抵抗は温度の上昇とともに減少する．

次に，金属と半導体の違いを電子論の立場から考えてみよう．金属および半導体の電子のエネルギー状態は図 11.1(a) と (b) のように，それぞれ表現できる．まず，金属の価電子帯は電子で充満しているが，伝導帯は電子が不完全に詰まった状態にある．ここに電場が作用すると，電子は簡単に励起されて電流が流れるので，電気抵抗は小さい．一方，半導体でも金属と同様に，価電子帯は電子で充満しているが，伝導帯は空の状態にある．したがって，絶対零度では電子はすべて価電子帯に入っているので，電気伝導に寄与しない．しかし，温度が上昇すると電子は伝導帯に熱励起され，励起された電子と価電子帯に電子が抜けることでできた正孔は電場によって簡単に励起され，伝導に寄与する．伝導帯へ熱励起される電子の数は，ボルツマン因子 $\exp\{-E_\mathrm{g}/(2k_\mathrm{B}T)\}$ によって決定される．これが半導体の電気伝導の温度依存性となる．

金属と半導体の電気抵抗の温度依存性の概略を図 11.2 に示す．

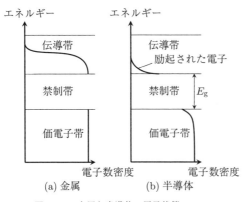

図 11.1　金属と半導体の電子状態

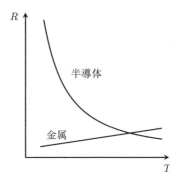

図 11.2　電気抵抗の温度依存性

3. 実験方法

本実験では，デジタルマルチメーターを用いて，金属（銅）と半導体（ゲルマニウム）の電気抵抗を室温から 90°C までの温度範囲で測定し，金属については電気抵抗の温度係数 α，半導体については活性化エネルギー Q を求める．

(1) ヒーター内に試料を入れ，マルチメーターと試料を接続する．
(2) ヒーターの電源を入れ，温度調整つまみを適当に設定しながら試料温度を上昇させる．

(3) 室温（水の温度）から約 5°C おきに最高温度 90°C まで温度を変化させ，抵抗値 R を記録する．

4. データ解析

4.1 銅

(1) 線形グラフ用紙の横軸に温度 T，縦軸に抵抗 R をとって，温度と抵抗の関係をプロットする．

(2) 目分量で引いた直線の傾きから温度係数 α を求める．

4.2 ゲルマニウム

(1) 銅線の場合と同様に，線形グラフ用紙に温度 T と抵抗 R の関係をプロットする．

(2) 片対数グラフの縦軸に R，横軸に絶対温度の逆数 T^{-1} をとり，測定値をプロットする．測定点がほぼ直線にのっていることを確かめた後，目分量で引いた直線の傾きと y 切片を求める．[基礎事項 5. グラフ] を参照して，直線の傾きと y 切片から式 (11.3) の活性化エネルギー Q および R_∞ を求める．ボルツマン定数は巻末付録の (1) 諸定数の値を用いること．

5. 発展課題

(1) 最小二乗法を用いて各グラフの直線の式を求め，α, R_∞, Q および $\Delta\alpha, \Delta R_\infty, \Delta Q$ を決定する．[基礎事項 4. 精度と有効数字](p.25) を参考に，精度まで考慮した最終結果を示せ．

(2) 活性化エネルギー Q が，価電子帯と伝導帯のエネルギーギャップ E_g と $Q = E_\mathrm{g}/2$ の関係式で結ばれている理由を説明せよ．

12. 自己インダクタンス

1. 実験概要

　自己インダクタンス L と抵抗を含む回路（コイル）に交流起電力が供給されている場合の電磁誘導現象と強磁性体の役割，そして交流回路の基礎を理解する．本実験では，交流および直流電源を接続したコイルの電流–電圧特性や交流電源の周波数の測定により，コイルのインピーダンス Z，直流抵抗 R を求め，自己インダクタンス L，位相の遅れ角 ϕ などを導出する．

2. 基礎知識

2.1 コイルの自己インダクタンス

　コイルを貫く磁束 Φ (Wb) (Wb = V·s) が変化すると，その磁束の時間変化の割合に比例した誘導起電力 ε (V) が，磁束の変化を妨げる向きに現れる（電磁誘導の法則）．これによりコイル自身を流れる電流の値が変化する現象を自己誘導という．このときの誘導起電力は $\varepsilon = -\mathrm{d}\Phi/\mathrm{d}t$ と表される．また，コイルを貫く磁束 Φ はコイルを流れる電流 I (A) に比例するので，

$$\Phi = LI \tag{12.1}$$

と表される．比例定数 L は自己誘導係数（自己インダクタンス）と呼び，単位はヘンリー (H) (H = V·s/A) である．これを用いると誘導起電力 ε は次式となる．

$$\varepsilon = -L\frac{\mathrm{d}I}{\mathrm{d}t} \tag{12.2}$$

L の値はコイルの形状，大きさ，巻数，コイル内物質の磁気的性質により定まるが，特別な場合には簡単に計算することができる．具体例として，十分長い空芯ソレノイドコイルを考える．この中央付近の長さ l (m) の部分を貫く磁束 Φ_s は，単位長さ当たりの巻数を n (m^{-1})，ソレノイドコイルの内側での磁束密度ベクトル $\boldsymbol{B}$ の大きさを B (Wb/m^2)，断面積を S (m^2) として $\Phi_s = nlBS$ と表される．また，$B = \mu_0 nI$ であるから $\Phi_s = \mu_0 n^2 lIS$ となる．したがって，式 (12.1) から $L = \mu_0 n^2 lS$ となる．つまり，ソレノイドコイルの自己インダクタンスは体積 (lS) と単位長さ当たりの巻数の 2 乗に比例する．ここで $\mu_0 (= 4\pi \times 10^{-7}$ N/A^2) は磁気定数（真空の透磁率）と呼ばれる定数であるが，これは空気中でもほとんど同じである．

2.2 自己インダクタンスを含む交流回路

ここでの解説に関連する説明が [基礎事項 7. 交流回路の基礎理論] にもあるので，そちらも参照すること．図 12.1 のように自己インダクタンス L と直流抵抗 R からなる直列回路に正弦波の起電力

$$V(t) = V_0 \sin(\omega t + \theta) \tag{12.3}$$

を供給する場合を考える．ここで ω (rad/s) は角周波数で，周波数 ν (Hz) (Hz = s^{-1}) と $\omega = 2\pi\nu$ の関係にあり，θ は交流電源を供給した瞬間の起電力の位相である．回路での電位差の和が $V(t)$ に等しいとおいて

$$L\frac{dI(t)}{dt} + I(t)R = V(t) = V_0 \sin(\omega t + \theta) \tag{12.4}$$

を得る．この微分方程式の解は

$$I(t) = I_0[-\sin(\theta - \phi)\exp\left(-\frac{R}{L}t\right) + \sin(\omega t + \theta - \phi)] \tag{12.5}$$

$$I_0 = \frac{V_0}{\sqrt{R^2 + L^2\omega^2}} \tag{12.6}$$

$$\tan\phi = L\frac{\omega}{R} \tag{12.7}$$

となる．

ϕ は電圧に対する電流の位相の遅れ角である．この結果から過渡電流（補足説明 7.2 を参照）は $\theta - \phi = n\pi$ ($n = 0, 1, 2, \cdots$) のときには発生せず，$\theta - \phi = \left(n + \frac{1}{2}\right)\pi$ のときに最大となることがわかる．十分な時間を経た後には，電流は

$$I(t) = I_0 \sin(\omega t + \theta - \phi) \tag{12.8}$$

で与えられる．図 12.2 に $V(t)$ と $I(t)$ の時間変化を示す（$\theta = 0$ とする）．ここで，電流は電圧に対して位相角が ϕ だけ遅れている．また，$R = 0$ すなわち純粋な自己インダクタンス回路では，$I(t) = (V_0/L\omega)\sin\left(\omega t + \theta - \frac{\pi}{2}\right)$ となり，$V(t) = V_0\sin(\omega t + \theta)$ と比べると電流の位相が電圧に対して $\frac{\pi}{2}$ だけ遅れていることがわかる．一方，コンデンサーのみからなる回路では電流の位相が電圧に対して $\frac{\pi}{2}$ 進むことを導くことができる．

交流電圧，電流の 1 周期 $T = \frac{2\pi}{\omega}$ についての 2 乗平均の平方根は実効値と呼ばれ，それぞれ V_{eff},

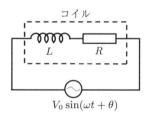

図 12.1 L と R の直列回路に交流電源を接続

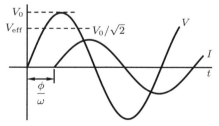

図 12.2 交流の電圧と電流

I_{eff} と書くと

$$V_{\mathrm{eff}} = \sqrt{\frac{1}{T}\int_0^T V^2\,\mathrm{d}t} = \frac{V_0}{\sqrt{2}} \tag{12.9}$$

$$I_{\mathrm{eff}} = \sqrt{\frac{1}{T}\int_0^T I^2\,\mathrm{d}t} = \frac{V_0}{\sqrt{2(R^2+L^2\omega^2)}} \tag{12.10}$$

となる．これらより，V_{eff} と I_{eff} の間に比例関係 $V_{\mathrm{eff}}/I_{\mathrm{eff}} = \sqrt{R^2+L^2\omega^2}$ が成り立つ．その比例定数 $Z = \sqrt{R^2+L^2\omega^2}$ をインピーダンスといい，その単位は Ω である．したがって，自己インダクタンス L は，

$$L = \frac{\sqrt{Z^2-R^2}}{\omega} \tag{12.11}$$

と表すことができる．また，直流抵抗とインダクタンスの両端の電圧の実効値をおのおの $V_{R_{\mathrm{eff}}}$，$V_{L_{\mathrm{eff}}}$ とすると，$V_{R_{\mathrm{eff}}} = I_{\mathrm{eff}}R$，$V_{L_{\mathrm{eff}}} = I_{\mathrm{eff}}\omega L$ となるから，式 (12.9) と (12.10) より $V_{\mathrm{eff}}^2 = V_{R_{\mathrm{eff}}}^2 + V_{L_{\mathrm{eff}}}^2$ となる．つまり，これらはベクトル的に加算されている．さらに，式 (12.7) で定義した $\tan\phi$ は $V_{L_{\mathrm{eff}}}/V_{R_{\mathrm{eff}}}$ となり，ベクトル量で表した V_{eff} と $V_{R_{\mathrm{eff}}}$ のなす角度になっている．

3. 実験原理

本実験ではコイルに交流および直流電源を接続し，そのときの直流抵抗 R とインピーダンス Z を求めることで自己インダクタンス L を導出する．

(1) コイルに交流電源を接続し，これにかかる電圧と流れる電流の実効値を交流用電圧計・電流計で測定し，この電流–電圧特性の傾きからコイルのインピーダンス Z を求める．さらに，測定に用いた商用交流電源の周波数を測定して角周波数 ω を求める．

(2) コイルに鉄芯を挿入して (1) と同様な測定を行い，電流–電圧特性の変化を調べる．

(3) コイルに直流電源を接続し，直流電圧計・電流計で (1) と同様な測定を行い，電流–電圧特性の傾きからコイルの直流抵抗 R を求める．

(4) 以上から式 (12.11) よりコイルの自己インダクタンス L，式 (12.7) より位相角 ϕ を導出する．

注意：本実験では，瞬間的過大電流によるヒューズ切断を防止するため，電源を入れる前と切る前は，必ずつまみがゼロ（左いっぱい）であることを確認すること．

4. 実験方法

4.1 コイルのインピーダンス測定

(1) 図 **12.3** のように配線をする．まず可変交流電源と交流電流計 (ACA) およびコイルをつないでループを形成し，最後にコイルの両端に交流電圧計 (ACV) をつなげるとよい．

(2) 空芯コイルのインピーダンス測定：配線が間違えていないことと交流電源の出力が 0 である（つまみが左いっぱいになっている）ことを確認し，電源を投入する．電流計を見ながら，交流電

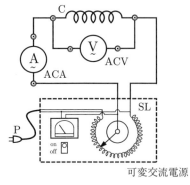
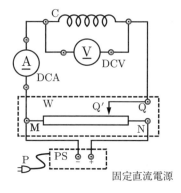

図 12.3　インピーダンス測定　　　図 12.4　直流抵抗測定

源出力を調整して電流 I_{eff} を 0 から 0.1 A ごとに 1.0 A まで増加させながら，その都度電圧 V_{eff} の値を記録する．そして今度は電流を $I_{\text{eff}} = 1.0$ A から 0.1 A ごとに 0.1 A まで減少させながら電圧を記録する．交流電源の出力を 0 にした後，5 秒程度待ってから電源を切る．

(3) 鉄芯コイルのインピーダンス測定：コイルに鉄棒を入れて (2) と同様な実験を行う．

(4) 周波数の測定：図 12.3 の回路の接続から電圧計の代わりに備え付けの周波数カウンタ（テスター）をつなぎ，周波数測定 (Hz) モードにした後，交流電源のスイッチを入れて少しだけつまみを回して電圧を加える．周波数が表示されるのでその値 ν (Hz) を測定し，角周波数 ω ($= 2\pi\nu$) (rad/s) を求める．交流電源の出力を 0 にした後，5 秒程度待ってから電源を切る．

(5) 空芯コイルのインピーダンス測定，ならびに，鉄芯コイルのインピーダンス測定の結果から，電流の増減による I_{eff} の同じ値に対する V_{eff} の平均値を求め，グラフ用紙に V_{eff} を I_{eff} に対してそれぞれプロットする．

4.2　コイルの直流抵抗測定

本実験で使用する直流固定電源は一定の電圧を発生させる装置である．そのためコイルにかける直流電圧 (0 〜 14 V) はスライド抵抗器 W （連続的に抵抗を可変できる装置）によってコイルへの印加電圧を変化させる．

(1) 図 12.4 のように配線する．直流回路の場合は原則として，プラス側のケーブルを赤色，マイナス側のケーブルを黒色にしておくとわかりやすくなる．インピーダンス測定の場合と同様に直流電源，直流電流計 (DCV)，スライド抵抗，コイルの順に電流のループを作り，最後にコイルの両端に直流電圧計 (DCA) を取り付けるとよい．

(2) スライド抵抗のノブ Q′ を M 側にして，Q′ と M を一致させ，直流電源の出力電圧を 0 にして，電源を投入する．スライド抵抗のノブをゆっくり滑らせて，直流電圧 V_{DC} を 14 V にする．そのときの電流 I_{DC} の値を記録する．その後，ノブをゆっくり動かして 2 V ごとに減少させ，その都度 I_{DC} の値を記録する．電流値が 0 になっているのを確認してから電源を切る．

12. 自己インダクタンス 153

(3) V_{DC} と I_{DC} をグラフ用紙にプロットする.

5. データ解析

(1) 空芯コイルにおける V_{eff} と I_{eff} のプロットより,目分量で引いた直線の傾きから空芯コイルのインピーダンス $Z = \dfrac{V_{\text{eff}}}{I_{\text{eff}}}$(単位は Ω)を求める.同様に,鉄芯コイルの測定からは,原点から $I = 0.2$ A 程度までの範囲で目分量で引いた直線を引き,その傾きから鉄芯コイルのインピーダンス Z' を求める.

(2) 直流抵抗測定のグラフ(V_{DC} と I_{DC})より,目分量で引いた直線の傾きからコイルの直流抵抗 R(Ω)を求める.

(3) (1) と (2) で求めた結果を使い,空芯コイルと鉄芯コイルにおける自己インダクタンス L, L'(単位は H)と位相角 ϕ, ϕ'(単位は rad)を式 (12.11) と (12.7) からそれぞれ計算する.

6. 発展課題

(1) 空芯コイルと鉄芯コイルのインピーダンス Z, Z' ならびに直流抵抗 R を最小二乗法により求め,空芯コイルと鉄心コイルの自己インダクタンス L, L' ならびに位相角 ϕ, ϕ' を計算し,データ解析の結果と比較せよ.

(2) 空芯コイルと鉄芯コイルの交流での V_{eff}–I_{eff} 特性を比較し,鉄芯コイルの場合,インピーダンス(傾き)がどのように違っているか,鉄の磁化率の影響を考えて考察せよ.(補足説明 7.1 および [実験課題 16. 強磁性体の磁化特性] 参照のこと).

(3) 誘導時定数 $\tau_L = \dfrac{L}{R}$ が時間の次元をもつことを導き,このコイルの τ_L (s) を求めよ(補足説明 7.2 参照).

(4) 本実験では,通電中に電源スイッチを切ったり,配線を引き抜いたりしてはならないが,万が一,通電中のコイルに接続している配線が端子から引き抜かれた場合,火花が飛ぶことがある.その原因を考察せよ.その際,誘導時定数はどのようにかかわっているか説明せよ(補足説明 7.2 参照).

(5) 微分方程式 (12.4) の解が式 (12.5) となることを確かめよ.

7. 補足説明

7.1 コイル内を磁性物質で満たした場合のインダクタンス

コイル内に磁性物質を挿入した場合,その物質の磁化 $\boldsymbol{M}$ の存在により磁束密度 $\boldsymbol{B}$ の分布に変化が生じる.このとき,$\boldsymbol{B}$ を $\boldsymbol{H}$ と $\boldsymbol{M}$ で表せば $\boldsymbol{B} = \mu_0(\boldsymbol{H} + \boldsymbol{M})$ となる.多くの物質では外部磁場に比例する磁化をもち,等方的であるので $\boldsymbol{M} = \chi\boldsymbol{H}$ とおける.χ を磁化率と呼ぶ.これらより $\boldsymbol{B} = \mu_0(1+\chi)\boldsymbol{H} = \mu\boldsymbol{H}$ と書ける.この $\mu = \mu_0(1+\chi)$ を物質の透磁率という.したがって,物質を挿入したコイルの自己インダクタンスは,ちょうど透磁率が $\mu_0 \to \mu$ に置き換わった形になり,前節 2.1 で説明したソレノイドコイルの場合では,

$$L' = L(1+\chi) = \mu n^2 lS \tag{12.12}$$

となるのがわかる．強磁性物質では，$\mu \gg \mu_0$（すなわち，$\chi\,(\approx 10^2 \sim 10^4\,) \gg 0$）である．また磁化率が磁場に依存する場合には，自己インダクタンスはコイルに流れる電流により変化し，電流に対して非線形となる（関連実験題目として [実験課題 16. 強磁性体の磁化特性] があるので参照すること）．

7.2 自己インダクタンスを含む回路の過渡電流

図 **12.5** のような自己インダクタンス L，直流抵抗 R (Ω) のコイルに直流電源 V_{DC}（内部抵抗を無視する）を接続した場合，スイッチ S の瞬間的な切り替えによって回路を流れる電流（過渡電流）がどのように変化するかを調べてみよう．

時間 $t=0$ で S を a 側にしたとき，コイルと直流抵抗にかかる電圧の和は流れる電流を $I(t)$ として $L\,\mathrm{d}I(t)/\mathrm{d}t + I(t)R$ となり，これが電位差 V_{DC} に等しいから

$$L\frac{\mathrm{d}I(t)}{\mathrm{d}t} + I(t)R = V_{DC} \tag{12.13}$$

となる．この微分方程式の解は，$t=0$ のとき $I=0$ という初期条件より

$$I(t) = \frac{V_{DC}}{R}\left[1 - \exp\left(-\frac{R}{L}t\right)\right] \tag{12.14}$$

となる．すなわち，電流は時間の経過とともに増大し，十分な時間を経た後には定常値 $I_0 = V_{DC}/R$ となり，直流回路のオームの法則に帰着する．

次に回路が定常状態に達した後，S を瞬間的に b 側に切り替えたときは

$$L\frac{\mathrm{d}I(t)}{\mathrm{d}t} = -I(t)R \tag{12.15}$$

となり，$t = t_0$ のとき $I(t_0) = V_{DC}/R$ という初期条件のもとでは

$$I(t) = \frac{V_{DC}}{R}\exp\left[-\frac{R}{L}(t-t_0)\right] \tag{12.16}$$

が得られる．すなわち，指数関数的に減少する．これらの回路の電流の増大や減少の速さは，誘導時定数と呼ばれる量 $\tau_L = L/R$ (s) により特徴づけられる（時定数については [実験課題 14. RC 回路] を参照）．

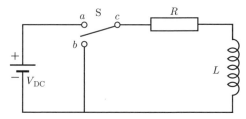

図 **12.5** 自己インダクタンス L と直流抵抗 R の直列回路

13. LCR 共振回路

1. 実験概要

試料や装置の特性を調べる際に，刺激や外力を入力してその応答あるいは出力を観察する，というのは有効な手段であり，物理学に限らず科学全般においてしばしば利用される基本的な手法である．このような「入力–応答」関係が顕著な例として，特定の周波数の入力に対して非常に鋭敏に応答する「共振（共鳴）現象」がある．共振現象は，古くはテレビやラジオの選局用同調回路，最近ではスマートフォンなどの無線充電などに広く応用されている．本実験では共振現象を示す典型例として，コイル，コンデンサー，抵抗からなる LCR 回路を取り上げる．「共振周波数（系の固有振動数）」と「共振の鋭さ」を実験的に求め，現象を記述する微分方程式を用いて解析することで，共振現象の原理を理解する．

2. 基礎知識

2.1 共振回路と微分方程式

図 **13.1** が交流を入力すると共振現象を示す，共振回路と呼ばれる電気回路である．コイル（インダクタンス L），コンデンサー（容量 C），抵抗（抵抗値 R）の直列接続で構成され，LCR 共振回路と呼ばれる．抵抗値が小さい場合を特に LC 共振回路と呼ぶこともあるが，この場合共振はたいへん鋭くなる．

この共振回路に交流電圧 $V(t) = V_0 \sin \omega t$ を入力した場合の応答を微分方程式で記述しよう．ただし t は時間，V_0 は振幅，ω は角振動数である．この回路に流れる電流を I，コンデンサーに蓄えられた電気量を q とする．加えた電圧 $V(t)$ は各素子にかかる電圧の和に等しいので

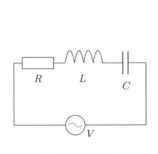

図 **13.1** LCR 共振回路

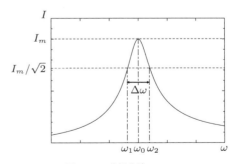

図 **13.2** 共振曲線

$$V(t) = L\left(\frac{\mathrm{d}I}{\mathrm{d}t}\right) + \left(\frac{q}{C}\right) + R\,I = V_0 \sin(\omega t) \tag{13.1}$$

が成り立つ. これを t で微分して $I = \mathrm{d}q/\mathrm{d}t$ を使うと

$$L\left(\frac{\mathrm{d}^2 I}{\mathrm{d}t^2}\right) + R\left(\frac{\mathrm{d}I}{\mathrm{d}t}\right) + \frac{I}{C} = V_0\,\omega\,\cos(\omega t) \tag{13.2}$$

となる. 式 (13.2) が共振を表す微分方程式である. このことは以下に示すように, 微分方程式を解いて得られる I があ る ω に対して最大値をとることから明らかにできる.

この微分方程式の定常解は

$$I = I_0 \sin(\omega t - \phi) \tag{13.3}$$

で与えられる. ただし I_0 は I の振幅で ϕ は電流の位相の遅れ角であり, 次式で与えられる.

$$\phi = \arctan\left(\frac{\omega L - 1/\omega C}{R}\right) \tag{13.4}$$

具体的に求めるには, 式 (13.3) を式 (13.2) に代入すると

$$I_0 = \frac{V_0}{Z} \tag{13.5}$$

となる. ここで Z は回路のインピーダンスで, 次式で定義される.

$$Z \equiv \sqrt{R^2 + \left(\omega L - \frac{1}{\omega C}\right)^2} \tag{13.6}$$

2.2 共振周波数

I を ω の関数としてグラフに描くと, **図 13.2** に示すように I はある ω (これを ω_0 とする) で最大値 I_m となる. これが共振 (共鳴) である. このグラフを共振曲線という. I が最大となるのは式 (13.5) で Z が最小となるときである. Z は式 (13.6) から $(\omega L - 1/\omega C) = 0$ のとき, すなわち

$$\omega = \omega_0 \equiv \frac{1}{\sqrt{LC}} \tag{13.7}$$

の関係を満たすときに最小となる. ω_0 を共振角振動数という. 振動数 f の場合には共振周波数 (固有振動数 f_0) と呼び,

$$f_0 = \frac{\omega_0}{2\pi} = \frac{1}{2\pi\sqrt{LC}} \tag{13.8}$$

と書ける. 共振する場合には $Z = R$ となるので, I の最大値 I_m は

$$I_m = \frac{V_0}{R} \tag{13.9}$$

である.

2.3 共振の鋭さ（Q 値）

共振の鋭さを示す量として共振の幅 $\Delta\omega$ と Q 値がある．$\Delta\omega$ は I の値が，ピークの左右で $I_0/\sqrt{2}$ となる ω を，それぞれ ω_1, ω_2 とした場合に

$$\Delta\omega \equiv \omega_2 - \omega_1 = \omega_0{}^2 CR = \frac{R}{L} \tag{13.10}$$

で定義される．実用的には，次式で定義される Q 値の方がよく使われている．

$$Q \equiv \frac{\omega_0}{\Delta\omega} = \frac{\omega_0 L}{R} = \frac{1}{\omega_0 CR} = \frac{f_0}{f_2 - f_1} \tag{13.11}$$

ここで，$f_1 = \omega_1/2\pi$，$f_2 = \omega_2/2\pi$ はそれぞれ ω_1, ω_2 に対応する周波数である．以上の式から明らかなように，抵抗 R が小さいほど共振は鋭くなり，$\Delta\omega$ は小さく，Q 値は大きくなる．

3. 実験原理

実際の実験を行う上では，電流よりも電圧の方が測定が容易である．本実験では，前節の解説と同等で測定が容易な「コンデンサーの両端に生じる電圧の振幅 (V_C) の共振現象」を観察する．

コンデンサーのリアクタンスは $1/\omega C$（[基礎事項 7. 交流回路の基礎理論] を参照）なので，I と V_C の関係は次式で表される．

$$V_C = \frac{I}{\omega C} \tag{13.12}$$

したがって，「I が共振を示すときには V_C も共振を示す」ことがわかり，共振現象としては互いに同等であることがわかる．共振時には，式 (13.9), (13.11), (13.12) から

$$V_C = \frac{I_0}{\omega_0 C} = \frac{V_0}{R\omega_0 C} = Q V_0 \tag{13.13}$$

となる．したがって，V_C は回路への入力電圧の振幅 V_0 の Q 倍になることがわかる．なお，ω_0, f_0 あるいは $\Delta\omega, Q$ 値については，I を測定する場合でも，V_C を測定する場合でも同じである．

4. 実験方法

LCR 共振回路に高周波電圧を入力した際の，コンデンサーの両端に生ずる出力電圧をオシロスコープで観察し，その振幅 V_0 を求める．入力の周波数 f を変化させると，V_0 はある周波数 f_0 で極大を示す，つまりは共振が起きる．この共振現象の特徴を，以下の手順で調べる．

(1) C を変えた場合の共振周波数 f_0 の変化を観察し，C と f_0 の関係を調べる．

(2) V_C と f の関係を示す共振曲線をグラフにプロットし，Q 値を求める．

(3) 抵抗 R を変化させた際に，Q 値がどう変化するかを調べる．

4.1 実験装置

図 **13.3** に示すような実験装置を用いる．信号発生器で発生した高周波信号を LCR 共振回路に入

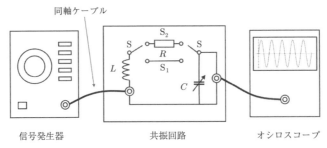

図 13.3 LCR 共振回路実験装置

力し，その出力信号をオシロスコープで測定する．それぞれの装置は同軸ケーブルで接続する．本実験で用いる LCR 共振回路には以下の特徴がある．

(1) 共振器のコイル部分は，円筒に被覆銅線を巻いたコイルを使用する．（コイルはインダクタンスを稼ぐために 1 次コイルと 2 次コイルからなっている．）
(2) コンデンサーは容量 C を連続的に変えられるように可変容量コンデンサー（バリコン，variable condenser という）を用いている．
(3) 抵抗値 R を 2 種類選択できるように，切替スイッチ S により 20 Ω の付加用抵抗を挿入できるようになっている．

4.2　信号波形の観測

実際の LCR 回路の特性を調べる前に，まず信号発生器で発生される信号波形をオシロスコープで観察しておく．

(1) 信号発生器の出力を，（LCR 共振回路を経由せずに）直接オシロスコープの入力端子につなぐ．
(2) 信号発生器から正弦波 500 kHz の信号を出力する．ここでは，周波数調整つまみと周波数レンジ切替スイッチを用いて周波数を設定し，出力調整つまみとアッテネータを調整して信号強度を十分大きな値にしておく．
(3) オシロスコープの各つまみ（トリガー，水平軸（時間）レンジ，垂直軸（電圧）レンジなど）を調整して，正弦波信号の全体像が 1 周期以上確認できるようにする．
(4) 正弦波信号の周期 T，振幅（最大最小ピーク間の電圧の 1/2）V_0 をオシロスコープの画面上で読み取る．周期から計算される周波数が 500 kHz からずれている場合は，信号発生器の周波数調整つまみを微調整して 500 kHz に合わせておく．表示されている正弦波信号（電圧－時間）をグラフに描く．

4.3　共振周波数の測定

コンデンサー容量を変化させた際の共振周波数の変化を調べる．

(1) 信号発生器の出力を LCR 共振回路の入力端子に，共振回路の出力をオシロスコープの入力端子にそれぞれ同軸ケーブルで接続する．

(2) 共振器の切替スイッチ S は S_1 側（抵抗なし＝LC 共振回路）に倒し，バリコン C のダイヤル目盛りは 0 に合わせる．

(3) 信号発生器の周波数は最初 500 kHz に設定しておく．その上で，オシロスコープの画面で（共振回路を経た）出力波形の全体像が確認できるように，各つまみを調整しておく．

(4) 周波数ダイヤルを回して周波数 f を（大小両方向に）変化させ，（オシロスコープの各つまみはその都度調整），振幅 V_0 が最大となる周波数を見いだす．この周波数が共振周波数 f_0 で，この値を周波数ダイヤルから読み取る．

(5) なお，f を（周波数レンジを変えるなどして）大幅に変化させると，振幅 V_0 はいくつかの周波数で極大を示すことに気づくであろう．これらの周波数についても値を読み取っておき，最初に求めた共振周波数 f_0 との関係を考察する．

(6) バリコンの目盛りを 0 から 10 ずつ，100 まで変化させ，それぞれに対応した共振周波数 f_0 を求める．バリコンのダイヤル目盛りを横軸に，f_0 を縦軸にとってグラフに描く．

4.4 抵抗と Q 値の関係

抵抗値と共振の鋭さの関係を，Q 値を求めて考察する．

(1) 配線はそのまま，共振器のバリコンの目盛りを 50 に設定する．

(2) 入力信号の周波数を共振周波数 f_0 付近で変化させながら，その都度出力信号の振幅 V_C を測定する．このデータはあとで，図 **13.4** に示すような共振曲線をプロットするために用いる．測定周波数範囲は，両側とも振幅 V_0 が共振値 (V_m) の 1/5 程度以下になるまで測定し，また f_0 付近では，可能な限り小さい周波数間隔（5 kHz 程度）で測定しておく．

(3) 次に切替スイッチ S を S_2 側に倒して（LCR 共振回路），回路に露わに抵抗 ($R = 20\ \Omega$) を挿入する．同様に共振曲線の測定を行う．

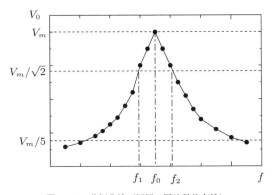

図 **13.4** 共振曲線（振幅の周波数依存性）

5. データ解析

(1) 信号発生器の出力信号（電圧−時間）をグラフに描く．縦軸，横軸に目盛りを記入し，振幅 V_0 (V)，周期 T (s) を求める．

(2) バリコン目盛りと共振周波数 f_0 の関係を示すグラフを描く．

(3) LC 共振回路，LCR 共振回路それぞれについて，共振曲線のグラフをプロットし，Q 値を求める．なお Q 値は，図 **13.4** にあるように，V_C が $V_m/\sqrt{2}$ となる周波数 f_1, f_2 をグラフから読み取り，$Q = f_0/|f_2 - f_1|$ から決定する．

(4) Q 値の抵抗による変化について考察せよ．

6. 発展課題

(1) 式 (13.11) によると $R = 0$ である LC 回路では Q 値は無限大となるが，本実験のように，現実の LC 回路ではそうはならない．これは，実際の回路には微小ながら内部抵抗 r が存在するからである．今回の LC 回路と LCR 回路の Q 値の比較から，この内部抵抗値 r を推定せよ．

(2) (1) で導出した内部抵抗値 r を $R = r$ として，式 (13.10) より L, C の値を推定せよ．

7. 補足説明

7.1 力学系の共振現象

ばねにおもりをつけ，おもりを粘性のある液体に浸した力学系に周期的な力を加えた場合のおもりの運動も共振現象を示す．このことは以下に示すように，おもりの運動を表す微分方程式が共振回路の微分方程式 (13.2) と同じ形になることから証明できる．おもりの変位を y，ばね定数を k，おもりの質量を m，液体の粘性による減衰係数を c，周期的入力を $F_0 \cos(\omega t)$ とすれば，おもりの運動を表す微分方程式は

$$m\left(\frac{\mathrm{d}^2 y}{\mathrm{d}t^2}\right) + c\left(\frac{\mathrm{d}y}{\mathrm{d}t}\right) + ky = F_0 \cos(\omega t) \tag{13.14}$$

となる．ここで F_0 は定数である．これは式 (13.2) と同じ形である．したがって，おもりの運動は共振現象を示すことがわかる．

14. RC回路

1. 実験概要

電気回路では，入力された電気信号を様々に処理して出力することができる．例えば，抵抗 R とコンデンサー C という 2 つのパーツのみで構成される最も単純な RC 回路でも，それらパーツの接続の仕方により，全く異なる処理を施すことが可能になる．本実験では，このような RC 回路のうち，入力に対して出力に時間変化を生じる過渡現象の実験を行い，電気回路の基礎を学ぶ．また，実験を通じてオシロスコープの使い方も習得する．

2. 基礎知識

2.1 過渡現象

RC 回路では，特にコンデンサーが重要な役割を果たす．コンデンサーはキャパシター（Capacitor, 蓄電器）とも呼ばれ，その実体は電荷をため込む電子部品である．電荷をため込む／放出する際に時間がかかることから，その応答には時間依存性が現れる．この振る舞いは，回路網の微分方程式を用いて記述することができ，電圧・電流の過渡的な変化を求めることができる．R と C の配列の仕方により，積分回路，微分回路と呼ばれる 2 つの回路がある．

2.1.1 積分回路

図 14.1 に示した RC 回路の起電力 (V_in) をはじめは 0 にしておき，$t=0$ から一定の電圧 V_0 をかけたとする．いま R を流れる電流を $I(t)$，C の両端の電圧（回路の出力電圧）を $V_\text{out}(t)$ とすれば電圧の総和は V_0 だから

$$R I(t) + V_\text{out}(t) = V_0 \tag{14.1}$$

となる．

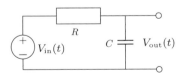

図 14.1 積分回路およびローパスフィルター回路

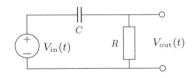

図 14.2 微分回路およびハイパスフィルター回路

式 (14.1) の両辺を t で微分し，[基礎事項 7. 交流回路の基礎理論] の式 $I = C\,dV/dt$ を使えば，

$$R\frac{dI(t)}{dt} + \frac{1}{C}I(t) = 0 \tag{14.2}$$

$$\frac{dI(t)}{dt} = -\frac{I(t)}{RC} \tag{14.3}$$

となる．この微分方程式の解は，

$$I(t) = I_0 \exp\left[-\frac{t}{RC}\right] \tag{14.4}$$

ここで，$t = 0$ のとき $V_{\text{out}}(0) = 0$ なので $I(0) = V_0/R \equiv I_0$ を用いた．得られた $I(t)$ より $V_{\text{out}}(t)$ は

$$V_{\text{out}}(t) = V_0 - R\,I(t) = V_0\left(1 - \exp\left[-\frac{t}{RC}\right]\right) \tag{14.5}$$

これをグラフにすると図 **14.3** のようになる．

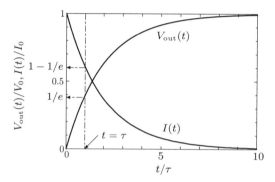

図 **14.3** 積分回路の電圧，電流の時間変化

$I(t), V_{\text{out}}(t)$ は時間の経過とともにそれぞれ，$I(t): I_0 \to 0$，$V_{\text{out}}(t): 0 \to V_0$ に変化していく．この変化（過渡現象）の特徴的な時間スケールを，時定数 $\tau \equiv RC$ で定義する．なお R の単位を Ω，C の単位を F としたとき，RC は時間（(秒)，あるいは (sec.)）の単位をもち，$t = \tau$ のときそれぞれ，$I(t)/I_0 = 1/e \approx 0.37$，$V_{\text{out}}(t)/V_0 = 1 - 1/e \approx 0.63$ になる．

次に，実際の積分回路に図 **14.4**(a) に示すような，周期 T_{in} の矩形波 $V_{\text{in}}(t)$ を加える場合を考える．$t = 0$ および $t = T_{\text{in}}/2$ で，それぞれステップ的に電圧 V_0 を印加，除去した後の電圧の変化は，それぞれ以下のように記述される．

$$V_{\text{out}}(t) = V_0\left(1 - \exp\left[-\frac{t}{RC}\right]\right) \quad (0 \leq t < T_{\text{in}}/2) \tag{14.6}$$

$$V_{\text{out}}(t) = V_0 \exp\left[-\frac{(t - T_{\text{in}}/2)}{RC}\right] \quad (t \geq T_{\text{in}}/2) \tag{14.7}$$

となる．過渡現象の特徴的時間 $\tau = RC$ が入力電圧の周期 T_{in} と同等程度より小さければ ($\tau < T_{\text{in}}$)，出力電圧 $V_{\text{out}}(t)$ の振る舞いは，図 **14.4**(b) のようになる．この時間依存性は，コンデンサーに電荷が蓄積（積分）されていくことに対応しており，この回路は積分回路と呼ばれる．なお $\tau \gg T_{\text{in}}$ の

14. RC回路

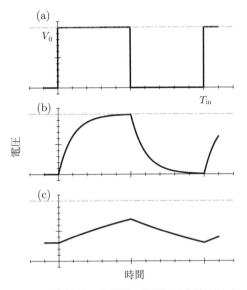 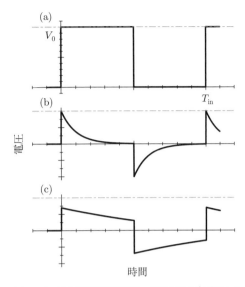

図 14.4 積分回路の電圧特性. 矩形波の入力電圧 (a) を入力した際の出力電圧の時間変化. (b)$\tau = RC < T_{\text{in}}$ のとき, (c)$\tau \gg T_{\text{in}}$ のとき.

図 14.5 微分回路の電圧特性. 矩形波の入力電圧 (a) を加えた際の出力電圧の時間変化. (b)$\tau < T_{\text{in}}$ のとき, (c)$\tau \gg T_{\text{in}}$ のとき.

ときは, $t = 0$ の電圧印加に対応した過渡現象が完了する前に, 次の $t = T_{\text{in}}/2$ の電圧除去に対応した過渡現象が始まる. 結果, 図 **14.4**(c) のように, $V_{\text{out}}(t)$ は 0 にも V_0 にも漸近しない変化を示す.

2.1.2 微分回路

積分回路の R と C を入れ替えた, 図 **14.2** に示すような回路は微分回路と呼ばれる. 入力電圧を $V_{\text{in}}(t)$ とすると, 出力電圧 $V_{\text{out}}(t)$ は R の両端の電圧に対応する. 積分回路のときと同様, はじめは $V_{\text{in}} = 0$ にしておき, $t = 0$ で V_0 の一定電圧をかける状況を考える. このとき最初は $V_{\text{in}}(0) = V_0$ の電圧が R にそのままかかるが, 回路に電流が流れることで時間とともに徐々に C が充電されて電圧 V_C がかかるようになり, 最終的には R にかかる電圧は $V(t \to \infty) = 0$ となり, 電流は流れなくなる. R にかかる電圧 $V_{\text{out}}(t)$ に関して, R には C と同じ電流が流れるので, $I(t) = C\dfrac{dV_C}{dt} = C\dfrac{d}{dt}(V_0 - V_{\text{out}}(t))$ であるため, 以下の方程式が成り立つ.

$$V_{\text{out}}(t) = I(t)\,R = \left[C\frac{d}{dt}(V_0 - V_{\text{out}}(t))\right]R = -RC\frac{dV_{\text{out}}}{dt} \qquad (14.8)$$

したがって,

$$V_{\text{out}}(t) = V_0 \exp\left(-\frac{t}{RC}\right) \qquad (14.9)$$

つまり, 特徴的な時間 (時定数) $\tau = RC$ で $V_{\text{out}}(t)$ は減衰していく. 時間が $t = \tau$ 経つと, 電圧は $V_{\text{out}}(t = \tau) = 1/e \approx 0.37$ になる. 回路の時定数が入力信号の周期と同程度より小さければ ($\tau < T_{\text{in}}$), 図 **14.5** (b) のようになる. この出力電圧の時間依存性は, 抵抗に電流が流れる (コンデンサーの電荷が変化する＝微分) ことに対応しており, この回路は微分回路と呼ばれる. 一方, 時定数が周期

に比べて大きい場合 ($\tau \gg T_{\text{in}}$) は，入力電圧の変化にコンデンサーの充電／放電が追いつかず，図 **14.5**(c) のような電圧変化が現れる．

3. 実験方法

図 **14.6** に示すような実験装置を用いる．

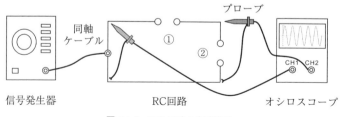

図 **14.6** RC 回路の実験装置

回路に入力する矩形波の生成には信号発生器を用いる．回路の入力電圧 V_{in} と出力電圧 V_{out} の波形（時間依存性）は，2CH（チャンネル）対応のオシロスコープでそれぞれ測定する．なお，オシロスコープの取り扱い方については，[基礎事項 3. 基本的な測定器具とデータの読み取り] および備え付けの使用説明書をよく読んで，実験を行うこと．

(1) まずは用意されている R と C の実際の値を，テスターで測定しておく．
(2) 信号発生器の調整を行う．信号発生器と回路を同軸ケーブルでつなぐ．波形は矩形波を選択，周波数は 50 Hz に設定する．出力信号の強度は後で調整するが，適度に大きな値になるようにしておく．
(3) オシロスコープの設定を行う．専用の測定端子（10:1 パッシブプローブ）の同軸端子部を，オシロスコープの CH.1, CH.2 に接続する．反対側のプローブを，回路の入力，出力電圧に対応する位置に接続する．オシロスコープの設定で，CH.1, CH.2 の入力端子を「10:1」に変更しておくこと．
(4) CH.1 の信号を表示させると，回路への入力（信号発生器の出力）信号である矩形波が表示されるはずである．1 周期分の矩形波が確認できるように，オシロスコープのトリガー，CH.1 の"横軸（時間）/縦軸（電圧）"のレンジをそれぞれのつまみで調整する．
(5) 画面上の矩形波の周期を読み取ることで，矩形波の周波数が 50 Hz であることを確認する．もしずれている場合は，50 Hz になるように信号発生器の周波数つまみを微調整する．また必須ではないが，信号の振幅がわかりやすい値（$V_0 = 1$ V など）になるように信号発生器の強度を調整しておくのが望ましい．
(6) RC 回路への入力信号波形の時間と電圧を記録する．このデータは，あとで入力信号の概形グラフ（図 14.4(a)，図 14.5(a) 参照）を書くために用いるので，10 点程度以上測定しておくこと．なお，ここで設定した入力信号は，積分回路，微分回路に共通である．

3.1 積分回路

積分回路の実験を行う．図14.6の①にRを，②にCを挿入し，積分回路を構成する．RとC は以下の4種類の組み合わせを順に行い，RとCの値が回路の特性に及ぼす影響を理解する．

表 14.1 RC 回路の抵抗とコンデンサーの組み合わせ

	$R\ (\Omega)$	$C\ (\mu\mathrm{F})$
(a)	10 k	0.1
(b)	10 k	0.01
(c)	100 k	0.01
(d)	100 k	0.1

(1) 最初は，**表 14.1**(a) の組み合わせで積分回路を構成する．$R \approx 10\ \mathrm{k\Omega}$，$C \approx 0.1\ \mu\mathrm{F}$ に対応する抵抗とコンデンサーを，それぞれ①，②に挿入する．

(2) CH.2 の信号波形を表示させ，回路の出力を確認する．（できれば，CH.1 も同時に表示させておいた方がよい．トリガーチャンネルは CH.1 のままでよい．）1 周期分の波形が確認できるように，オシロスコープの CH.2 の横軸/縦軸のレンジを調整する．（基本的に，CH.1 と同じレンジでよいはずである．）

(3) RC 回路の出力信号波形の時間と電圧を記録する．このデータは，あとで出力信号の概形グラフ（図 14.4(b), (c) 参照）を書くために用いるので，10 点程度以上測定しておくこと．なお R と C の組み合わせによっては，短い時間で信号が急激に変化する．このような場合は，オシロスコープの時間レンジを調整（拡大）して，この変化をより細かい時間間隔で記録しておく．

(4) R と C の組み合わせを変更して，**表 14.1**(a) ～ (d) の 4 通りすべての測定を行う．

3.2 微分回路

次に微分回路の実験を行う．図14.6の①にCを，②にRを挿入し，微分回路を構成する．積分回路と同様，RとCは**表 14.1**の組み合わせを順に行い，それぞれの値が回路の特性に及ぼす影響を理解する．

(1) まずは $R \approx 10\ \mathrm{k\Omega}$ と $C \approx 0.1\ \mu\mathrm{F}$ の組み合わせで微分回路を構成する．

(2) 回路の入力，出力信号波形をそれぞれ CH.1, CH.2 で確認する．その上で，出力信号の時間と電圧を記録する．後で概形グラフ（図 14.5(b), (c) 参照）を書けるように，10 点程度以上数値を測定しておく．

(3) R と C の組み合わせによっては，短い時間で急激に信号が変化する．その場合は，より短い時間間隔で測定を行い，その変化を記録しておく．

(4) R と C の組み合わせを変更して，**表 14.1** の 4 通りすべての測定を行う．

4. データ解析

(1) 回路への入力信号の概形（電圧−時間）をグラフにプロットする．以下グラフにはすべて，それぞれの軸に単位を記入すること．

(2) 積分回路，微分回路ともに，出力信号の概形を R, C の組み合わせすべてについてグラフにプロットする（計8種類）．なお，短い時間で急激に出力が変化する場合は，その部分を拡大した図も別途プロットする．

(3) 積分回路については，グラフ上で出力電圧が $V_{\mathrm{out}}(t)/V_0 = 0.63 \ (= 1 - 1/e)$ に到達する時間（ただし $0 < t < T_{\mathrm{in}}/2$）を読み取り，$\tau_{\mathrm{obs}}$ とする．R と C の値から計算した $\tau \equiv RC$ の値と比較し，考察を行う．この計算は，**表 14.1**(a) 〜 (c) の3つの R, C の組み合わせに対して行う．

(4) 微分回路については，グラフ上で出力電圧が $V_{\mathrm{out}}(t)/V_0 = 0.37 \ (= 1/e)$ まで減少する時間（ただし $0 < t < T_{\mathrm{in}}/2$）を読み取り，$\tau_{\mathrm{obs}}$ とする．R と C の値から計算した $\tau \equiv RC$ の値と比較し，考察を行う．この解析は，**表 14.1**(a) 〜 (c) の3つの R, C の組み合わせに対して行う．

5. 発展課題

(1) $RC > T_{\mathrm{in}}/2$ となるような条件では，入力信号の変化に回路の応答が追随できず，データ解析で示したような直感的かつ簡易な方法では，時定数 τ_{obs} は決定できない．ここでは，より一般的な時定数の決定方法を解説する．積分回路については，式 (14.7) を以下のように変形する．

$$1 - \frac{V_{\mathrm{out}}(t)}{V_0} = \exp\left[-\frac{t}{\tau}\right]$$
$$\log_e\left(1 - \frac{V_{\mathrm{out}}(t)}{V_0}\right) = -\frac{t}{\tau} \tag{14.10}$$

つまり，$1 - V_{\mathrm{out}}(t)/V_0$ を片対数グラフにプロットした際の傾きから，時定数の逆数 $(1/\tau_{\mathrm{obs}})$ を求めることができる．実際に，**表 14.1**(d) の R, C の組み合わせの積分回路について，上記の手法で時定数を求め，$\tau = RC$ の値と比較せよ．

　微分回路についても，同様の方法で時定数を求めることができる．どのような式を用いればよいかを示し，実際に**表 14.1**(d) の R, C の組み合わせの微分回路について，グラフにデータをプロットして，時定数 τ_{obs} を求めよ．

(2) 基礎事項で解説した RC 回路の特性は，回路が孤立している際の理想的な振る舞いであり，現実には入力装置や出力装置を接続することで，これら装置が回路から逆に影響を受けるため，オシロスコープに表示される結果はやや異なってくる．回路の特性を知るためには，当然オシロスコープなど測定装置を接続する必要があるが，測定端子を接続することで回路の振る舞いは影響を受けてしまう．本実験では，その影響を極力えるために，測定端子に 10:1 パッシブプローブを用いた．

　測定端子の影響を調べるため，試しに回路とオシロスコープ CH.2（回路出力）の接続を，通常の同軸端子に変更し（あるいはプローブに ×10 スイッチがついている場合は，×1 に変更す

る)，出力波形の変化を，時間と電圧を記録することで調べてみるとよい（**表 14.1**(a) の組み合わせのみでよい）．通常の同軸端子を用いた場合と本測定の実験結果と比較することで，この端子（プローブ）の役割を考察せよ．

6. 補足説明

6.1 フィルター回路

RC 回路は，入力に周波数 ω の正弦波電圧を加えた際には，特定の周波数を境に振る舞いが異なる，フィルター回路として機能する．この特徴も RC 回路の重要な役割である．この振る舞いについて考察する．

6.1.1 ローパスフィルター回路

図 **14.1** に示す RC 回路に正弦波の入力信号を加える状況を考える．[基礎事項 7. 交流回路の基礎理論] にあるように，抵抗およびコンデンサーはそれぞれ $R, 1/i\omega C$ のインピーダンスとして機能するため，回路に流れる電流の複素振幅を $\hat{I}$ とすると，抵抗，コンデンサーにかかる電圧から，入力，出力電圧はそれぞれ $\hat{V}_{\text{out}} = \hat{I}\dfrac{1}{i\omega C}, \hat{V}_{\text{in}} = \hat{I}R + \hat{I}\dfrac{1}{i\omega C}$ となる．したがって，$\omega_0 \equiv \dfrac{1}{RC}$ とすれば，

$$\frac{\hat{V_{\text{out}}}(t)}{\hat{V}_{\text{in}}} = \frac{1}{1 + i\omega CR} = \frac{1}{1 + i(\omega/\omega_0)} \tag{14.11}$$

となる．測定されるのは，この複素電圧の絶対値で，

$$\left|\frac{\hat{V}_{\text{out}}(t)}{\hat{V}_{\text{in}}}\right| = \frac{1}{\sqrt{1 + (\omega/\omega_0)^2}} \tag{14.12}$$

となり，周波数依存性は図 **14.7** のようになる．周波数 ω_0 を境にして，低周波は透過するが高周波は透過しない，ローパスフィルター回路として機能する．

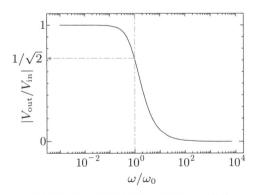

図 **14.7** ローパスフィルター回路の周波数特性

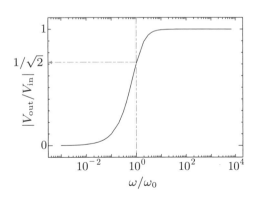

図 **14.8** ハイパスフィルター回路の周波数特性

6.1.2 ハイパスフィルター回路

同様に，図 **14.2** に示す RC 回路に，正弦波の入力信号を加える状況を考える．この場合，入力，出力信号はそれぞれ，$\hat{V}_{\text{out}} = \hat{I}R, \hat{V}_{\text{in}} = \hat{I}R + \hat{I}\dfrac{1}{i\omega C}$ となるため，同様に $\omega_0 \equiv \dfrac{1}{RC}$ とすれば，

$$\frac{\hat{V_{\text{out}}}(t)}{\hat{V}_{\text{in}}} = \frac{1}{1 - i/\omega CR} = \frac{1}{1 - i(\omega_0/\omega)} \tag{14.13}$$

となる．出力信号の振幅比の絶対値は，

$$\left| \frac{\hat{V}_{\text{out}}(t)}{\hat{V}_{\text{in}}} \right| = \frac{1}{\sqrt{1 + (\omega_0/\omega)^2}} \tag{14.14}$$

となり，周波数特性は図 **14.8** のようになる．今度は周波数 ω_0 を境にして，高周波数は透過するが低周波数は透過しない，ハイパスフィルター回路として機能する．

15. ダイオードとトランジスタ

1. 実験概要

電子回路の基本的な素子であるダイオードとトランジスタの電流–電圧特性を測定し、これらの特性が半導体の P–N 接合により説明できることを確認するとともに、ダイオードの整流作用とトランジスタの増幅作用を理解する。本実験では、ダイオードとトランジスタにおける各種電流–電圧特性を測定し、その特性をグラフに描いた上で、ダイオードの順方向特性におけるずれ係数 n やトランジスタの h_{fe} などの各種パラメータを求める。

2. 基礎知識

2.1 ダイオード

電荷のキャリアが電子である N 型半導体と正電荷のキャリアである正孔（ホール）をもつ P 型半導体を接合させた P–N 接合素子をダイオードという（図 **15.1**(a)）。ダイオードの回路記号は図 **15.1**(b) で示される。P–N 接合部では P 型半導体中の正孔と N 型半導体中の電子は互いに拡散し、電子は正孔を埋めて共有結合を作るため、接合部では空乏層と呼ばれる領域ができる。この領域では不純物イオンの電場により図 **15.2** のような電位差ができている。このため、P 型に正、N 型半導体に負の電圧を加えると（順方向電圧）、障壁が低くなり正孔や電子の移動が容易になることから P 型から N 型半導体の方向に電流が流れやすくなるが、電圧の向きを逆にすると（逆方向電圧）、障壁は高くなり電流はほとんど流れない。そのため、順方向の電流のみを流し、逆向きの電流を阻止する**整流作用**があり、これがダイオードの代表的な機能である。図 **15.3** は、正負電圧に対する電

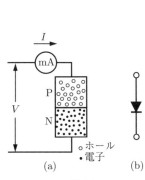

図 **15.1** P–N 接合とダイオード

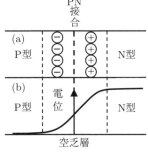

(a) ダイオードのPN接合近傍に発生する空乏層と固定電荷
(b) 空乏層内電位分布

図 **15.2** P–N 接合近傍の電荷および電位分布

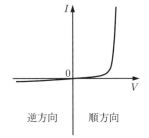

図 **15.3** ダイオードの特性

流変化を表した図である（補足説明 7.2 参照）．ダイオードの順方向電流は，キャリアが障壁を超えて熱励起される確率が $\exp(|e|V/k_\mathrm{B}T)$ に比例するため，あまり大きくない電流領域では，

$$I \simeq I_0 \exp\left(\frac{|e|V}{nk_\mathrm{B}T}\right) \tag{15.1}$$

の関係式で近似できる．ここで，e は素電荷，k_B はボルツマン定数，T は絶対温度，I_0 は定数である．n は実際の素子における理想的な特性 $n=1$ からのずれを表す「ずれ係数」で，通常 1 から 2 の間の値をとる．

発光ダイオード (LED)：ダイオードのもう 1 つの重要な役割として広く知られているのが，発光素子として用いられる LED (Light Emitting Diode) である．P–N 接合に順方向電流が流れているとき，電子とホールの再結合であまったエネルギー分の波長 λ の光を，以下の近似式に従って放出する．

$$\lambda = \frac{hc}{E_\mathrm{g}} \simeq \frac{hc}{|e|V_\mathrm{g}} \tag{15.2}$$

ここで，e は素電荷，E_g は半導体のエネルギーギャップ（[実験課題 11. 金属と半導体の電気抵抗] を参照），V_g はエネルギーギャップに対応する電圧，h はプランク定数，c は真空中の光速度である．

2.2 トランジスタ

薄くて不純物濃度の小さい P 型半導体の両側に N 型半導体を接合すると NPN 型トランジスタとなる．図 **15.4**(a) において，上の N 型をコレクタ，真ん中の P 型をベース，下の N 型をエミッタと呼び，それぞれ記号 C，B，E で示す．図 **15.5**(a), (b) はトランジスタの回路記号である．コレクタとエミッタが P 型で，ベースが N 型の PNP 型トランジスタもあり，図 15.5(b) に示してある．NPN 型トランジスタを動作させるときは図 15.4(a) で示すように B–E 間が順方向，C–B 間ダイオードが逆方向になるよう C–E 間に電圧を加える．このあらかじめ加えた電圧をバイアス電圧と呼んでいる．バイアス電圧を加えると，トランジスタは 2 つのダイオードを図 **15.4**(b) のように組み合わせたものとみなせる．

エミッタとベースの間のダイオード (D_2) に順方向バイアス V_BE を加えておいてベース電流 I_B を

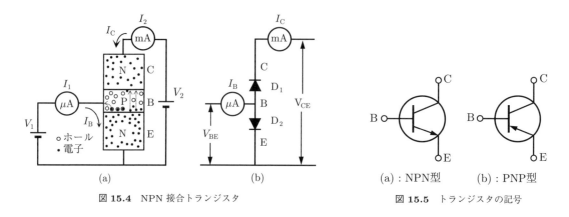

図 **15.4** NPN 接合トランジスタ　　　　　図 **15.5** トランジスタの記号

流すと，エミッタ層からベース層に入った一部の電子はホールと結合しながらベース電極へと抜けていくが，余剰となった電子は，薄いベース層の影響で逆電圧のかかった B–C 界面に引き寄せられてコレクタ層に入り，I_B の増加とともにコレクタ電流 I_C が増加する．このときベース電流 I_B を入力信号とみなし，エミッタからベースに進入した余剰電子は I_B の h_{fe} 倍に増大されて，コレクタ側でとらえられる．このコレクタ電流 I_C は I_B に比例した出力信号と考えることができ，

$$I_C \simeq h_{fe} I_B \tag{15.3}$$

と近似できる．この h_{fe} を電流増幅率といい，トランジスタの主要な基本パラメータである．

3. 実験原理

本実験では，ダイオードとトランジスタにおける以下のような各種電流–電圧特性を図 **15.6** に示すパネルを用いて測定し，その特性をグラフに描いた上で各種パラメータを求める．

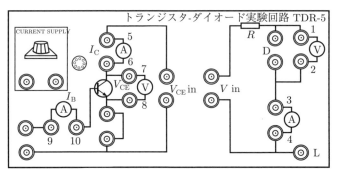

図 **15.6** ダイオードとトランジスタの電流–電圧特性測定回路パネル

(1) シリコン (Si) ダイオードまたは発光ダイオード (LED) 素子のいずれかについて順方向電流–電圧特性を計測し，片対数グラフの傾きから理想特性からのずれを定量的に評価する．Si ダイオードについては逆方向電流–電圧特性も測定し，整流作用を確認する．LED については 2 種類の発光色の LED における電流–電圧特性を計測し，比較する．

(2) トランジスタ増幅回路における，コレクタ電流 I_C–コレクタ–エミッタ電圧 V_{CE} 特性の各バイアス電流 I_B 依存性を測定し，グラフに描く．

(3) バイアス電流 I_B–コレクタ電流 I_C 特性をコレクタ電圧 V_{CE} 一定 ($= 1.0\,\mathrm{V}$) の条件下で測定し，その傾きからトランジスタにおける主要パラメータである h_{fe} を求める．

注意：以降の実験では，正負の極性などを誤るとダイオードやトランジスタを破損するので注意すること．

4. 実験方法

4.1 ダイオードの電流–電圧特性の測定

装置の右側の D には複数の種類のダイオード（Si ダイオード，LED）のいずれかが接続されている．LED は本体の色などですぐにそれとわかる．

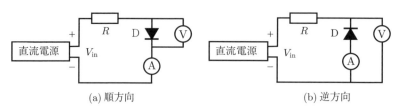

図 15.7　ダイオードの電流–電圧特性測定回路

(1) 順方向の電流–電圧特性（Si ダイオード，LED 共通）

図 15.6 を参考にして図 15.7(a) に示した順方向の回路を作る．素子にはダイオード回路図記号が書いてあるので，挿入してある向きが正しいか確認すること．配線は以下の通りである．

　$V_{\rm in}$：直流安定化電源

　V（端子 1-2 間）：デジタルテスター（直流電圧 (DCV) レンジ）または 直流電圧計（0〜1 V 程度）

　A（端子 3-4 間）：直流電流計（0〜30 mA 程度）

まず，直流安定化電源の出力を有効にし，電圧調節ダイヤルを調整することで電流 I を 0 mA から 0.1 mA ずつ 1 mA まで変化させ，そのときの電圧 V を測定する．さらに 1 mA 以上は 1 mA ずつ 10 mA まで変化させ，同様に電圧 V を測定する．測定値は 図 15.3 のように，第 1 象限に順方向の電流–電圧特性をプロットする．終わったら実験室内の温度 T（単位は K）を記録し，Si ダイオードの場合は (2) の実験へ，LED の場合は (3) の実験に進む．

(2) （Si ダイオードの場合）逆方向の電流–電圧特性

図 15.7(b) で示した逆方向の回路を作る．電圧計のマイナス側の端子の位置に注意する．電流計は mA 計から μA 計（0〜10 μA レンジ）に取り替える．電圧を 0 V から 1 V おきに 5 V まで増加させながら，対応する電流 I を測定する．電流計が全く振れない場合，測定値は「0 μA」とし，5 V まで記録すること．測定が終わったら (1) の順方向特性のグラフの左側の第 3 象限に逆方向の電流–電圧特性をプロットする．電流と電圧のスケールは，順方向と同じにする必要はない．

(3) （LED の場合）異なる発光色の LED における順方向の電流–電圧特性

配線はそのままにしながら，異なる発光色の LED と交換し，(1) と同じ測定を行う．グラフのプロット点は，最初に行ったものと区別して描くこと（●と○など）．（注意：LED は，整流作用を前提とした素子ではなく逆方向電圧に弱いため，逆方向測定は行わない．）

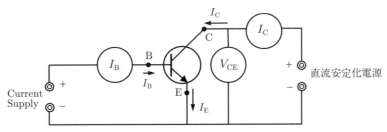

図 15.8　トランジスタの電流–電圧特性測定回路

4.2　トランジスタの電流–電圧特性の測定

(1) 図 15.6 を参考にして図 **15.8** に示した回路を作る．配線は以下の通りである．数字や記号は図 15.6 に対応してつけてある．

　　V_{CE} in ： 直流安定化電源

　　I_B（端子 9-10 間）：I_B 測定用直流電流計（$0 \sim 30\,\mu A$ 程度）

　　I_C（端子 5-6 間）：I_C 測定用直流電流計（$0 \sim 10\,mA$ 程度）

　　V_{CE}（端子 7-8 間）：V_{CE} 測定用直流電圧計 ($0 \sim 10\,V$)，またはデジタルテスター（直流電圧レンジ）

(2) 直流安定化電源と CURRENT SUPPLY の接続を確認し，電源を入れて出力はゼロにしておく．

(3) まず，I_B を一定値に固定しながら $V_{CE} - I_C$ の関係を測定する．$I_B = 5\,\mu A$（電流計の読み）になるように CURRENT SUPPLY のダイヤルを回して，そのときの V_{CE} と I_C を読む．次に安定化電源の出力を調節して $V_{CE} = 0.1\,V$（電圧計の読み）にする．そのとき I_B が変われば，CURRENT SUPPLY のダイヤルを回して再び $I_B = 5\,\mu A$ にする．このようにして $V_{CE} = 0.1, 0.3, 0.5, 1, 2, \cdots, 6\,V$ と変化させ，その都度 I_C の値を測っていくと，$I_B = 5\,\mu A$ のときの $V_{CE} - I_C$ 曲線が得られる（補足説明 7.4 の図 15.11 の第 1 象限参照）．

(4) $I_B = 10, 15\,\mu A$ のように $5\,\mu A$ ずつ増加させて (3) と同様の測定を行う．

(5) 次に，$V_{CE} = 1\,V$ に保ちながら，$I_B - I_C$ の関係を測定する．I_B は $0 \sim 20\,\mu A$ の範囲を $2\,\mu A$ おきに変化させればよい．

(6) 直流安定化電源の電圧と CURRENT SUPPLY のダイヤルをゼロに戻し，スイッチを切る．

(7) 測定値から 図 15.11 にならい，第 1 象限に $V_{CE} - I_C$ の関係を，第 2 象限に $I_B - I_C$ の関係をグラフに書く．第 2 象限横軸の I_B は左向きを正とする．

5.　データ解析

(1) ダイオードの順方向特性が式 (15.1) で表されるか確認するため，以下を行う．
　　（LED の場合，最初に測定したものだけでよい．）
　　i) ダイオードの順方向特性データから，片対数グラフの横軸にダイオードの順方向電圧（0 から

始める必要はない），縦軸（対数軸）に順方向電流をとり，電流電圧の関係をプロットする．

ii) データが直線的になっている電圧の範囲についてその直線の傾きを求め，式 (15.1) と比較し，ずれ係数 n を導出する．（片対数グラフの傾きは $\dfrac{|e|}{nk_B T} \log_{10} e$ となり，うしろの e は自然対数の底（$\simeq 2.71828\cdots$）であることに注意）．なお，エネルギー 1 eV は 1.60×10^{-19} J，ボルツマン定数 k_B は 1.38×10^{-23} J/K，温度は測定した室温 T（単位は K）を用いる．

(2)（LED の測定を行った場合のみ）エネルギーギャップに対応する電圧 V_g を，$I = 1$ mA となる電圧値と定義した場合，その 2 種類の V_g から，それぞれの LED に対応する光の波長 λ_g（単位は nm）を式 (15.2) より求める．なお，プランク定数 h は 6.63×10^{-34} J s，真空中の光速 c は 3.00×10^8 m/s とする．求められた複数の波長の大小が，発光色から推測されるものに対応しているか確かめよ．

(3) 実験で得られたトランジスタの電流–電圧特性曲線グラフのうち，$I_B - I_C$ 特性のグラフの傾きから h_{fe} を求める．

6. 発展課題

(1) ダイオードの整流作用について，図 15.3 の電流–電圧特性（もしくは，測定した順方向および逆方向特性）を参照しながら説明せよ．

(2)（Si ダイオードの測定を行った場合のみ）ダイオードの逆方向の測定回路は，順方向の場合と異なる．順方向と同じ回路構成でダイオードの向きだけ逆にして測定すると，どのような問題が生じるのかを説明せよ．

(3) トランジスタの電流–電圧特性曲線グラフのうち，$V_{CE} - I_C$ の各曲線の直線部分（つまり，$V_{CE} = 1.0 \sim 6.0$ V の範囲）の V_{CE} 軸に対する傾きから，$h_{oe} = (\partial I_C / \partial V_{CE})_{I_B}$（単位：$\mu\Omega^{-1}$）を求めよ（補足説明 7.4 の式 (15.6) 参照）．

(4) トランジスタの増幅作用を h_{fe} の値と関連させて説明せよ．

7. 補足説明

7.1 半導体について

ダイオード，トランジスタなどの半導体素子は Si や Ge を主要な原料として作られる．これらの原子は価電子を 4 個もっているが，価電子は結晶中で周囲の原子にも共有されて原子間に共有結合ができる．

N 型半導体：Si, Ge に 5 価の不純物（Sb, P, As など）を少量（せいぜい 10^{-5}% 程度）添加すると，5 個の価電子のうち，1 個は共有結合に使われずあまる．このあまった電子は不純物イオンの $+e$ の電荷が作る電場の束縛を受けて軌道運動をする．軌道運動している電子は束縛が比較的緩いため，熱的励起により陽イオンの束縛を離れ，自由に動けるようになる．5 価の不純物を添加した Si, Ge は電流のキャリア（電流の担体）が電子であるため，N 型半導体と呼ばれる．

P型半導体：一方，3価の不純物（In，Al，Ga，B など）を添加すると，価電子が3個のため共有結合に電子が1個不足し，電子のぬけ孔が1個できる．このぬけ孔にはあたかも $+e$ の電荷が存在するようにみえるので，正孔と呼ばれる．正孔も熱的励起により価電子と入れ替わりながら移動する．3価の不純物を添加した Si や Ge では正孔がキャリアなので，P型半導体と呼ばれる．

7.2 ダイオードの電流電圧特性について

一般に，逆方向電圧を含むダイオードに流れる電流 I と電圧 V の関係は，

$$I = I_0 \left[\exp\left(\frac{|e|V}{nk_{\mathrm{B}}T} \right) - 1 \right] \tag{15.4}$$

で与えられる．基礎知識で述べた「ずれ係数」が $n=1$ の場合が理想的なダイオードの特性を示しており，それを図示したものが 図 15.3 である．実際の接合を作製してみると接合面の不均一性などが原因となり，このような理想的な関係が成り立たない場合もあるため，現象論的に係数 n が導入されている．$\exp[|e|V/(nk_{\mathrm{B}}T)]$ の項は V を変化させると大きく変化し，$V > 0.2$ V であれば 1 に比べて十分大きくなるため，式 (15.1) の $I \simeq I_0 \exp[|e|V/(nk_{\mathrm{B}}T)]$ が成り立つ．図 15.3 で正電圧の電流が急激に流れ始める電圧を立ち上がり電圧といい，Ge を用いたダイオードで約 $0.3 \sim 0.4$ V，Si の場合で 約 0.6 V，LED の場合は $1.0 \sim 2.5$ V 程度である．式 (15.4) からわかるように逆方向電圧を増加させると電流はほぼ I_0 になる．現在普及している Si ダイオードでは，この I_0 の値は $0.1\,\mu\mathrm{A}$ 以下で非常に小さい．

7.3 発光ダイオード (LED) について

LED では，図 **15.9**(a) のように P–N 接合において順方向電流が流れるとき，電子とホールの再結合であまったエネルギー分を光子として放出し発光する．図 **15.9**(b) に示すように通常のダイオードではエネルギー励起したキャリアが再結合する場合，運動量の異なる状態で遷移（間接遷移）となるので運動量の分だけエネルギーを使ってしまい，光子の放出される割合は低い（つまり発光しにくい）．しかし LED の場合，半導体材料として GaAs（赤）や AlAs（緑），GaN（青），InGaN（黄〜紫）などの化合物半導体を用いることで，運動量が同じ状態で遷移させる（直接遷移の）接合を作製することにより，遷移幅のエネルギー（エネルギーギャップ E_{g}）に対応する波長 λ の光が，

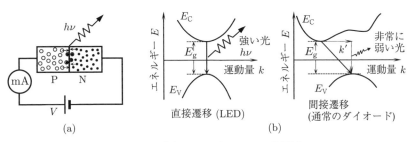

図 **15.9** 発光ダイオード (LED) の概要図

式 (15.2) に従って放出される．ただし，実際の LED では熱エネルギーの影響や，使用に想定される電圧に合わせた加工が施されているため，前項で述べた立ち上がり電圧と発光波長は完全には一致せず，エネルギーギャップ E_g に対応する電圧 V_g を正確に測定するのは難しい．しかしながら，異なる発光色の LED とで比較した場合，十分な発光をさせられる電圧は，エネルギーギャップ E_g におおむね比例しており，赤色系など波長の長い LED では黄緑色系と比べて低い電圧で動作する．

7.4 トランジスタについて

図 15.4 に示す図では，エミッタ層とコレクタ層が同じ構造で両者に違いがないように見えるが実際はそうではない．本実験で使用するような（バイポーラ）トランジスタ素子における実際の構造の模式図を図 **15.10** に示す．一般に，エミッタとコレクタにはさまれる真ん中のベース層は他に比べ非常に薄く，かつベース – コレクタ (B–C) 界面は非常に広い面積で作製されている．さらにエミッタ層の N 型キャリア（電子）である不純物濃度が非常に高く作られている．そのため，図 15.10 のようなバイアス電圧をかけたとき，エミッタ層の不純物濃度が高いことでベース層に侵入する余剰電子を多くさせることができ，さらにその余剰電子は薄いベース層と広い B–C 界面の形状効果により，多く捕獲（コレクト）される．その結果，進入したベース電流 I_B に比例した約 h_{fe} 倍もの大きさのコレクタ電流 I_C を生じさせることができる．

図 **15.11** の第 1 象限に V_{CE} と I_C の関係を示す．これは I_B に依存しているため，複数のカーブで示される．第 2 象限に I_C と I_B の関係が示してあるが，これはほぼ比例関係になる．また，第 3 象限には I_B と V_{BE}（ベース–エミッタ間電圧）が示してあるが，これはほぼダイオードの順方向の特性になっている．I_C, I_B, V_{CE}, V_{BE} の間の関係は図 15.11 を見てもわかるように簡単な数式の関係では表せないが，本実験で扱う一般的な図 15.4 のような接続の回路（エミッタ接地増幅回路）では，バイアス電流 I_B の微小変化 ΔI_B を入力信号，コレクタ電流 I_C の変動分 ΔI_C を増幅された

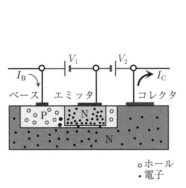

図 **15.10** トランジスタの構造模式図

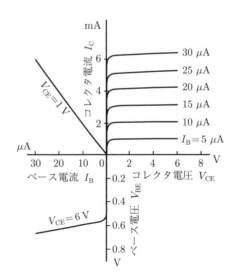

図 **15.11** トランジスタの特性

出力信号として扱う．（ここで微小変化と表現しているのは，増幅機能は音声信号などのような交流信号に用いられることが多いためである．）出力信号 ΔI_C は，入力信号 ΔI_B と電源電圧の変動に相当する ΔV_CE に対して，

$$\Delta I_\mathrm{C} = h_{fe}\Delta I_\mathrm{B} + h_{oe}\Delta V_\mathrm{CE} \tag{15.5}$$

と表せる．ただし，

$$h_{fe} = \left(\frac{\partial I_\mathrm{C}}{\partial I_\mathrm{B}}\right)_{V_\mathrm{CE}}, \quad h_{oe} = \left(\frac{\partial I_\mathrm{C}}{\partial V_\mathrm{CE}}\right)_{I_\mathrm{B}} \tag{15.6}$$

である．式 (15.5) の第 1 項 $h_{fe}\,\Delta I_\mathrm{B}$ は，入力信号 I_B によってベースに進入したキャリアが h_{fe} 倍に増幅されてコレクタ側でとらえられた電流成分と解釈できる．それに比べて，第 2 項目の $h_{oe}\Delta V_\mathrm{CE}$ のうち h_{oe} は非常に小さく，結果的に出力信号として取り出す ΔI_C は，ほぼ ΔI_B の h_{fe} 倍となり（式 (15.3) に対応），h_{fe}（電流増幅率）がトランジスタの性質を表す最も重要なパラメータとして位置づけられるのである．

16. 強磁性体の磁化特性

1. 実験概要

ソレノイドコイルが作る磁場と，磁場中におかれた強磁性体試料（純鉄，アルニコ）の磁化履歴（ヒステリシス）曲線を，ホール素子により測定し，コイル内の磁束密度や，強磁性体の透磁率，飽和磁束密度，保磁力，残留磁束密度の値を求める．これらの実験を通して，電流の作る磁場や，物質の磁気的性質にかかわる概念を理解する．

2. 基礎知識

物質中の電子のもつ磁気モーメントが，交換相互作用と呼ばれる量子力学的効果によって同じ方向に揃った状態を強磁性という．強磁性状態では，本質的には外部磁場を作用させなくても磁気モーメントの方向が揃っており，このときの単位体積当たりの磁気モーメントの大きさを自発磁化と呼ぶ．温度を上げていくと，磁気モーメントの熱運動による揺らぎが，モーメントを揃えようとする力を上回り，自発磁化は消失する．この消失温度をキュリー温度と呼ぶ．実際の強磁性体では自発磁化は磁区と呼ばれる領域ごとに揃っており，各磁区の自発磁化が互いに打ち消し合う方向に向いていれば，全体としての磁化は小さくなっている．したがって，実際の強磁性体試料を有効に磁化させるには，外部から磁場を加えなければならない．

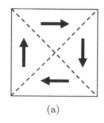
(a)
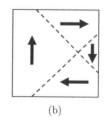
(b)
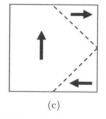
(c)
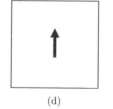
(d)

図 16.1　磁区構造と磁化過程

実際の試料では図 16.1(a) のように数多くの磁区から成り立っており，異なる磁区の磁化方向は，必ずしも揃っていない．外部磁場 $H = 0$ ではこの (a) のような状態（消磁状態という）であるので全体の自発磁化は 0 となるが，磁場を強くすると (b), (c) のように磁区の境界である磁壁が移動し，ついには (d) のように試料全体が 1 つの磁区になる．このとき，磁化 M の変化を磁場 H の関数として描いた磁化曲線は，磁場を $H = 0$ から正の向きに増加させると，図 16.2 の OBC をたどり，C では 1 つの磁区となり，磁化が飽和する．これを飽和磁化 M_s と呼ぶ．この状態から磁場 H を減少

させると磁化 M は減少するが，この減少はもとの曲線 OBC とは異なる CD 曲線をたどり，$H = 0$ でも OD に相当する有限な値が残る．これを残留磁化 M_r という．H をさらに反対向きに増加させると DEF に沿って変化し，ついには逆方向に磁化が飽和する．M を 0 にするのに必要な OE に相当する磁場が保磁力 H_c である．H を再び 0 に戻して正の向きに増加させると，M は FGJC のように変化する．このように，ある磁場 H での磁化 M の値は，それまでの磁化過程に依存するので，これを磁化履歴曲線（ヒステリシス・カーブ；B–H 曲線）と呼び，曲線一周 CDEFGJC をヒステリシス・ループという．

このループを一周する間に磁区の運動を通して強磁性体に仕事がなされるが，ループの面積に相当する仕事はすべて熱エネルギーとして失われるので，これをヒステリシス損 W_h と呼ぶ．残留磁化 M_r や保磁力 H_c の大きい磁性材料は硬磁性体，小さいものは軟磁性体と呼ばれる．前者は永久磁石や磁気記録媒体に利用され，後者で W_h を極力小さくしたものが変圧器，モーター，発電機などに利用されている．

磁性体の磁束密度 B と磁化 M の間には，$B = \mu_0(H + M)$ の関係があり，$M = \chi H$ とおけば，$B = \mu_0(1 + \chi)H$ となる．ここで，$\mu_0 = 4\pi \times 10^{-7}$ H/m は磁気定数（真空の透磁率）であり，χ を磁化率という．強磁性体では $\chi \gg 1$ であるので，図 16.2 の磁化履歴曲線（M–H 曲線）はそのまま B–H 曲線とみなせる．$B = \mu H = \mu_0 \mu_r H$ と書くとき，$\mu_r = \mu/\mu_0 = 1 + \chi$ を比透磁率と呼ぶ．軟磁性体では $\mu_r \gg 1$ なので，高透磁率磁性体ともいわれる．

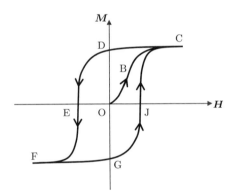

図 **16.2** 磁化履歴曲線（ヒステリシス・カーブ）

3. 実験原理

この実験では，ソレノイドコイルの中央部に InSb ホール素子磁束計（プローブと呼ぶ）（[実験課題 20. ホール効果] を参照）を取り付けた磁化測定装置により，まず最初に空芯コイルを流れる電流 I とコイル中心部の磁束密度 B の大きさ B との関係を調べる．これより $B = \mu_0 H$ の関係を用いて，電流 I と磁場 H の強さ H との関係を決める．次にこのプローブを用いて，コイル内に挿入した強磁性体（純鉄，アルニコ）試料棒の磁束密度の大きさ B を，コイルの電流 I（磁場の強さ H に

比例）を変えながら測定し，磁化履歴曲線（B–H 曲線）を描く．これにより，純鉄，アルニコ，それぞれについて，飽和磁束密度 B_s の大きさ B_s，保磁力 H_c の大きさ H_c，残留磁束密度 B_r の大きさ B_r，比透磁率 $\mu_r = B/\mu_0 H$ を求め，これらが強磁性体により大きく異なることを理解する．

4. 実験方法

4.1 空芯コイルの磁束密度の測定

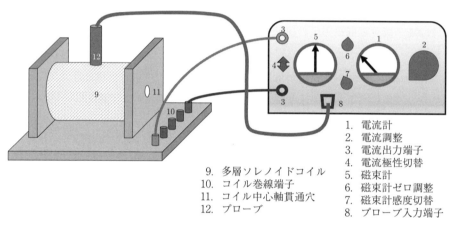

1. 電流計
2. 電流調整
3. 電流出力端子
4. 電流極性切替
5. 磁束計
6. 磁束計ゼロ調整
7. 磁束計感度切替
8. プローブ入力端子
9. 多層ソレノイドコイル
10. コイル巻線端子
11. コイル中心軸貫通穴
12. プローブ

図 **16.3** 装置の接続

図 **16.3** に測定装置の接続の様子を示す．

(1) コイルは巻数 $N = 2000, 1600, 1200$ について測定する．まず $N = 2000$ について測定する．装置の接続を確認した後に電流設定値を最小（ゼロ）にして電源を入れ，磁束計のゼロ点を調整する．

(2) コイルに流す電流 I を $0 \sim 5$ A まで 1 A 刻みで増加させ，それぞれの電流値に対応する磁束密度 B（単位は T（テスラ）（$= $ Wb/m^2））を，磁束計で正確に読み取り記録する．$I = 5$ A まで測定したら，電流値を 1 A 刻みで 0 まで減少させ，各電流値に対する磁束密度を読み取る．電流値を増加させたときと減少させたときでの同じ電流値に対する磁束密度の値を平均して磁束密度の値とする．コイルに流す電流の向きを逆 ($-I$) にして同様の測定を行う．

(3) 巻数 N を切り替えて，同様な測定を行う．

注意：コイルに電流を長時間流し続けると，コイルが発熱し破損し，プローブも加熱されて測定誤差を生じる．必ず，電流は測定時にのみ流し，速やかに測定すること．

4.2 強磁性体試料の磁化特性の測定

棒状に加工した純鉄 (Fe) とアルニコ（Fe, Al, Ni, Co からなる合金）の 2 種類の試料を測定する．

16. 強磁性体の磁化特性

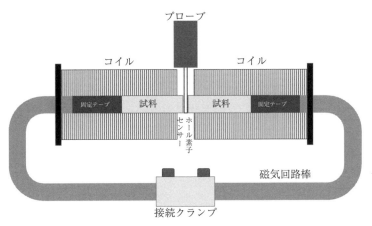

図 16.4　磁気回路棒の接続

4.2.1　試料棒の消磁
注意： プローブは非常に壊れやすいので，消磁は消磁専用の装置で行う（消磁専用装置はプローブがはずしてあり，印加電流が交流になっている）．備え付けの説明書きを熟読すること．

消磁専用装置を用いて，図 16.4 に示すように試料棒 2 本を固定する．コイルに流す電流をゆっくり増加させて最大にし，消磁ランプが点灯した後，ゆっくり減少させて 0 にする．接続クランプをはずして，試料どうしが吸い付かないことを確認して消磁完了とする．消磁は 2 種類（純鉄，アルニコ）の試料棒に対して行う．消磁が完了したら各自の装置に戻り，磁化履歴の測定に進む．

4.2.2　磁化履歴の測定
(1) コイルの巻数を $N = 2000$ にして磁束計の感度を 1.5 に固定する．以後，感度はそのままにしておく．続いて，磁束計のゼロ点調整をする．

(2) まず純鉄を測定する．消磁した純鉄の試料棒を固定して（試料の配置は図 16.4 と同じ），コイルに流す電流 I (A) を 0 から 1 A までは 0.2 A 刻みで，それ以上は 0.5 A 刻みで増加させ，それぞれの電流値に対応する磁束密度の大きさ B を記録する．**最大電流値は，純鉄では 5 A，アルニコでは 6 A** とする．電流値 5 A 以上ではコイルがかなり発熱するので，測定は速やかに行う．

(3) I の値を最大電流値から 0.5 A 刻みで減少させながら B を測定し記録する．電流を 0 にしたところが，B_r である．

(4) コイルに流す電流の向きを逆 ($-I$) にする（このとき，磁束計のゼロ点調整をしてはいけない）．電流値を増加させながら最大電流値まで測定する．そののち，再び減少させて電流 0 まで同様に測定し，電流の向きをもとに戻して ($+I$)，最大電流値まで測定を行う．この一連の測定で，I の 1 巡りの変化に対する B を測定したことになる．

(5) 試料棒をアルニコに取り替え，純鉄と同様に磁化履歴を測定する．このときの電流は 0.5 A 刻

みとする．電流を 0 にした後，アルニコ試料棒の消磁を行う．

5. データ解析

(1) 実験方法 4.1 の空芯コイルの磁束密度の測定で得られた，$N = 2000, 1600, 1200$ の各場合について，(i) 測定した各 N についての磁束密度の大きさ B の電流 I 依存性を示すグラフ，(ii) $I = 5\,\mathrm{A}$ のときの N と B のグラフをそれぞれ作成する．

(2) $N = 2000$ の場合について，B の I 依存性を示すグラフから，その傾きを求め，さらに $B = \mu_0 H$ の関係式を用いて，電流 I (A) から磁場の強さ H (A/m) を換算する実験式を求める．

(3) 実験方法 4.2 で純鉄とアルニコに対して，横軸に磁場 H，縦軸に磁束密度 B をとり，図 **16.5** のような磁気履歴曲線を描く．H は，(2) で得られた I を H に換算する実験式から求める．（ここでは透磁率は真空中と大きく異なるので，$B = \mu_0 H$ の関係式は使用できないことに注意．）

(4) 描いた磁気履歴曲線から，残留磁束密度 $\boldsymbol{B_r}$，保磁力 $\boldsymbol{H_c}$，飽和磁束密度 $\boldsymbol{B_s}$ の各大きさを求める．ここで，純鉄の B_r は，実験方法 4.2 で測定した値を用い，H_c は，$I = \pm 1\,\mathrm{A}$ 程度以内の範囲に拡大して描いたグラフを作成し，測定点を外挿して読み取る．

(5) 純鉄とアルニコの磁気履歴曲線から，比透磁率 μ_r の初期値（$\mu_r{}^i$ とする）を求める．$\mu_r{}^i = \mu^i/\mu_0$ は，磁気履歴曲線（図 16.5）の第 1 象限において，H を最初に 0 から増加させるときの直線近似できる領域を使って，その傾き μ^i から求める．

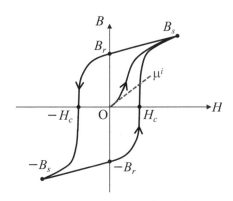

図 **16.5** B_r, H_c, B_s, μ^i の定義

6. 発展課題

(1) 測定時に図 16.4 のような磁気回路棒を使用する理由について説明せよ．

(2) 補足説明 7.1 を参照して B の値を計算し，空芯コイルの磁束密度の測定で得られた結果と比較せよ．この実験に用いたコイルは $L = 0.17\,\mathrm{m}$，$R_1 = 0.010\,\mathrm{m}$，$R_2 = 0.040\,\mathrm{m}$ である．

(3) 磁化の飽和や残留磁化のような現象を磁区の変化から説明し，物質による違いの原因を考察せよ．

(4) 強磁性体の応用例を調べ，この実験で得られた結果とどのように関係しているかを考察せよ．

7. 補足説明

7.1 ソレノイドコイルの磁場

この実験で用いたソレノイドコイル内の磁束密度の大きさ B を求めてみよう．いま，コイルの全巻数を N，内半径を R_1，外半径を R_2，長さを L とする．コイルの中心軸から半径 r のところにある無限小の厚さ dr で，かつ，コイルの中心軸上の中央から距離 l だけ離れた無限小の幅 dl をもつ微小円環部分のコイルの巻数を dN とすれば，

$$dN = \frac{N\,dl\,dr}{L(R_2 - R_1)} \tag{16.1}$$

となる．コイルに流れる電流を I とすると，この微小円環部分がコイルの中心に作る磁束密度の大きさ dB は，ビオ・サバールの法則より，

$$
\begin{aligned}
dB &= \frac{\mu_0 I r^2 \, dN}{2(r^2 + l^2)^{3/2}} \\
&= \frac{\mu_0 N I r^2 \, dr\,dl}{[2L(R_2 - R_1)(r^2 + l^2)^{3/2}]}
\end{aligned}
\tag{16.2}
$$

となる．中心での磁束密度の大きさ B は，上式を積分して

$$
\begin{aligned}
B &= \mu_0 \int_{R_1}^{R_2} dr \int_{-L/2}^{L/2} dl \frac{N I r^2}{2L(R_2 - R_1)(r^2 + l^2)^{3/2}} \\
&= \frac{\mu_0 N I}{2(R_2 - R_1)} \log_e \frac{R_2 + (R_2{}^2 + \frac{L^2}{4})^{1/2}}{R_1 + (R_1{}^2 + \frac{L^2}{4})^{1/2}}
\end{aligned}
\tag{16.3}
$$

となる．ただし，ここで I の単位を A（アンペア），R_1, R_2, L の単位を m（メートル），$\mu_0 = 4\pi \times 10^{-7}$ H/m とすれば，B の単位は T（テスラ）（$= \mathrm{Wb/m^2}$）となる．式 (16.3) からわかるように，R_1, R_2, L はコイルに固有の定数であるから，B は NI に比例する．この実験に用いたコイルの中心部にはプローブ用の間隙があり，この部分からの寄与はないので厳密にはこれを差し引かなければならない．

7.2 反磁場

強磁性体に外部磁場 H をかけ，磁区の向きを揃えて磁化させると，磁化により両端に磁極が生じ，強磁性体の内部に磁化と逆向きの磁場が生じる．これを反磁場と呼ぶ．この反磁場は磁化の大きさに比例し，$H_d = N_{\mathrm{dia}} M / \mu_0$ と表される．N_{dia} は比例定数で，反磁場係数と呼ばれる．磁化するための有効な磁場 H_{eff} は反磁場だけ外部磁場より弱くなるので，$H_{\mathrm{eff}} = H - H_d$ となる．N_{dia} は，非常に長い棒状の試料で半径が小さければほとんどゼロになるが，短くて太い場合は大きくなる．なお，円環状の試料（トロイド環）では磁束線が閉じており，磁極が現われず反磁場はないので $N_{\mathrm{dia}} = 0$ となる．

17. 光電効果

1. 実験概要

　光は，干渉・回折など波がもつ性質を示す（光の波動性）．一方，光は粒子とみなさないと理解できない現象も示し，光電効果はそのような現象の1つである．本実験では，光電管に異なる振動数の光を照射した際に生じる光電流を測定することにより光電効果を確認し，光電流の振動数依存性からプランク定数 h を求める．

2. 基礎知識

2.1　光電効果

　図 **17.1** に示すように金属表面に光を当てると電子が飛び出す現象が光電効果で，飛び出した電子を光電子という．光電効果を利用すると光を電流に変換することができるので，光センサーなどにも応用されている．光電効果には以下のような特徴がある．

(1) 光電効果による光電流（飛び出る電子の数）は光の強さに比例する．

(2) 光電子の運動エネルギーは光の振動数が高いほど大きく，光の強度には無関係である．

(3) 光電子を放出させる光には最小の振動数（臨界振動数）があり，それより小さい振動数の光では，強度や照射時間を増しても光電子は放出されない．

(4) 光照射開始直後から光電流が流れ始める．

　光の波動性に基づくと，光電子の運動エネルギーは光の強度に比例するはずであり，(3) を説明できない．また，光電子が金属内の束縛を離れて飛び出すまでには，光の強度が弱いほど時間がかかると期待されるが，(4) の実験結果と一致しない．したがって，光電効果を光の波動性から説明することは困難である．

2.2　光の粒子性

　アインシュタインはプランクのエネルギー量子の考え方を発展させ，光の粒子性という概念を打ち出して，光電効果を説明した．アインシュタインの光量子仮説では，プランク定数を h としたとき，振動数 ν をもつ光はエネルギー $h\nu$ をもつ粒子（光子）であると考える．光の強さは光子の数，1個の光子のエネルギーは振動数と関係する．光子が金属表面で吸収されるとき，1個の光子のもっている全エネルギー $h\nu$ が1個の自由電子に与えられ，その電子が仕事関数と呼ばれる金属内のポテンシャル障壁 W を超え，運動エネルギー E_0 をもって自由空間に飛び出す（図 **17.2**）．これが光

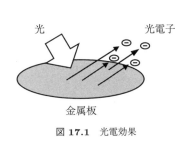

図 17.1 光電効果

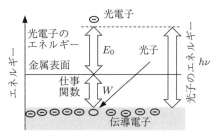

図 17.2 光子と光電子のエネルギー

電効果のプロセスである．このプロセスにおけるエネルギー保存則を式で示すと

$$h\nu = W + E_0 \tag{17.1}$$

となる．すなわち，1 個の光電子のもつエネルギー $E_0 = h\nu - W$ は，光の強度には無関係で光の振動数が高いほど大きくなる．また，$h\nu < W$ の場合には電子は金属表面から飛び出すことができない．光電効果を起こすためには光の振動数 ν は W/h よりも大きいことが必要となる．さらに，1 個の光子の衝突により 1 個の自由電子が飛び出すから，光照射を始めるのと同時に光電子が飛び出しても構わない．このように光の粒子性を仮定すると光電効果の特徴は無理なく説明される．

3. 実験原理

本実験では光電管を用いて光電効果を検証する．図 **17.3** に示すように，光電管は半円筒状の金属板の光電面とその円筒の中心にある細長いコレクタから成り立つ．エネルギー $h\nu$ の光子が光電面に入射し光電効果が起こると，電子が式 (17.1) に従って運動エネルギー $E_0 = h\nu - W$ をもって光電面から飛び出す．このとき，図 **17.4** のように光電管のコレクタに負の電圧（逆電圧）$-V$ をかけておくと，飛び出した電子がコレクタに到達したときにもっている運動エネルギー E は減少し，$E = E_0 - eV$ となる．ここで，$-e\,(e > 0)$ は電子の電荷である．$E > 0$ の場合に電子はコレクタに到達できるが，$E < 0$ の場合には到達できない．そこで，逆電圧 $-V$ を強めていくと，ある電圧（阻止電圧という）$-V_0$ で光電流が流れなくなる $(E = 0)$．この阻止電圧の大きさは

$$V_0 = E_0/e \tag{17.2}$$

と表されるので，阻止電圧から光電子のもっていた運動エネルギー E_0 がわかる．

式 (17.1) の E_0 に式 (17.2) を代入して書き直すと

$$V_0 = \frac{h}{e}\nu - \frac{W}{e} \tag{17.3}$$

という関係式が得られる．この式は阻止電圧の大きさ V_0 を光の振動数 ν に対してプロットすると，正の傾きをもつ直線になることを表す．本実験では，この関係を検証する．さらに電子の電荷の大きさ e がわかれば，直線の傾き h/e からプランク定数 h が求められる．

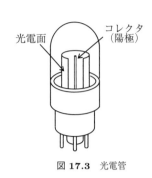

図 **17.3** 光電管

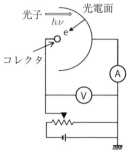

図 **17.4** 測定回路図

4. 実験方法

4.1 実験装置

4.1.1 光電管

実験で用いる光電管は Sb–Cs の活性物質を光電面にもち，この光電管の仕事関数は通常 2 V 以下で波長が最大 650 nm 程度の光まで光電効果を起こすことができる．

4.1.2 分光器

図 **17.5** に装置の全体図を示す．ハロゲンランプを光源に用い，ランプの白色光を回折格子[1]で分光し，特定の波長の光のみを出口スリットから通すことで単色光を光電面に照射する．迷光が斜めから出口スリットに入射することを防止するためにコリメーターを装着する．回折格子を搭載した円板を回転させることにより，光電管へ入射する単色光の波長を変えることができる．角度目盛りの数値を指標に合わせたときに，出口スリットを通過する波長を表 **17.1** に示す．

表 **17.1** 目盛り板の角度（回折格子への光の入射角）と回折光の波長（精度 ± 5 nm）との関係

角度 deg	波長 nm		角度 deg	波長 nm		角度 deg	波長 nm		角度 deg	波長 nm	
−9	359	紫外	−6	437	青	−3	514	緑	0	589	黄
−8	386	紫外	−5	463	青	−2	539		1	614	橙
−7	411	紫	−4	489		−1	564	黄	2	639	赤

4.1.3 計測装置

図 **17.6** に光電流を計測するシステムの概略を示す．光電流は微弱なため，電流を測定するためには特別な電流計（ピコアンメーター）が必要になる．この装置ではアンプ（増幅器）を用いて光電流による微小な電圧を計測可能な値に増幅し，光電流の大きさに比例する直流電圧を測定する．アンプには，光を照射していないときの光電流（オフセット電流）の値を 0 V の直流電圧に設定する

---

[1] 回折格子には 1 mm 当たり 1200 本の溝が切ってある．

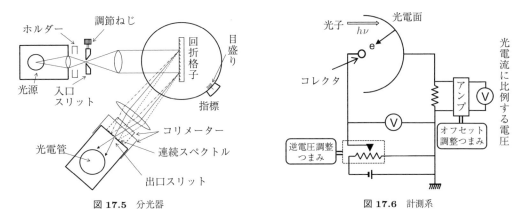

図 17.5 分光器　　　　　　　　図 17.6 計測系

ため，オフセット調整機構が付属している．阻止電圧の大きさの測定は，逆電圧調整つまみで逆電圧の大きさを変えることにより行う．逆電圧の大きさは直流電圧計に表示される．

4.2 測定

取扱説明書に従って計測器の接続と分光器の調整を行う（7. 補足説明を参照）．装置の点検・調整が終わり次第，ランプと本体の電源スイッチをオンにする．ランプ点灯直後は光源の光強度が安定しない．また，アンプの出力が安定するまで時間を要する場合がある．

4.2.1 共通の測定手順

逆電圧を変えながら光電流を測定する操作は共通なので，ここにまとめておく．4.2.2 項以下の実験を行う際に，この手順で行う．以下では，逆電圧の大きさを | 逆電圧 |，光電流に比例する電圧の大きさを | 光電流 | と表記する．

(1) 光量の調節

異なる波長（振動数）に対する光電流の値は，光源の強度分布，回折格子の分光効率，レンズの透過率，光電管の分光感度により大きく異なる．波長を変えたときは，以下に示す手順で入口スリットの幅を変えて入射する光量を調節し，どの波長においても光電流の最大値を同じ値にして測定を行う．

(1) 入口スリットの調整ねじを回し，光が通る幅を最小にする．
(2) 逆電圧調整つまみを回して，| 逆電圧 |= 3 V の状態で，オフセット調整つまみを回して | 光電流 |= 0.5 〜 0.8 mV になるように調節する．
(3) 逆電圧調整つまみを回し，| 逆電圧 |= 0 V にする．
(4) 調整ねじを回して入口スリットをゆっくりと開き，| 逆電圧 |= 0 V における | 光電流 |= 10 V を指すようにする．

(5) 光電管の応答が遅いことがあるので，しばらく待って指示値に変化がないことを確かめる[2]．

（注意）逆電圧 0 V での光電流は実際には波長に依存するはずなので，この手法により，厳密な同一条件下での測定が行えるわけではないが，測定結果を同じグラフにプロットする目的には十分である．

(2) 測定

(1) 逆電圧調整つまみを回して，| 逆電圧 | ＝ 3 V にする．

(2) オフセット調整つまみを回して，| 光電流 | ＝ 0.5 ～ 0.8 mV になるように調節する．

(3) 逆電圧調整つまみを回して，| 逆電圧 | を 3 V から徐々に小さくしていく．ここでは，| 光電流 | の | 逆電圧 | 依存性を調べることが目的なので，| 逆電圧 | を 0.1 V ずつ変えて | 逆電圧 | ＝ 0 V まで | 光電流 | を測定する．

4.2.2 阻止電圧の光の強さに対する依存性

阻止電圧が光の強さにはよらないことを確認するため，減光板がない場合と減光板がある場合における光電流の逆電圧依存性を調べる．実験は以下の順に行う．

(1) 角度板の目盛りを −9° に合わせる．
(2) 入口スリットと光源の間にあるホルダーには何も入れない．
(3) 4.2.1 項「光量の調節」，「測定」に従って，| 逆電圧 |，| 光電流 | を測定する．
(4) ホルダーに減光板を差し込む．この減光板により光量が約 1/3 に減光される．
(5) 4.2.1 項「測定」に従って減光板を入れたときの | 逆電圧 |，| 光電流 | を測定する．ここでは，光電効果の光量に対する依存性を調べることが目的なので，「光量の調節」は行わない．
(6) 減光板を入れない場合の測定点（| 逆電圧 |，| 光電流 |）を片対数グラフ（| 光電流 | を対数軸にとる）にプロットする．
(7) 減光板を入れた場合の（| 逆電圧 |，| 光電流 |）を同じグラフにプロットする．
(8) 光電流は光量とともに大きくなることを確認する．

4.2.3 阻止電圧の光の振動数に対する依存性

ここでは，光の波長を変えて阻止電圧の大きさを求め，阻止電圧が照射する光の振動数により変化することを確認する．実験は以下の順に行う．

(1) 角度板の目盛りを −2° に合わせる．
(2) 入口スリットと光源の間にあるホルダーには何も入れない．
(3) 4.2.1 項「光量の調節」，「測定」に従い，| 逆電圧 |，| 光電流 | を測定する．
(4) 4.2.2 項で作成したグラフに，ここで測定した（| 逆電圧 |，| 光電流 |）をプロットする．

---

[2]ランプ点灯直後で光源の強度が安定していないときも指示値が変化する．

17. 光 電 効 果　　　　　　　　　　　　　　　　　　189

(5) 角度 −9° と角度 −2° の測定点で | 光電流 |= 10 mV となる | 逆電圧 | を比較して，照射光の振動数（波長）が変わると | 逆電圧 |−| 光電流 | 曲線が移動していることを確認する.

4.2.4　阻止電圧の振動数依存性

プランク定数 h を導出するため，各波長における阻止電圧を求める. このため，| 逆電圧 | を大きくしていき，| 光電流 | がはじめて 0 になる | 逆電圧 | の値を求めて，阻止電圧を決定する. | 光電流 |= 0 mV 付近の値を測定するので，迷光をできるだけ除去してオフセット電圧を安定させる必要がある. 実験は以下の順に行う.

(1) ホルダーに減光板を入れる.

(2) 角度板の目盛りを −9° に合わせる.

(3) | 逆電圧 |= 0 V にして，入口スリットの幅を調整して光量を | 光電流 |= 1±0.1 V (1000±100 mV) に設定する. 光量を 10 V にしないのは，分光器中の迷光の影響を軽減するためである.

(4) | 逆電圧 |= 3 V にして，オフセット調整つまみを回して | 光電流 |= 0.5 ～ 0.8 mV になるように調節する.

(5) 阻止電圧は 2 V より小さいことが予想されるので，2.2 V から | 逆電圧 | を 0.1 V ずつ下げていき，| 光電流 |= 1 ～ 2 mV となる | 逆電圧 | を見つける.

(6) 見つけた | 逆電圧 | から今度は 0.05 V ずつ | 逆電圧 | を増していき，| 光電流 |= 0.5 ～ 0.8 mV となる | 逆電圧 | まで測定する. 0 mV 付近の | 光電流 | は揺らいでいるので，0.5 ～ 0.8 mV となってからも，| 逆電圧 | を 0.05 V ずつ増しながら，あと 3, 4 点測定して値が変わらないことを確認する[3].

(7) はじめにオフセット調整した | 光電流 |= 0.5 ～ 0.8 mV は装置のバックグラウンドや暗電流に起因するものである. この値は揺らいで安定していない場合が多いが，このときは光電流は流れていない. 一方，| 光電流 |= 1 ～ 2 mV の値では，光電効果による光電流が流れている. 図 **17.7** に示すように測定データをグラフに描くと，光電流が有限値から 0 になる様子を可視化できる. このグラフを参考に光電流が 0 になるときの | 逆電圧 | を阻止電圧として決定する. 有効数字は，小数第 2 位が 0.05 V 刻みの値でよい.

(8) アンプが不安定なとき，オフセット電圧 0.5 ～ 0.8 mV が短時間でドリフトして，あたかも光電流が減少（増加）しているように見える場合がある. 疑わしい場合は，(4) から (7) の手順を繰り返す.

(9) 角度板の目盛りを −8° に合わせて，(3) から (8) の手順により，阻止電圧を決定する.

(10) 角度板の目盛りを −7° に合わせて，(3) から (8) の手順により，阻止電圧を決定する.

(11) 角度板の目盛りの値と表 17.1 から各単色光の波長を読み取る. それぞれの単色光の振動数（=

---

[3] | 逆電圧 |= 3 V で設定した値と阻止電圧付近のオフセット値が異なる値になっている場合があるから，一定値になっているということから判断するとよい.

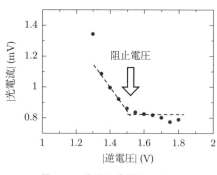
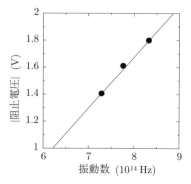

図 17.7 逆電圧–光電流のグラフ   図 17.8 振動数–阻止電圧のグラフ

光速/波長）を決定し，図 17.8 に示すように振動数–阻止電圧の大きさのグラフを描く．光速 c は $c = 2.998 \times 10^8 \, \mathrm{m\,s^{-1}}$ とする[4]．

5. データ解析

(1) 4.2.4 項で描いたグラフ（図 17.8 を参照）の測定点を通る直線を目分量で決定し，傾きを求める．式 (17.3) により，この直線の傾きからプランク定数 h (J s) を決定する．なお，電子の電荷 $e = 1.602 \times 10^{-19}$ C を用いる．

(2) 4.2.4 項で描いたグラフの測定点を通る直線を最小二乗法を用いて決定し，直線の傾きと傾きの誤差を求める．(1) と同様に，最小二乗法で決定した傾きから h を求める．基礎事項 4 の説明に従って，h の誤差 Δh を傾きの誤差から評価して，結果を $h \pm \Delta h$ の形式にまとめる．

6. 発展課題

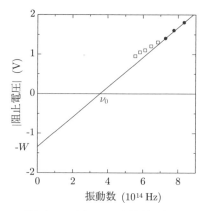

図 17.9 振動数–阻止電圧のグラフ．● が角度 $-9°$ から $-7°$ の測定例である．□ は，角度 $-6°$ から $-2°$ の測定例．

---

[4] 空気中の光速は真空中の光速 c にほぼ等しい．

(1) データ解析で作成した阻止電圧の振動数依存性のグラフから，図 **17.9** に示す臨界振動数 ν_0 (Hz) ならびに仕事関数 W (eV) の値を決定せよ．

(2) 図 17.7 に示す光電流–逆電圧曲線のように，阻止電圧近傍における光電流の立ち上がりが不連続的な変化ではなく，次第に大きくなる理由を説明せよ．

(3) この分光器を用いて角度 −6°から −2°の阻止電圧を決定すると，図 17.9 に□で示すように，●から決定した直線より上にずれる．今回用いた分光器が振動数の小さい領域で，このような信頼性の乏しい値を与える理由について考察せよ．

7. 補足説明

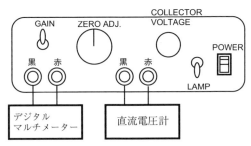

図 **17.10** 計測装置パネル部

7.1 計測器の接続と分光器の調整

【重要】分光器カバーは，はずしておく．回折格子には手を触れたり，物を接触させないよう注意する．光電管と回折格子の間には，迷光が出口スリットから入らないようにコリメーターが設置されている．点検が済んだら，出口スリットを塞がないように注意して，コリメーターを設置する．

(1) スイッチ類の初期位置（図 **17.10**）

POWER (OFF)，LAMP (OFF)，COLLECTER VOLTAGE（反時計方向いっぱい），ZERO ADJ.（中央），GAIN (×100)

COLLECTER VOLTAGE：逆電圧の大きさを調整する

ZERO ADJ.：増幅器のオフセット値を調整する

(2) 図 17.10 を参考にして直流電圧計，デジタルマルチメーターを接続する．

直流電圧計は黒の端子がマイナス，赤の端子がプラスになるよう接続する．

光電流は電圧に変換されて増幅されている．そこで，光電流の測定にはデジタルマルチメーターを用いる．

(3) 電源を接続する．

(4) 分光器の設定（図 17.5 参照）

  (1) POWER スイッチは OFF のままで，LAMP スイッチを ON にする．なお，LAMP スイッチは電気回路の POWER スイッチとは独立している．

  (2) 入口スリットの間隔を調節する．全閉の（スリットの後ろに光が漏れない）状態から半回転

ほど時計方向に回した状態にする．ただし，きつくしめないようにする．

(3) 角度板の目盛りを 0° に合わせる．光電管カバーの前面の出口スリットに連続スペクトルが当たっていることを確認する．

(4) 分光器の 3 か所の穴にカバーの突起を一致させて分光器カバーをかける．

(5) いったん LAMP スイッチを OFF にして，POWER を ON にする．

(6) デジタルマルチメーターの POWER を ON にする．FUNCTION は V DC（直流電圧）に設定する．以下の測定では，RANGE を UP，DOWN で適切なレンジに設定して電圧値を読み取る．

(7) COLLECTOR VOLTAGE つまみを回し，反時計方向いっぱいに回した状態で直流電圧計の指示値が 0 V，時計方向いっぱいで 3 V 以上の電圧が出ることを確認する．逆電圧の可変には，精密級 10 回転ポテンショメーターを使用しているので，慎重に操作すること．

(8) COLLECTOR VOLTAGE つまみを時計方向に回し，3 V の逆電圧が光電管にかかった状態にする．

(9) LAMP スイッチを ON にする．

7.2　暗電流（バックグラウンド）について

それぞれの波長における阻止電圧を決定するためには，各波長での |光電流| の立ち上がりを測定するのが基本である．光電流が流れない条件で測定される |光電流|，すなわち，迷光などによる暗電流（バックグラウンド）の振る舞いについて，以下の実験により確かめることができる．

(1) 光を通さないように，入口スリットを閉じ，ホルダーに遮光板を入れる（この実験では角度板の目盛りはどの角度でも構わない）．

(2) 4.2.1 項「測定」に従って，|逆電圧|，|光電流| を測定する．ただし，遮光しているので「光量の調節」は行わない．

(3) 測定した（|逆電圧|，|光電流|）を 4.2.2 項で作成したグラフにプロットする．

(4) 遮光したときの |光電流| は，10 mV よりかなり小さい値になっていることを確認する．

一般に，バックグラウンドの大きさに対するシグナルの大きさの比（S/N 比[5]）が大きいほど，測定値と正しい値の差は小さい．今回の測定では，|光電流| = 10 mV を与える逆電圧における暗電流は，10 mV より 1 桁以上小さいから，測定された |光電流| は，ほぼ正しい |光電流| を与えていると考えられる[6]．より小さな |光電流| を測定すればより正確な阻止電圧を求められそうに思えるが，S/N 比が小さくなってくると，正しい光電流値を得るためには暗電流の正確な測定値が必要になる[7]．

---

[5] signal to noise ratio.
[6] |光電流| ≥ 1 V では暗電流の寄与はほとんど無視できる．
[7] 正しい |光電流| は各測定値から暗電流による成分を差し引いたものである．

18. 電子の運動と比電荷

1. 実験概要

物質を構成する基本粒子である素粒子は，静止質量，電荷，スピンなどによって特徴づけられる．素粒子のこれらの属性を調べる方法は種々あるが，この実験では磁場中で運動する電子の軌道半径の測定から，電荷 e と質量 m の比である比電荷 e/m を決定する．

2. 基礎知識

2.1 電子の運動

電場 $\boldsymbol{E}$，磁束密度 $\boldsymbol{B}$ の空間を運動する速度 $\boldsymbol{v}$ の電子（電荷 $-e$）にはたらく力は $\boldsymbol{F} = -e(\boldsymbol{E}+\boldsymbol{v}\times\boldsymbol{B})$ である．第1項がクーロン力，第2項がローレンツ力を表す．$\boldsymbol{E}=0$ で，一様な z 方向の磁束密度 $\boldsymbol{B}=(0,\,0,\,B)$ のもとでは，電子（質量 m）の運動方程式の x,y,z 成分は次式となる．

$$\begin{aligned}
m\frac{\mathrm{d}v_x}{\mathrm{d}t} &= -ev_y B \\
m\frac{\mathrm{d}v_y}{\mathrm{d}t} &= ev_x B \\
m\frac{\mathrm{d}v_z}{\mathrm{d}t} &= 0
\end{aligned} \qquad (18.1)$$

この微分方程式を，初期条件，$v_x=0$, $v_y=v_0$, $v_z=0$, $x=r_0\,(=mv_0/eB)$, $y=0$, $z=0$ のもとで解くと，$x(t)=r_0\cos(eBt/m)$, $y(t)=r_0\sin(eBt/m)$, $z(t)=0$ という解が得られる．x,y は

$$x^2+y^2=\left(\frac{mv_0}{eB}\right)^2 \qquad (18.2)$$

の関係式を満たすので，図 **18.1** に示すように，電子は x–y 平面内で軌道半径

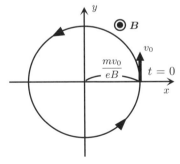

図 **18.1** 電子の円軌道

の円運動をする．この半径をサイクロトロン半径という．また，この円運動の角周波数 $\omega_c = eB/m$ はサイクロトロン角周波数と呼ばれる．

2.2 電子の初期速度

この実験では，ヒーター (H) から放出された熱電子を，カソード (K) とプレート (P) 間の電位差 V で加速して初速度 v_0 を与える．力学的エネルギー保存則から v_0 は加速電圧 V と以下の関係にある．

$$v_0 = \sqrt{\frac{2eV}{m}} \tag{18.4}$$

電子を加速する装置を電子銃といい，模式図を図 **18.2** に示す．

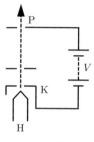

図 **18.2** 電子銃

2.3 ヘルムホルツ・コイルと一様磁場

図 **18.3** のように配置された 2 つの同一のコイルをヘルムホルツ・コイルという．巻数 n，半径 R の 2 つの全く同形のコイルを，同一中心軸上に距離 R だけ離して平行に置き，電流 I_H を流すと，両コイルの中心付近の磁束密度は軸方向に一定で

$$B = \mu_0 \left(\frac{4}{5}\right)^{3/2} \left(\frac{nI_H}{R}\right) \tag{18.5}$$

となり，空間的に一様な磁場ができる．ここで，μ_0 は真空中の透磁率で $\mu_0 = 4\pi \times 10^{-7}$ H/m である．本実験で用いるヘルムホルツ・コイルの巻数は $n = 130$ で，半径は $R = 0.15$ m である．

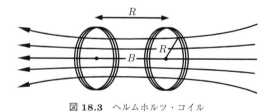

図 **18.3** ヘルムホルツ・コイル

3. 実験原理

本実験に用いる装置は，図 18.4 で示すように内部に電子銃をもち，圧力が 10^{-2} mmHg 程度のヘリウムガスを封入したガラス容器と，一様磁場を発生させるヘルムホルツ・コイルから構成される．電子銃から発射された電子は，進行方向に対して垂直な磁場によって円運動をする．そのサイクロトロン半径は，式 (18.3) と式 (18.4) より以下の関係が導かれる．

$$r_c = \left(\frac{m}{e}\right)^{1/2} \frac{(2V)^{1/2}}{B} \tag{18.6}$$

電子がヘリウムと衝突するとヘリウム原子から緑色の光が出るので，電子線の飛跡を見ることができ，サイクロトロン半径 r_c を測定できる．加速電圧 V，磁束密度 B，円運動の軌道半径 r_c を測定することによって，電子の比電荷 e/m を求める．

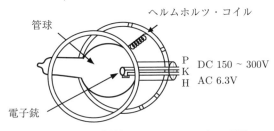

図 18.4 ガラス容器とヘルムホルツ・コイルの配置

4. 実験方法

ヘルムホルツ・コイルの作る一様磁場中において，電子銃から発射された電子が円軌道することを確認した後，磁束密度 B と電子の加速電圧 V の変化による円軌道半径の変化を計測し，式 (18.6) から電子の比電荷を求める．

4.1 実験装置の配線と電子軌跡位置の測定方法

比電荷測定装置の配線図を図 18.5 に示す．直流電圧計と直流電流計を比電荷測定装置につなぎ，電子銃の加速電圧 V と，ヘルムホルツ・コイルに流れる電流 I の測定に用いる．サイクロトロン半径 r_c の測定には装置内の目盛り板と指標を用いる．測定時の視差をなくすため，目，指標および電子線の軌跡が常に一直線になるようにする（図 18.6 参照）．まず，目を指標の延長上に向け（このため指標は視線方向に長くなっている），目を指標とともに移動しながら電子線の軌跡の位置まで目を移した後，指標の位置を読む．

4.2 手順

(1) 測定装置とヘルムホルツ・コイル用の直流安定化電源の電源スイッチが OFF の状態になっていることを確認する．

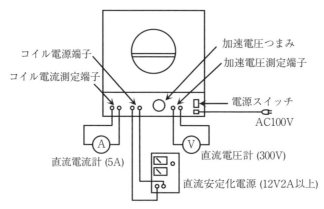

図 18.5 装置の配線図

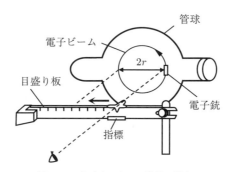

図 18.6 サイクロトロン半径の測定

(2) 測定装置の加速電圧つまみと直流安定化電源の出力つまみの出力を最小にし、図 18.5 のように配線したら、測定装置の電源を入れる.

(3) 加速電圧を加え、電子銃から細いビームが現れることを観察する.

(4) 直流安定化電源の電源を入れて、コイルに電流を流す. 電子の軌跡が円軌道に変化することを観察する.

(5) 加速電圧を 250 V に設定し、コイルに流す電流を 1.2 A から 0.2 A おきに 2.0 A まで増加させながら、各コイル電流における電子のサイクロトロン半径 r_c を測定し、結果を表 18.1 のようにまとめる[1]. このとき、電流 i に対応する磁束密度 B の値も、式 (18.5) から求め、記入しておく.

(6) 次に、コイルに流す電流を 1.6 A に固定し、加速電圧を 200 V から 20 V おきに 300 V まで増加させながら、各電圧における電子のサイクロトロン半径 r_c を測定し、結果を表 18.2 のようにまとめる.

5. データ解析

(1) コイル電流 $i = 1.6$ A のときの B の値と表 18.2 にまとめた結果を用いて、加速電圧 V と $(r_cB)^2$ の関係を表 18.3 のように整理する. 縦軸を加速電圧 V、横軸を $(r_cB)^2$ としたグラフを描き、

---

[1] 電子の軌跡に幅があるので外周を測定する. 電流の変化に伴う r_c の変化はわずかなので、注意深く測定する.

18. 電子の運動と比電荷

表 18.1 コイル電流 i に対するサイクロトロン半径 r_c の値（加速電圧 250 V）

コイル電流 i (A)	磁束密度 B (10^{-4}T)	$\log B$	サイクロトロン半径 r_c (10^{-2}m)	$\log r_c$
1.2				
1.4				
1.6				
1.8				
2.0				

表 18.2 加速電圧 V に対するサイクロトロン半径 r_c の値（コイル電流 1.6 A）

加速電圧 V (V)	$\log V$	サイクロトロン半径 r_c (10^{-2}m)	$\log r_c$
200			
220			
240			
260			
280			
300			

直線関係を仮定してその傾きを求め，式 (18.6) と比較して電子の比電荷 e/m の値を求める．

表 18.3 加速電圧 V に対する $(r_c B)^2$ の値（コイル電流 1.6 A）

加速電圧 V (V)	サイクロトロン半径 r_c (10^{-2}m)	磁束密度 B (10^{-4}T)	$(r_c B)^2$ (10^{-9}T^{2}m^2)
200			
220			
240			
260			
280			
300			

(2) 求めた電子の比電荷 e/m の値の精度を求め，[基礎事項 4. 精度と有効数字] の「精度まで考慮した最終結果の表し方」(p.25) で e/m の結果を表す．

6. 発展課題

(1) r_c, B および V の対数を計算し，表 18.1，表 18.2 のようにまとめる．縦軸を $\log r_c$，横軸を $\log B$ のグラフと，縦軸を $\log r_c$，横軸を $\log V$ のグラフを描き，それぞれ直線関係にあることを確認して直線を引く．各直線の傾きと y 切片を，引いた直線から目分量で求める．もしくは最小二乗法を用いて求め，これらの物理量の間の実験式を $r_c = C_B B^n$, $r_c = C_V V^n$ の形で表す．求めたそれぞれのベキ指数 n を，理論式 (18.6) から予想される値と比較する．

(2) 比電荷を求める別の実験方法を調べてみよう．

19. フランク–ヘルツの実験

1. 実験概要

日常経験する巨視的な現象においては，エネルギーは連続的な値をとりうると理解されている．この概念が原子・分子のミクロの世界では成り立たないことを，フランク (J. Franck) とヘルツ (G. L. Hertz) は彼らの考案した実験装置によって立証した（1913 年）．本実験ではこのフランク–ヘルツの実験にならい，低圧に保った気体原子（希ガス）に電圧で加速した電子を衝突させ，その際に失われる電子の運動エネルギーが加速電圧とともにどのように変化するかを測定することで，原子のエネルギー状態を励起するのに必要な最小励起電圧を求める．

2. 基礎知識

2.1 ボーアの原子理論

気体原子などから放出される光は，原子によって決まるいくつかの特定の波長のみで構成される（スペクトル系列と呼ばれる）．これは，ボーア (N. Bohr) によって提唱された「原子の中で電子がとりうるエネルギーの値は離散的である」という原子理論でよく説明できる．水素原子の線スペクトルを説明するため，ボーアは次のような仮定を導入した原子模型 (Bohr model) を提唱した（1913 年）．

(1) 原子核のまわりを回る電子の軌道（定常軌道）は，電子の軌道角運動量 L が $L = nh/2\pi$（h はプランク定数，$n = 1, 2, 3, \cdots$）という特定の条件（量子条件）を満たすものだけが許される．円軌道の場合は，電子の質量を m，速さを v，軌道半径を r として，

$$L = mvr = n\frac{h}{2\pi}, \qquad n = 1, 2, 3, \cdots \tag{19.1}$$

が成り立つ．ここで，整数 n は量子数と呼ばれる．

(2) 電子が量子条件を満たす 1 つの軌道（このエネルギー準位を E_j とする）から他の軌道（エネルギー準位 E_k）に移るときには，

$$|E_j - E_k| = h\nu \tag{19.2}$$

で決まる振動数 ν の電磁波を放出（$E_j > E_k$ のとき），または吸収（$E_j < E_k$ のとき）する．

これらは当時の力学や電磁気学の理論から考えると，容易に受け入れがたい大胆な仮定であった[1]．これらの仮定をもとにして水素原子の中の電子の運動を考察すると（補足説明 7.1 を参照），

---

[1]電磁気学の理論では，荷電粒子が円運動をすると電磁波を放射してエネルギーを失い，定常的な円運動はできない．

n 番目の定常状態の電子の軌道半径 r_n とエネルギー E_n は

$$r_n = n^2 \frac{h^2 \varepsilon_0}{\pi m e^2} \tag{19.3}$$

$$E_n = -\frac{1}{n^2} \cdot \frac{me^4}{8\varepsilon_0^2 h^2}, \quad n = 1, 2, 3, \cdots \tag{19.4}$$

となる．ここで，e は電気素量，ε_0 は電気定数（真空の誘電率）である．このように水素原子中の電子のエネルギーは連続的な値をとらず，離散的な値（とびとびの値）をとる．これを量子化されているといい，量子数 n に対応するエネルギーをエネルギー準位という．ここでは電子の全エネルギーの基準を $r \to \infty$ のところで $E = 0$ に選んでいる（$E_\infty = 0$）ので，r が有限の範囲に束縛されている場合には E は負となる．

$n = 1$ の定常状態は最低エネルギーをもち，エネルギーを放出してより低い定常状態へ移ることはできず安定であるため，この状態を**基底状態**と呼ぶ．水素原子の基底状態の半径は，式 (19.3) で $n = 1$ とおいて，$r_1 = 0.53$ Å と求まる (1 Å = 0.1 nm)．この半径をボーア半径と呼ぶ．電子が $n = 2, 3, \cdots$ の軌道にあるときは，この原子は励起状態にあると呼ばれる．このようにして求められた水素原子における軌道半径とエネルギー準位を図 **19.1**(a) と (b) に示してある．

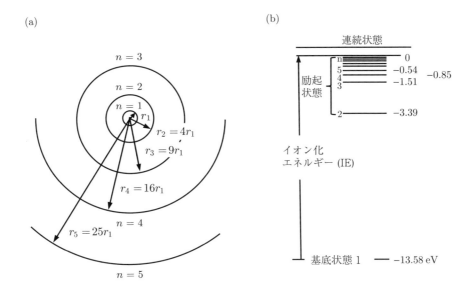

図 **19.1** (a) 水素原子の電子軌道の相対的大きさ，(b) 量子数 n に対応する水素原子の可能なエネルギー状態

2.2 励起と電離

一般の気体原子では，原子内の多数の電子間のクーロン相互作用があるので水素原子ほど単純ではないが，やはりとびとびの軌道が考えられる．原子は普通の状態では最低のエネルギー状態をとろうとする．そのため，原子核をとりまく複数の電子はエネルギー準位の低い（量子数の小さい）電

子軌道から順番にパウリの原理[2)]に従って軌道を満たしていき，エネルギー準位の高い軌道は空席になっている．しかし，外部からの電磁波（光）や加速された電子などとの衝突によって原子がそのエネルギーを受けると，原子内の電子（束縛電子）はより高いエネルギー準位の軌道に移る．この現象を**励起**と呼ぶ．

普通に起こる励起では，エネルギー準位の高い一番外側の軌道（最外殻）にある電子が，より高いエネルギー準位の軌道（外側の空いている軌道）に移る．ここでは，最外殻の電子がその軌道に留まっている状態を**基底状態**，その電子が外側の軌道に移ったときを**励起状態**とする．基底状態のエネルギー準位を E_1，励起状態のエネルギー準位を低い順に $E_2, E_3, \cdots$ とし，最外殻の電子がこれらの準位へ遷移した状態をそれぞれ第 1 励起状態，第 2 励起状態，$\cdots$ と呼ぶことにする．

励起状態のうちで必要なエネルギーが最も小さいのは基底状態から第 1 励起状態に移るときで，これを**最小励起エネルギー**（eV 単位で表した数値は**最小励起電圧**）といい，$E_{\min} = E_2 - E_1$ で表す．励起状態は一般には不安定な状態であるため，極めて短時間のうちに振動数条件（式 (19.2)）を満たす電磁波を放出して元の状態に戻る．外部より原子に与えられたエネルギーが $|E_1|$ より高いと，そのエネルギーを受け取った最外殻の電子は原子の外に飛び出してしまう．この現象を**電離**と呼び，基底状態にある電子を引き離すのに必要なエネルギーを**電離エネルギー**，あるいは**イオン化エネルギー**と呼ぶ．Ar や Ne などの希ガスの原子では，電離エネルギー（電離電圧）は最小励起エネルギー（最小励起電圧）$E_{\min}$ の 1.5 倍程度となる．衝突する電子のエネルギーが極めて大きく気体原子を次々に電離して電子なだれを起こすとき，この現象を**放電**という．放電状態では気体は良導体となる．

2.3　弾性衝突と非弾性衝突

衝突する電子の運動エネルギーが最小励起電圧 $E_{\min}$ より小さくて原子を励起できないときには，原子の内部状態に変化は起きずに電子の速度の方向が変わるだけで，衝突前後で電子の力学的エネルギーは保存される．このような衝突を**弾性衝突**という．衝突する電子の運動エネルギーが大きくて（$E_{\min}$ 以上）原子が励起または電離状態になるときは，電子の力学的エネルギーは保存されないので**非弾性衝突**という．電子が原子と非弾性衝突するとき，原子の質量は電子に比べて非常に大きく常温での原子の熱運動エネルギー（0.1 eV 以下）は無視できるので[3)]，衝突後の電子の運動エネルギーは励起または電離に要したエネルギー $E_n - E_1$ だけ減少するとみてよい．したがって，電子の衝突前の速さを v，衝突後の速さを v' とすれば

$$\frac{1}{2}mv'^2 = \frac{1}{2}mv^2 - (E_n - E_1), \qquad n = 2, 3, 4, \cdots \tag{19.5}$$

という関係が近似的に成り立つ．

なお，電子の運動エネルギーが十分に大きいとしても，衝突ごとに常に励起や電離が起こるわけ

[2)]排他原理ともいう．同一の軌道には反対向きのスピンをもつ電子が各 1 個ずつ，合計 2 個までしか入れないという原理．
[3)]静止した重い物体に軽い粒子が衝突するような場合に相当．

ではない. 非弾性衝突が生じる確率は，気体の圧力と電子の運動エネルギーに著しく依存する. 気体の圧力が一定のもとでは，電子の運動エネルギーが大きくなると衝突時の励起の確率も大きくなる. 一方，電子の運動エネルギーが衝突原子の最小励起電圧 $E_{\min}$ の 2, 3 倍程度では，電離を起こす衝突の確率は極めて小さく，電離の影響は無視できる. 例えば，最小励起電圧 15 V ($E_{\min} = 15\,\text{eV}$)，電離電圧 25 V ($E_{\text{ion}} = 25\,\text{eV}$) の気体原子に 40 V で加速された電子（運動エネルギー 40 eV）が衝突するとき，第 1 励起だけでなく電離が生じてもよいのだが，後者の起きる確率は非常に小さい.

3. 実験原理

フランク–ヘルツの実験装置の原理を図 19.2 (a) に示す. ガラス管内には低圧にした気体が封じられている. 陰極（カソード）K をヒーターで熱して熱電子を発生させ，K–G_2 間の電圧（加速電圧 V_A）で加速させながら管内の気体に衝突させ，最終的に陽極 P（プレート）に到達する電子量（陽極電流 I_P）が加速電圧によってどう変化するかを測定する. G_2–P 間には逆向きの阻止電場（減速電圧 V_P）が掛けられており ($|V_P| < |V_A|$)，V_P に打ち勝つ運動エネルギーをもった電子のみが陽極に達して，陽極電流 I_P として検出される.

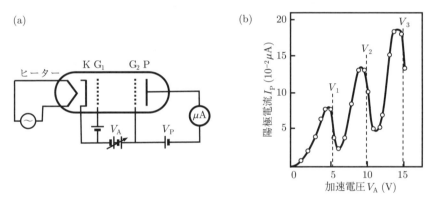

図 **19.2** (a) 実験装置の原理図, (b) 加速電圧と陽極電流の関係

電子の衝突によって原子がどのような励起を起こすかは，K–G_1 間および K–G_2 間の電圧の与え方とその電圧の範囲でほとんど決まる. 本実験では，気体原子は電子との衝突によって第 1 励起状態（$E_{\min}$ が必要）のみをとると仮定する. 加速電圧 V_A が低く電子の運動エネルギーが小さい場合，電子は気体原子と弾性衝突をし，エネルギーを失わず G_2–P 間の阻止電場（減速電圧 V_P）に打ち勝ってほぼすべて陽極 P に到達する. この間は，陽極電流 I_P は加速電圧 V_A とともに単調に増加する. 加速電圧 V_A を上げていき，電子の運動エネルギーが原子の最小励起エネルギー $E_{\min}$ より大きくなると，原子と非弾性衝突（第 1 励起を生ずる衝突）を行って運動エネルギーを失う電子が増え，阻止電場 V_P に打ち勝って陽極 P に到達できる電子の量は著しく少なくなり，陽極電流 I_P は急減する. 再び加速電圧 V_A を上げていくと，非弾性衝突をした後の電子の運動エネルギーが再び増していくので I_P は増加に転じるが，電子が 2 回目の非弾性衝突をするようになると I_P は再び急激に

減少する．このように，加速電圧 V_A が E_{min} の整数倍（衝突回数：$n = 1, 2, \cdots$）を超えるごとに陽極に到達できる電子量が急減するため，図 **19.2**(b) に示すように，ほぼ等間隔の V_A のところで I_P の急激な減少が現れる．これが，原子のとりうるエネルギーの値が離散的であることを示している．

本実験では，陽極電流 I_P が急減し始める電圧値（極大値），$V_1, V_2, V_3, \cdots$ の間隔が管中の気体原子の最小励起エネルギーに対応している値とみなして E_{min} を求める．実際には，電子が電極から飛び出すにはある電圧の壁（仕事関数）を乗り越えなければならないので，K–G_2 間に加えた電圧は，厳密にはそのまま電子の加速電圧とはならず，電極による仕事関数の補正を行う必要がある．したがって，電極の影響のない真の加速電圧を $V_1', V_2', V_3', \cdots$，陰極 K とグリッド G_2 の 2 つの電極の仕事関数の差（接触電位差）ΔW を $\Delta W = W_K - W_P$ (> 0) とすれば，

$$V_n = V_n' + \Delta W = nE_{min} + \Delta W, \qquad n = 1, 2, 3, \cdots \tag{19.6}$$

の関係が成り立つ．得られた V_n と n の関係から E_{min} と ΔW を求めることができる．なお，求められたこれらの値の単位は V であるが，電子のエネルギーとみるときは eV（電子ボルト）単位の値とみなせる．

4. 実験方法

気体原子には希ガス (He, Ar, Ne) を使用する．まず，陰極 K から放出される熱電子の量をヒーター電流で制御する．その後，陰極 K とグリッド G_2 の間に加える加速電圧 V_A を変化させながら，阻止電圧 (V_p) に打ち勝って陽極 P に到達する電子の量を陽極電流 I_P として測定する．

4.1 準備

図 **19.3** に装置本体の外観を示す．He，Ar，Ne のいずれかが封入された同心円筒型（陰極 K が外側，陽極が中心）の封入管が⑧に格納されている．つまみ②と③はそれぞれ加速電圧とヒーター電流の制御，つまみ④はマイクロアンメーターのゼロ点補正に用いる．接続端子⑤と⑥には，加速電圧と陽極電流を測定するための直流電圧計 (100 V)，直流電流計（マイクロアンメーター）を接続し，⑦にはヒーター電流を測定するための直流電流計 (1 A) を接続する．配線を確認した上で，電源スイッチ①を ON にする．

4.2 測定手順

(1) まず最初に，ヒーター電流とマイクロアンメーターの指針を調整する．

　(a) 加速電圧 0 の状態で，マイクロアンメーターの指針をゼロにあわせる（つまみ④）．

　(b) ヒーター電流 (I_H) を装置に記載された管の所定値にする（つまみ③）．なお I_H が一定になるには少し時間がかかるので，5 分程度を目安に安定性を確認した上で次の手順に進む．I_H が大きく変動している場合は再調整する．

　(c) I_H が安定したら，再びマイクロアンメーターの指針を調べ，電流が変化していればゼロにな

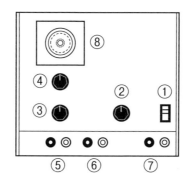

図 19.3 本体外観

るように再度調整する（つまみ④）．これ以後，つまみ③，④は動かさないようにする．

(2) 次に，加速電圧 V_A を増加させながら陽極電流 I_P の変化を測定する．最終的に，I_P が極大を示す電圧 V_n を 1 V の精度で決定するが，加速電圧の測定範囲が 0 〜 80 V 程度と広いため，測定は 2 段階で行う．

　(a) まずは I_P の全体の概形を調べるため，V_A（つまみ②）を 0, 5, ⋯ のように 5 V ずつ 80 V まで増加させながら，電圧値とマイクロアンメーターの電流値を大まかに読み取り，記録する．

　(b) V_A を横軸に，I_P を縦軸にとってグラフを描き，どの辺りで I_P が極大になるか，目処をつけておく．

　(c) 作成した V_A–I_P のグラフから I_P が極大になる電圧を推定し，この電圧の前後 ± 4 V にわたって，V_A を 1 V ずつ変化させ電流を詳しく測定して記録する．

　(d) (b) のグラフ上に (c) の結果を同様にプロットする．この際，マークや色を変えるなどして，(b) のグラフと区別できるようにする．このグラフから陽極電流 I_P が極大を示す電圧 $V_1, V_2, V_3, \cdots$ を決定する．

(3) 装置を替えて，別の希ガスで同様な手順を繰り返して実験を行う．

5. データ解析

(1) 加速電圧 V_A と陽極電流 I_P のグラフから，I_P が急減する電圧値 V_n ($n = 1, 2, 3, \cdots$)（式 (19.6) 参照）を決定する．

(2) V_n を縦軸，n を横軸にしたグラフを描き，直線関係を仮定して最適な直線を目分量で引き，その直線の傾きと切片の値と式 (19.6) を比較して，最小励起電圧 $E_{\min}$ と仕事関数 ΔW を決定する．

(3) He, Ne および Ar の最小励起電圧の最も確からしい値はそれぞれ $E = 21.2$ V, 16.7 V および 11.6 V である．実験で得られた $E_{\min}$ と比較し，実験結果の妥当性を検討する．

6. 発展課題

(1) V_n と n の直線関係の式を最小二乗法を用いて求め，最小励起電圧 $E_{\min}$ と仕事関数 ΔW を求めよ．

(2) 電子が第1励起状態から直ちに基底状態に戻るとした場合の，He, Ne, Ar 原子が放出する電磁波の波長を計算せよ．プランク定数 h と光速 c の値は巻末付録の表 (1) に掲載されている．

(3) 質量 m の電子が，静止している質量 M の原子と非弾性衝突する場合を考え，運動量保存則とエネルギーの関係式（励起エネルギーを考慮）を用いて，$m \ll M$ のときに式 (19.5) が成り立つことを示せ．衝突後の運動は一般に3次元であるが，簡単のため2次元面で考えてよい．

(4) 蛍光灯の発光原理について調べてみよ．

7. 補足説明

7.1 水素原子のエネルギー準位の導出

式 (19.3) と式 (19.4) をボーアの理論に従って導出する．

水素原子核（陽子）のまわりに円運動する電子の軌道半径を r，速度を v とすれば，クーロン引力と遠心力とのつり合いから

$$\frac{e^2}{4\pi\varepsilon_0 r^2} = m\frac{v^2}{r} \tag{19.7}$$

が成り立つ．この式にボーアの量子条件 (19.1) を代入すると，n 番目の定常状態の軌道半径 r_n の式 (19.3) が得られる．一方，電子の全エネルギー E は運動エネルギーと位置エネルギーの和であるから，式 (19.7) を用いると

$$E = \frac{1}{2}mv^2 + \left(-\frac{e^2}{4\pi\varepsilon_0 r}\right) = -\frac{e^2}{8\pi\varepsilon_0 r} \tag{19.8}$$

となる．この式の r を式 (19.3) の r_n で置き換えれば，n 番目の軌道の電子の全エネルギーの式 (19.4) が求まる．

7.2 空間電荷

加速電圧が低いときは，発生した熱電子は陰極 K の近くに停滞して集まって空間電荷を作り，続いて放出される熱電子が陽極 P へ向かうときの障害になる．この空間電荷を除去するため K–G_1 間に低い正電圧を加えて，電子が陰極 K 付近に停滞しないようにしてある．

20. ホール効果

1. 実験概要

　金属や半導体を流れる電流に直角方向に磁場を加えると，電流と磁場の向きに垂直に起電力が生じる．この現象をホール効果という．本実験では，半導体のホール効果の測定により，電気伝導機構，特に電荷の担い手であるキャリア（電子および正孔）の性質を理解する．そのために，半導体試料（ホール素子）を2枚の板磁石の間にはさんで磁場をかけて電流を流し，生じるホール電圧を測定する．同時に電気抵抗の測定も行う．これらから，ホール係数と抵抗率を求め，キャリアの符号を判定し，キャリア密度と易動度を求める．

2. 基礎知識

2.1 一様な静磁場中での電気伝導

　金属や半導体における電気伝導は，電荷を担うキャリア（電子，正孔）の移動によって生じる（[実験課題 15. ダイオードとトランジスタ] と [11. 金属と半導体の電気抵抗] を照）．一様磁場中で電荷をもつキャリアが運動するときにはローレンツ力が作用する．ローレンツ力により，キャリアの進路は電流・磁場の向きに垂直な方向に曲げられるので，試料の片側の表面付近ではキャリアが過剰になり，反対側の表面付近では不足する．試料表面付近でキャリアの密度に過不足が生じることにより電場が作られ，電流・磁場に垂直な向きに電位差（電圧）が現れる．

　導体中を速度 $\boldsymbol{v}$ で運動している質量 m，電荷 $q=-e$ の電子には，外力として電場による力 $q\boldsymbol{E}$ と磁束密度による力 $q\boldsymbol{v}\times\boldsymbol{B}$ が作用する．さらに，この電子は結晶中の原子の振動や不純物により散乱されるので，運動を妨げる摩擦力 $-\dfrac{m\boldsymbol{v}}{\tau}$ がはたらく．ここで，τ は散乱されるまでの時間（緩和時間）である．このような電子の振る舞いを記述する運動方程式は

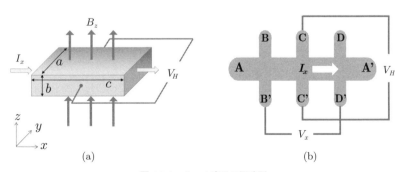

図 20.1　ホール素子の概略図

$$m \frac{\mathrm{d}\boldsymbol{v}}{\mathrm{d}t} = q\boldsymbol{E} + q\boldsymbol{v} \times \boldsymbol{B} - \frac{m\boldsymbol{v}}{\tau} \tag{20.1}$$

となる．定常電流の場合には $\frac{\mathrm{d}\boldsymbol{v}}{\mathrm{d}t} = 0$ となる．

図 **20.1**(a) のように，固体試料の x 方向に電流 I_x を流し ($\boldsymbol{v} = (v_x, 0, 0)$)，$z$ 方向に一様な磁束密度 B_z を加える ($\boldsymbol{B} = (0, 0, B_z)$)．ローレンツ力により進路を曲げられたキャリアは y 軸に垂直な試料表面に集まり，y 方向にも電場を作るので，電場 $\boldsymbol{E}$ は，この y 座標成分と，電流を流すために x 方向に加えられた電位差に由来する x 座標成分をもつ ($\boldsymbol{E} = (E_x, E_y, 0)$)．このとき，式 (20.1) を各成分に分けて整理すると，

$$q E_x = \frac{m v_x}{\tau} \tag{20.2}$$

$$q E_y = q v_x B_z \tag{20.3}$$

を得る．式 (20.2) は電子の速さが電場の大きさに比例することを意味し，式 (20.3) は電子にはたらく磁束密度による y 方向の力と，キャリアの偏りにより生じた電場による力が互いに打ち消す方向に作用してつり合うことを意味する．

2.2 抵抗率

試料の x 方向に流れる電流に対する抵抗 R は，試料の長さ c に比例し，断面積 ab に反比例するので，

$$R = \rho \frac{c}{ab} \tag{20.4}$$

と表される．比例係数 ρ が試料の抵抗率（単位は $\Omega\,\mathrm{m}$）である．x 方向に速さ v_x で運動している電子が，単位体積中に n 個あるとき（密度 n），単位時間当たりに試料の断面積 ab を通過する電気量 $n q v_x ab$ が x 方向の電流 I_x である．式 (20.2) から，電子の速さ v_x は電流の流れる向きの電場の大きさ E_x に比例し，$v_x = \left(\frac{q\tau}{m}\right) E_x$ と表され，電場 E_x は x 方向に加えられた電位差（電圧）$V_x = E_x c$ により生じたもの（以後，電圧 V は正方向の電場 E を生じさせる電位差を正にとる）であるから，電流は

$$I_x = n q v_x ab = \frac{n q^2 \tau}{m} \frac{ab}{c} V_x \tag{20.5}$$

と表される．ここで，$R = \dfrac{m}{n q^2 \tau} \dfrac{c}{ab}$ とすると，この関係式はオームの法則 $I_x = \dfrac{1}{R} V_x$ となる．式 (20.4) で定義された抵抗率 ρ を，キャリアの動きやすさを示す易動度 $\mu = \dfrac{|q|\tau}{m}$ ($\mathrm{m^2\,V^{-1}\,s^{-1}}$) を導入し，それを用いて表せば，

$$\rho = \frac{1}{n |q| \mu} \tag{20.6}$$

となる．

2.3 ホール効果

静磁場中の試料には，磁場による力を打ち消す方向にはたらく電場が作られ，電流・磁場の垂直方向に電位差が現れる．この現象をホール (Hall) 効果といい，電位差をホール電圧という．このときの電場 E_y は式 (20.3) から $E_y = v_x B_z$ であり，式 (20.5) を用いると，ホール電圧 V_H は

$$V_\mathrm{H} = E_y a = \frac{1}{n\,q} \frac{I_x B_z}{b} = R_\mathrm{H} \frac{B_z}{b} I_x \tag{20.7}$$

となる．係数 R_H（単位は $\mathrm{m^3\ C^{-1}}$）

$$R_\mathrm{H} = \frac{1}{n\,q} \tag{20.8}$$

をホール係数と呼ぶ．

半導体では，電気伝導に関与するキャリアは熱励起により生じるので，運動エネルギー（キャリアの速度）の分布が広い．そのため，式 (20.8) のホール係数には以下のように補正因子 γ_H が加わる．

$$R_\mathrm{H} = \gamma_\mathrm{H} \frac{1}{n\,q} \tag{20.9}$$

この γ_H は通常 1 から 2 の程度であり，本実験では $\gamma_\mathrm{H} = 1$ とする．

また，半導体の電気伝導の解析を複雑にするもう 1 つの要因として，2 種類のキャリアの存在（電子・正孔）がある．本実験で用いる半導体試料では，価数の異なるイオンの添加により電子または正孔を過剰に供給しており，電気伝導を担うキャリアは N 型半導体では電子，P 型半導体では正孔のみであるとしてよい．

3. 実験原理

図 **20.1**(b) のようなホール素子を用いて測定する．

まず，抵抗率 ρ の測定には，ホール素子の A–A′ 間に一定の直流電流 I_x を流し，B–D (B′–D′) 間の電圧 V_x を測定する．I_x, V_x から，オームの法則により，試料の抵抗 R を求めると，式 (20.4) から抵抗率 ρ が決まる．

ホール係数 R_H を求めるには，ホール素子を 2 つの板磁石の S・N 極の間に挿入して試料面に垂直に静磁場をかけ，ホール素子の A–A′ 間に一定の直流電流を流し，C–C′ 間の電圧を測定すればよい．ホール電圧 V_H は，A–A′ 間に流す電流 I_x および S・N 極間の間隔により決まる磁束密度 B_z の大きさから，式 (20.7) により与えられるので，これよりホール係数を決定する．

この実験では，2 種類のシリコン半導体（N 型，P 型）を用いる．N 型半導体ではキャリアは主に電子 $(q = -e = -1.60 \times 10^{-19}\ \mathrm{C})$，P 型半導体では主に正孔 $(q = +e)$ である．キャリア電荷の正負は，式 (20.8) から明らかなように，ホール係数の符号から判別することができる．また，ホール係

数と抵抗率の測定値から，式 (20.6) と (20.8) により，試料内でのキャリアの易動度 μ と密度 n が，

$$\mu = \frac{|R_\mathrm{H}|}{\rho} \tag{20.10}$$

$$n = \frac{1}{q\,R_\mathrm{H}} \tag{20.11}$$

のように求まる．つまり，ホール係数と抵抗率を測定すれば，電気伝導を担うキャリアの基本的な性質（キャリア電荷の密度，易動度）を知ることができる．ちなみに，ホール係数の値が知られている素子のホール電圧を測定すれば磁場強度が求まるので，ホール素子は磁場計測用のセンサーとして用いられている．

4. 実験方法

ホール効果の測定には，図 **20.2**(a) に示す専用の測定装置を用いる．これは，ホール素子に流す定電流源，生じる電圧 V_x, V_H を測定する電圧計を 1 つに納めた複合装置である．また，図 **20.2**(b) に示すフェライト磁石によるマグネット架台により，ホール効果を生じさせるための磁場を与えている．

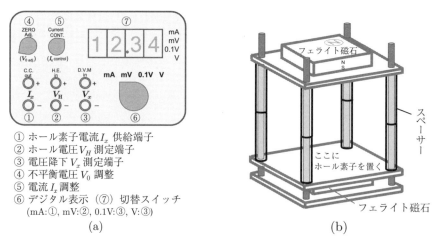

図 **20.2** (a) 測定装置，(b) 板磁石（マグネット）架台

4.1 抵抗率の測定

マグネット架台から取りはずしたホール素子を，測定装置に図 **20.3**(a) のように接続する．電流 I_x を 0.5 mA から 1.0 mA まで 0.1 mA 刻みで変化させ，ホール素子の電圧降下 V_x を測定し記録する．読み取った各値を，グラフ用紙に V_x を縦軸に，I_x を横軸にとってプロットする．この測定を N 型，P 型ホール素子についてそれぞれ行う．

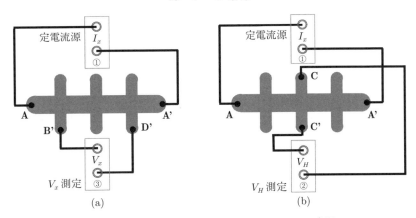

図 20.3 ホール素子の配線図. 接続については図 20.2 参照.

4.2 ホール係数の測定

4.2.1 初期設定

ホール素子と測定装置を図 **20.3**(b) のように接続し，ホール素子に流れる電流値を $I_x = 0.5$ mA に設定する．ホール素子では 一般に V_H 端子が幾何学的に非対称であるために電位差 V_0 を生じる．これを不平衡電圧という．測定装置の不平衡電圧 V_0 調整つまみ（④）をまわしてこの値をゼロにする．

4.2.2 不平衡電圧 V_0，ホール電圧 V_H の測定

図 20.3(b) のマグネット架台のスペーサの個数を変えて，磁束密度の大きさを変化させたそれぞれの場合について，電流値を $I_x = 0.5$ mA から 1.0 mA まで 0.1 mA 刻みで変化させ，次の (1) から (3) の測定を繰り返し，記録する．この測定を N 型，P 型ホール素子についてそれぞれ行う．なお，スペーサの個数と架台中心部での磁束密度との関係は以下の通りである．

1 個：$B_z = 9.6 \times 10^{-2}$ T, 2 個：$B_z = 7.0 \times 10^{-2}$ T.

(1) ホール素子をマグネット架台からはずし，磁場をかけない状態で電流値を設定する．
(2) このとき不平衡電圧 V_0 がゼロからずれていれば，その値を記録しておく．
(3) ホール素子をマグネット架台の中心部に置いて，C–C' 間の電圧 V を測定する．測定後は，ホール素子をマグネット架台から取りはずした後に，新たな電流値を設定する．

ホール電圧は $V_\mathrm{H} = V - V_0$ で与えられる．（不平衡電圧は磁場のない場合 (V_0) と磁場をかけた場合 (V_0') とで異なるはずであるが，この実験では簡単のため $V_0' = V_0$ とする.）

それぞれの磁束密度の値 B_z について，グラフ用紙の縦軸に V_H，横軸に電流値 I_x をとってプロットする．（なお，時間的余裕がある場合や指示がある場合には，ホール素子に流れる電流の向き・加える磁場の向きを逆にして，以上の各測定を行う.）

5. データ解析

N型，P型，2種類のホール素子について，以下の要領でデータ解析を行う．

5.1 抵抗率

V_x を縦軸に，I_x を横軸にとってプロットしたグラフ上の測定点が直線に載ることで，オームの法則が実際に成り立っていることを確認し，その傾きを決める．直線の傾きから式 (20.4) を用いて抵抗率 ρ を求める．a, b, c の値は各ホール素子の記載されている値を用いる．ただし，記載されていないホール素子は，$a = 2.0 \times 10^{-3}$ m, $b = 1.0 \times 10^{-3}$ m, $c = 7.0 \times 10^{-3}$ m である．

5.2 ホール係数

(1) 各磁束密度において，V_H を縦軸に，I_x を横軸にとってプロットしたグラフ上で，各測定点が載る直線を目分量で決定して傾きを決め，式 (20.7) を用いてホール係数 R_H を求める．

(2) 各磁束密度について得られたホール係数の平均値を計算し，この素子のホール係数 R_H とする．

(3) ホール素子の P 型，N 型の判別を行い，式 (20.10) と (20.11) から易動度 μ およびキャリア密度 n を求める．

6. 発展課題

(1) 電圧降下 V_x を縦軸に，電流値 I_x を横軸にとったグラフの測定点を表す近似直線，および $V_H = V - V_0$ を縦軸に，電流値 I_x を横軸にとったグラフの測定点を表す近似直線を最小二乗法により求め，それらの傾きから式 (20.6) と (20.8) を用いて，抵抗率 ρ および各磁束密度におけるホール係数 R_H を決定し，データ解析で求めた結果と比較せよ．

(2) 図 20.1(a) の配置でキャリアが電子，正孔の各場合について，素子表面付近でのキャリアの過不足の様子を図示せよ．

(3) 式 (20.10) と式 (20.11) から易動度 μ およびキャリア密度 n を求めるとき，式 (20.9) の補正因子 γ_H を考慮すると結果はどのように影響されるかを考察せよ．

(4) 2 種類のキャリアがある場合のホール係数の表式を導出せよ．ただし，電子，正孔それぞれの電荷，密度，易動度を $-e, n, \mu_n$ および e, p, μ_p とする．

(5) ホール素子に流れる電流の向き，加える磁場の向きを逆にして測定する意味を考察してみよう．ホール電圧 V_H は，磁場や電流の向きを反転すると符号を変える．また，磁場中の不平衡電圧 V_0' は電流の向きを逆にすれば，符号を変えるはずである．

さらに，磁場を加えることにより熱磁気効果と呼ばれる以下の効果が現れる．

i) 電流 I_x により y 方向に温度差が現れ，熱起電力 V_E が生じる．この電圧は磁場や電流の向きを反転すると符号を変える（エッティングスハウゼン (Ettingshausen) 効果）．

ii) x 方向に温度差による熱の流れがあるとき，y 方向に電位差 V_{NRL} が生じる．この電圧は磁場

の向きを反転すると符号を変えるが，電流の向きにはよらない（ネルンスト–リーギ–ルデュック (Nernst-Righi-Leduc) 効果）.

実験では，これらの効果の総和としての電圧 $V = V_\mathrm{H} + V_0' + V_\mathrm{E} + V_\mathrm{NRL}$ を測定していることになる.

磁場・電流の向きを変えた 4 つの測定で得られる電圧 $V = V_i$ $(i = 1 \sim 4)$ が，磁場・電流の反転でどのように変化するかを考察せよ. 4 つの電圧の測定値からホール電圧を求めるためにはどのような平均をとればよいか. ただし，V_E は V_H に比べて十分小さく無視できるものとする.

7. 補足説明

7.1 半導体のホール係数

式 (20.8) は，導体中の自由電子モデルに基づいている. 半導体では，式 (20.8) のホール係数に補正因子 γ_H をかけた式 (20.9) が用いられる. 半導体では電気伝導に関与するキャリアは熱励起により生じたものなので，その運動エネルギー（キャリアの速度）の分布が広い. これが因子 γ_H の由来である.

式 (20.1) に現れる，キャリアが散乱されるまでの自由時間 τ は，キャリアの運動エネルギー $\varepsilon = \frac{1}{2}mv^2$ とともに変化する. 例えば，散乱されるまでに動ける距離が速度によらず一定である場合，$v\tau = $ 一定，すなわち τ は $\varepsilon^{-1/2}$ に比例する $(\tau \propto \varepsilon^{-1/2})$ が，これはキャリアが結晶格子の振動により散乱される場合に相当する. つまり，式 (20.1) の τ は運動エネルギーの分布に関して平均した値 $\langle \tau \rangle$ である. τ のエネルギー依存性を正確に考慮するためには，電場・磁場によるキャリアのエネルギー分布に関して理解しておかなければならない. 詳細な解析の結果，$\gamma_\mathrm{H} = \langle \tau^2 \rangle / \langle \tau \rangle^2$，すなわち因子 γ_H は τ の 2 乗平均と平均の 2 乗との比で表されることが知られている. キャリアの運動エネルギーに分布がない場合には，もちろん $\gamma = 1$ となる. 金属中の電気伝導に関与する自由電子は（フェルミ・エネルギー近傍の）狭いエネルギー範囲に限られているので，ほぼこの場合に相当する. 一方，半導体における広いエネルギー分布をもつキャリアでは，分布に関して τ を平均する必要がある. 例えば，$\tau \propto \varepsilon^{-1/2}$ のときには，$\gamma_\mathrm{H} = \frac{3\pi}{8} \sim 1.18$ となる. 不純物により散乱される場合を考慮しても，半導体の γ_H はせいぜい 1 から 2 の程度であり，あまり大きくはならないことがわかっている.

半導体の電気伝導の解析を複雑にするもう 1 つの要因として，2 種類のキャリア（電子・正孔）の存在がある. 不純物添加していない真性半導体では電子と正孔の総数は等しいので，それぞれの伝導とホール効果を考える必要がある. しかし，本実験で用いる P 型，N 型の半導体では，価数の異なるイオンの添加により，電子または正孔をそれぞれ過剰に供給しているので（[実験課題 15. ダイオードとトランジスタ] を参照），電気伝導を担うキャリアは，N 型半導体では電子のみ，P 型半導体では正孔のみであると考えてよい. 高温では熱励起により両方のキャリアが作られるので，これらを考慮する必要がある.

21. 光子計測と統計性

1. 実験概要

　自然現象の中には，その測定値を統計的に処理することが適切な確率的な現象が多い．例えば，微粒子のブラウン運動，電気回路における熱雑音など，ごく普遍的に存在する．この実験では，可視光源から放出される光子を光子計測デバイスを用いて計測し，光子計測数の分布やバックグラウンドの統計処理を通して，確率的な自然現象におけるポアソン分布やガウス分布，平均値の誤差の性質などついて理解することを目的とする．なお，本実験は [基礎事項 4. 精度と有効数字] の**誤差** (p.25) と関連する．

2. 基礎知識

2.1 揺らぎ

　巨視的な系の状態を記述するある 1 つの物理量 X は，微視的な量の長時間平均もしくは統計的集団についての平均値 $\langle X \rangle$ として表される．ここで $\langle \ \rangle$ は平均を表す．したがって，ある物理量を測定するとき，それに影響を及ぼすと考えられるすべての条件を一定に保ったとしても，各瞬間での値はその平均値とは一般に異なる．この各瞬間値と平均値との差 $\Delta X = X - \langle X \rangle$ のことを「揺らぎ」という．一般に，揺らぎの相対的大きさは，体系の大きさを表す量 N の平方根の逆数に比例する ($\Delta X/X \propto 1/\sqrt{N}$).

　揺らぎの例としては，気体分子の（ブラウン）運動，放射性同位元素の崩壊，あるいは真空管陰極からの熱電子放出などがあげられるが，このような物理現象での揺らぎの原因は，いずれも原子の振る舞いの確率過程に起因している．フォトダイオードによる光子の検出も確率過程であるため，本実験で行う光子計測においても，この揺らぎを考慮した統計処理が必要となる．

2.2 ポアソン分布とガウス（正規）分布

2.2.1 ポアソン分布

　単位時間当たり一定の確率 p で生じる物理現象を考え，時間 t の間にこの物理現象を n 回計測する確率を $P(n,t)$ とおくと，この確率分布は n の関数として，

$$P(n,t) = \frac{(pt)^n}{n!} \mathrm{e}^{-pt} \tag{21.1}$$

と表される（補足説明 6.1 参照）．この確率分布は**ポアソン分布**と呼ばれる ($\sum_n P(n,t) = 1$).

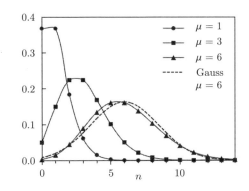

図 **21.1** ポアソン分布 ($\mu = 1, 3, 6$) とガウス分布 ($\mu = 6$)

ポアソン分布の平均計測数 $\mu = \langle n \rangle$ と分散 σ^2 は，

$$\mu = \sum_{n=0}^{\infty} nP(n,t) = pt$$

$$\sigma^2 = \sum_{n=0}^{\infty} (n-\mu)^2 P(n,t) = \sum_{n=0}^{\infty} n(n-1)P(n,t) + \mu - \mu^2 = \mu$$

と求まり，平均と分散が等しい．したがって，μ に対する $\sigma = \sqrt{\mu}$ の相対的大きさは計測時間 t の平方根に反比例して減少していく ($\sigma/\mu = 1/\sqrt{\mu} \propto 1/\sqrt{t}$)．平均値 μ を用いるとポアソン分布は

$$P(n,\mu) = \frac{\mu^n}{n!} e^{-\mu} \tag{21.2}$$

とも表せる．

2.2.2　ガウス分布

計測数の平均値 μ が大きいとき，ポアソン分布は以下の**ガウス分布**（正規分布）に近づく（補足説明 6.2 参照）．

$$P(n,\mu) = \frac{1}{\sqrt{2\pi\mu}} \exp\left[-\frac{(n-\mu)^2}{2\mu}\right] = \frac{1}{\sqrt{2\pi\sigma^2}} \exp\left[-\frac{x^2}{2\sigma^2}\right] \tag{21.3}$$

ここで，$x = n - \mu$ は偏差，σ は標準偏差である．このことは，互いに独立な確率変数の多数個の和（ここでは確率的な自然現象の計数）の分布において一般的に近似的に成立し，**中心極限定理**と呼ばれる．なお，通常のガウス分布の平均値 μ と標準偏差 σ の値は独立しているが，ポアソン分布の極限としてのガウス分布では，$\sigma = \sqrt{\mu}$ という関係がある．図 **21.1** にポアソン分布とガウス分布の例を示す．

2.3　計測数の誤差評価

通常，計測数 n の信頼性は，その平均値 $\langle n \rangle\, (= \mu)$ と統計誤差（すなわち標準偏差 σ）を付記して $\mu \pm \sigma$ で示す．計測数 n が十分大きいとき，計測数 n は平均値 μ と近似的に等しいと考えられ

るので，$\sigma = \sqrt{\mu} \simeq \sqrt{n}$ とできる．したがって，信頼性を考慮した計測数の真の値は，近似的に

$$n \pm \sqrt{n} \tag{21.4}$$

と推測できる．

　測定した計数値 n_A, n_B の誤差（標準偏差）をそれぞれ σ_A, σ_B とする．n_A と n_B の和，差，積，商の誤差は，[基礎事項 4. 精度と有効数字] の **誤差の伝播** (p.28) の式 (4.44) により，それぞれ以下のようになる．

$$\sigma_{A+B} = \sigma_{A-B} = \sqrt{\sigma_A^2 + \sigma_B^2},$$
$$\sigma_{AB} = n_A n_B \sqrt{\left(\frac{\sigma_A}{n_A}\right)^2 + \left(\frac{\sigma_B}{n_B}\right)^2}$$
$$\sigma_{A/B} = \frac{n_A}{n_B} \sqrt{\left(\frac{\sigma_A}{n_A}\right)^2 + \left(\frac{\sigma_B}{n_B}\right)^2}$$

　例として，何らかの光源（試料）から放出される光子数の計測を考えよう．一般的に，その光源（試料）以外や検出器内部の熱雑音などによるバックグラウンドが計測されるので，その影響を取り除いた光源（試料）からの計測数を決定する必要がある．光源（試料）からの t_a 秒間の計数値が n_a，バックグラウンドの t_b 秒間の計測数が n_b であったとすれば，バックグラウンドを差し引いた光源（試料）からの計数率 (cps: count per second) とその誤差は，

$$\left(\frac{n_a}{t_a} - \frac{n_b}{t_b}\right) \pm \sqrt{\frac{n_a}{t_a^2} + \frac{n_b}{t_b^2}} \tag{21.5}$$

で与えられる．ここで $\sigma \simeq \sqrt{n}$ の関係を使った．計数率 n_a/t_a, n_b/t_b はいずれも時間に依存しないとすれば，式 (21.5) の誤差は長時間計数するほど小さくできる（精度を高められる）．ある測定時間内（$t_a + t_b = $ 一定）になるべく高い精度を得るためには，計測時間を次式のように分配すればよいことも容易にわかる．

$$\frac{t_a}{t_b} = \sqrt{\frac{n_a/t_a}{n_b/t_b}} \tag{21.6}$$

すなわち，各計測時間 t_a, t_b をそれぞれの計数率の平方根 $\sqrt{n_a/t_a}$, $\sqrt{n_b/t_b}$ に比例して割り振れば誤差を最小にできる．

2.4　光子計測

　光は干渉や回折のような典型的な波動性を示すと同時に，[実験課題 17. 光電効果] のように粒子として考えなければ説明できないような現象も示す．このような波動性と粒子性の二面性は量子力学で理解され，光の状態は振幅と位相をもつ波動関数 ϕ で表された波動性をもつと同時に，$|\phi|^2$ がその粒子としての存在確率を与えると解釈される．

　このように，光は波動性をもった粒子である光子の集まりであるが，微弱な光子を粒子として計

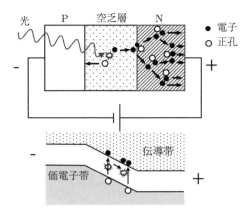

図 21.2　フォトダイオードとなだれ現象の概略と動作原理

数するためには，光子によって発生する電子を増幅して電気信号として検出する必要がある．そのような装置に光電子増倍管（フォトマルチプライヤー管; PMT）やアバランシェフォトダイオード (avalanche photodiaode; APD) がある．図 21.2 に，フォトダイオードの概略を示す．ダイオードの PN 接合部近傍に形成される空乏層領域（[実験課題 15. ダイオードとトランジスタ] を参照）に半導体のバンドギャップ E_g より大きなエネルギーの光子が入射すると，入射光子数に比例した伝導電子と正孔が励起され，電流として検出することができる．APD ではフォトダイオードに強い逆電圧が印加されており，励起電子が強い電場によって加速されて他の原子に衝突して複数の電子を励起することを繰り返し，励起電子数が指数関数的に増幅されて大きな外部電流として検出される．この増幅効果のことをアバランシェ（なだれ）効果と呼び，光子 1 個の微弱な光であっても数百倍に増幅することで電気信号として検出することが可能となっている．なお，フォトダイオードに入射した光子はすべてが伝導電子を励起するわけではなく，入射した光子の一部は表面で反射されたり，光 - 電子変換の行われる層で吸収されずに透過する場合もある．入射した光子数に対して取り出せる電子数の割合は量子効率と呼ばれる．本実験で用いる発光ダイオード（LED; [実験課題 15. ダイオードとトランジスタ] の補足説明を参照）からの光子放出は確率的に生じるので，光子の計測数に関しても，確率法則に従って統計的に処理されるのが適切である．

3. 実験方法

半導体光子計測装置を利用して，バックグラウンドと LED 光源からの光子計測を行い，その計数値 n，計数率 ν の分布を求め，統計処理を行う．

3.1　実験装置

図 21.3 に測定装置の概略図を示す．光源として LED，光子の検出器として微細な APD を 2 次元的に配置した MPPC (Multi-Pixel Photon Counter) モジュールを用いる．MPPC モジュール計測用アプリケーションを用い，一定時間間隔 Δt での光子計測を多数回連続して行うことができる．

単位時間当たりに測定できる光子数（計数率）には上限があるため，フィルターとピンホールによって受光素子に届く LED 光強度を低減している．

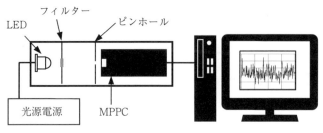

図 **21.3** 実験装置

3.2 準備
(1) MPPC モジュールとコンピュータを USB ケーブルで接続し，コンピュータを起動する．
(2) MPPC モジュール専用の計測アプリケーションを起動し，[Peltier] ボタンを押して素子の温度を安定させる．
(3) 測定可能な状態になったならアプリケーションの [start] ボタンを押し，測定計測数の時間変化のグラフが表示されることを確認する．

3.3 バックグラウンドの測定
(1) LED 光源が消灯していることを確認する．
(2) アプリケーションの [record] ボタンを押し，計数時間 Δt を 1 ms として測定を行う．10 秒程度経過した後，[stop] ボタンを押して計測を停止し，計測結果を csv 形式のファイルとして保存する．
(3) Δt を 3 ms として同様の測定を行い，結果を別ファイルに保存する．
(4) 各測定結果から図 **21.4** のようなバックグラウンド計数値 n_{bg} の頻度分布 $Q(n_{\mathrm{bg}})$ のデータを表計算ソフト（Excel など）を用いて作成する．

3.4 光子の測定
(1) LED 光源を点灯させる．
(2) 計数時間 Δt を 1 ms としてバックグラウンドの測定と同様に測定を行い，光子計数値 n の分布 $Q(n)$ を求める．

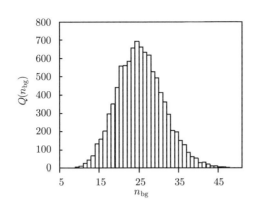
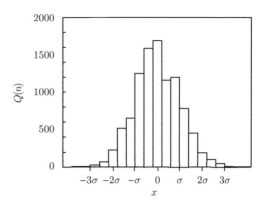

図 21.4 バックグラウンドの光子計数値頻度分布   　図 21.5 ガウス分布の場合の光子パルス計数値頻度分布

4. データ解析

4.1 バックグラウンド

(1) $\Delta t = 1$ ms, 2 ms それぞれに対して，図 21.4 のようなヒストグラムを作る．

(2) $\Delta t = 1$ ms, 2 ms それぞれに対して $n_{\rm bg}$ の平均値 μ と標準偏差 σ を求め，相対精度 $\sigma/\mu \simeq 1/\sqrt{\mu}$ と Δt の関係についてまとめる．

4.2 光子の測定

(1) 測定した計数値 n の平均値 μ，標準偏差 σ を求め，相対精度 $\sigma/\mu \simeq 1/\sqrt{\mu}$ と Δt の関係についてまとめる．

(2) 偏差 $x = n - \mu$ の頻度分布を次のように求める．$x_0 = 0$, $x_i = (0.4 \cdot \sigma)i$（$i$ は整数）として，x_i を中心とした幅 $dx = 0.4\sigma$（$x_i - dx/2$ と $x_i + dx/2$ との間）に存在する計数値の頻度分布 $Q(x_i)$ を求める．

(3) 上で求めた頻度分布 $Q(x_i)$ から，図 21.5 に示すようなヒストグラムを作る．

5. 発展課題

(1) 3.3 のバックグラウンドの測定結果を，測定回数の総和で割って規格化した $Q'(n_{\rm bg}) = Q(n_{\rm bg})/\sum Q(n_{\rm bg})$ と，平均値 μ を代入したポアソン分布の式 (21.2) とを比較してみる．

(2) 4.2 で求めた偏差の頻度分布 $Q(x_i)$ に対して，$-\sigma < x < \sigma$ の範囲に含まれる頻度が全体の何 % か求め，ガウス分布の場合 ($\sim 68\%$) と比較する．

(3) 4.2 で求めた偏差 $x = n - \mu$ に対する頻度分布を，測定回数の総和で規格化した $Q'(x_i) = Q(x_i)/\sum Q(x_i)$ を求め，μ の値を代入したガウス分布の式 (21.3) と比較する．

(4) バックグラウンドおよび光子の測定の実験で得られた計数値を用いて，正味の光子の計数率 (cps: count per second) を，式 (21.5) を参照して統計誤差も付記して求めよ．

(5) 実験で用いた測定系において，1分間でできるだけ精度よく（バックグラウンドの影響を除いた）正味の光子の計数率を求めたい．このとき，光子の計数時間およびバックグラウンドの計数時間をそれぞれ何秒とすればよいか．また，このとき正味の光子の計数率の統計誤差はいくらになるか．式 (21.6) を参照して考察せよ．

6. 補足説明

6.1 ポアソン分布の導出

計測時間 Δt が短ければ，この時間内に 1 回計測する確率 $P(1, \Delta t)$ は Δt に比例し，$P(1, \Delta t) = p\Delta t$ である．また，非常に短い計測時間 Δt では，計測する回数はほとんどの場合，0 または 1 であるので，$P(0, \Delta t) + P(1, \Delta t) = 1$ であり，$P(0, \Delta t) = 1 - p\Delta t$ となる．また，$P(0, t + \Delta t)$ は事象の独立性から，$P(0, t + \Delta t) = P(0, t) \times P(0, \Delta t)$ である．これらの式から，

$$\frac{P(0, t + \Delta t) - P(0, t)}{\Delta t} = -pP(0, t) \tag{21.7}$$

が導出される．$\Delta t \to 0$ の極限で得られる微分方程式 $\mathrm{d}P(0, t)/\mathrm{d}t = -pP(0, t)$ を，$P(0, 0) = 1$ の初期条件で解くと，t 秒間で一度も計測されない確率 $P(0, t)$ が以下のように求まる．

$$P(0, t) = \mathrm{e}^{-pt} \tag{21.8}$$

次に，時間 $t + \Delta t$ の間に n 回計測する確率を考える．短時間 Δt の間に生じる計測回数は 0 か 1 とみなせるので，

$$P(n, t + \Delta t) = P(n, t) \times P(0, \Delta t) + P(n - 1, t) \times P(1, \Delta t) \tag{21.9}$$

と表せる．$\Delta t \to 0$ の極限をとると同様に，

$$\frac{\mathrm{d}P(n, t)}{\mathrm{d}t} + pP(n, t) = pP(n - 1, t) \tag{21.10}$$

が得られる．$P(n - 1, t)$ が与えられたとき，この微分方程式の解は，

$$P(n, t) = p \cdot \mathrm{e}^{-pt} \int_0^t \mathrm{d}t' \, \mathrm{e}^{pt'} P(n - 1, t') \tag{21.11}$$

となる．上式を用いて $P(0, t)$ から $P(1, t) = pt \cdot \mathrm{e}^{-pt}$ が求まり，$P(1, t)$ から $P(2, t) = p^2 t^2 \mathrm{e}^{-pt}/2$ が求まり，と繰り返すことで，式 (21.1) の $P(n, t) = (pt)^n \mathrm{e}^{-pt}/n!$ が導出される．

6.2 ガウス分布の導出

式 (21.2) の $P(n, \mu) = \mu^n \mathrm{e}^{-\mu}/n!$ の対数をとり，n が大きいときの近似式 $\ln[n!] \simeq n \cdot \ln[n] - n$ を用いれば

$$\ln[P(n, \mu)] \simeq -n(\ln[n] - \ln \mu) + n - \mu \tag{21.12}$$

となる．右辺を平均値 μ のまわりでテイラー展開すると

$$\ln\left[P(n,\mu)\right] \simeq -\frac{1}{2\mu}(n-\mu)^2 + \frac{1}{6\mu^2}(n-\mu)^3 + \cdots \tag{21.13}$$

となるので，$(n-\mu)$ の 3 次以上の項を無視し，$\int P(n,\mu)\,\mathrm{d}n = 1$ となるように規格化すると，式 (21.3) のガウス分布が導かれる．

付録

(1) 諸定数

プランク定数 h .... $6.626\ 070\ 15 \times 10^{-34}$ J s

電気素量（素電荷）e .... $1.602\ 176\ 634 \times 10^{-19}$ C

ボルツマン定数 k_B .... $1.380\ 649 \times 10^{-23}$ J/K

アボガドロ定数 N_A .... $6.022\ 140\ 76 \times 10^{23}$ /mol

モル気体定数 $R(= k_B N_A)$ .... $8.314\ 462\ 618$ J/mol K

ファラデー定数 $F(= N_A e)$ .... $9.648\ 533\ 212 \times 10^4$ C/mol

重力の加速度（標準重力加速度）g .... $9.806\ 65$ m/s^2

万有引力の定数 G .... $6.674\ 30 \times 10^{-11}$ N m^2/kg^2

1 気圧（標準気圧）p_0 .... $1.013\ 25 \times 10^5$ N/m^2

水の最大密度（3.98°C, 1 気圧）...................................... $9.999\ 7 \times 10^2$ kg/m^3

氷点の熱力学的温度（1 気圧下）T_0 .... 273.15 K

1 グラム分子の体積（理想気体, 0°C, 1 気圧）.......................... $22.413\ 969\ 54$ リットル

1 m^3 中の気体分子数（0°C, 1 気圧）n .... $2.686\ 780\ 111 \times 10^{25}$

熱の仕事当量 J .... $4.186\ 05$ J/cal

電子の静止質量 m .... $9.109\ 383\ 701\ 5 \times 10^{-31}$ kg

電子の比電荷 e/m .... $1.758\ 820\ 010\ 76 \times 10^{11}$ C/kg

陽子と電子の質量比 .... $1836.152\ 673$

光速（真空中における）c .... $2.997\ 924\ 58 \times 10^8$ m/s

1eV（エレクトロン・ボルト）のエネルギー .... $1.602\ 176\ 634 \times 10^{-19}$ J

1eV（エレクトロン・ボルト）に対する波長 .... $1.239\ 841\ 984 \times 10^{-6}$ m

1 原子量に対するエネルギー .... $931.494\ 102\ 42 \times 10^6$ eV

標準波長 λ_{Kr} .... $605.780\ 210\ 3$ nm

電気定数（真空の誘電率）ε_0 .... $8.854\ 187\ 812\ 8 \times 10^{-12}$ F/m

磁気定数（真空の透磁率）μ_0 .... $1.256\ 637\ 062\ 12 \times 10^{-6}$ H/m

(2) 水の密度 (g/cm³)

温度 (°C)	0	1	2	3	4	5	6	7	8	9
0	0.99984	0.99990	0.99994	0.99996	0.99997	0.99996	0.99994	0.99990	0.99985	0.99978
10	0.99970	0.99961	0.99949	0.99938	0.99924	0.99910	0.99894	0.99877	0.99860	0.99841
20	0.99820	0.99799	0.99777	0.99754	0.99730	0.99704	0.99678	0.99651	0.99623	0.99594
30	0.99565	0.99534	0.99503	0.99470	0.99437	0.99403	0.99368	0.99333	0.99297	0.99259
40	0.99222	0.99183	0.99144	0.99104	0.99063	0.99021	0.98979	0.98936	0.98893	0.98849
50	0.98804	0.98758	0.98712	0.98665	0.98618	0.98570	0.98521	0.98471	0.98422	0.98371
60	0.98320	0.98268	0.98216	0.98163	0.98110	0.98055	0.98001	0.97946	0.97890	0.97834
70	0.97777	0.97720	0.97662	0.97603	0.97544	0.97485	0.97425	0.97364	0.97303	0.97242
80	0.97180	0.97117	0.97054	0.96991	0.96927	0.96862	0.96797	0.96731	0.96665	0.96600
90	0.96532	0.96465	0.96397	0.96328	0.96259	0.96190	0.96120	0.96050	0.95979	0.95906

(3) 水銀の密度 (g/cm³)

温度 (°C)	0	1	2	3	4	5	6	7	8	9
0	13.5951	.5926	.5902	.5877	.5852	.5828	.5803	.5778	.5754	.5729
10	13.5705	.5680	.5655	.5631	.5606	.5582	.5557	.5533	.5508	.5483
20	13.5459	.5434	.5410	.5385	.5361	.5336	.5312	.5287	.5263	.5238
30	13.5214	.5189	.5165	.5141	.5116	.5092	.5067	.5043	.5018	.4994
40	13.4970	.4945	.4921	.4896	.4872	.4848	.4823	.4799	.4774	.4750
50	13.4726	.4701	.4677	.4653	.4628	.4604	.4580	.4555	.4531	.4507
60	13.4483	.4458	.4434	.4410	.4385	.4361	.4337	.4313	.4288	.4264
70	13.4240	.4216	.4191	.4167	.4143	.4119	.4095	.4070	.4046	.4022
80	13.3998	.3974	.3949	.3925	.3901	.3877	.3853	.3829	.3804	.3780
90	13.3756	.3732	.3708	.3684	.3660	.3635	.3611	.3587	.3563	.3539

温度	密度	温度	密度	温度	密度	温度	密度	温度	密度	温度	密度
−38.9°	13.692	100°	13.351	150°	13.231	200°	13.112	250°	12.993	300°	12.874
−30	.669	110	.327	160	.208	210	.088	260	.970	310	.850
−20	.645	120	.303	170	.184	220	.064	270	.945	320	.826
−10	.620	130	.279	180	.160	230	.041	280	.921	330	.802
0	.595	140	.255	190	.136	240	.017	290	.898	357	.738

付　　録　　225

(4) 空気の密度 (g/cm³)

温度	\multicolumn{10}{c}{圧力 mmHg (760 mmHg = 1013 Pa)}
	690	700	710	720	730	740	750	760	770	780
	$\times 10^{-3}$	$\times 10^{-3}$	$\times 10^{-3}$	$\times 10^{-3}$	$\times 10^{-3}$	$\times 10^{-3}$	$\times 10^{-3}$	$\times 10^{-3}$	$\times 10^{-3}$	$\times 10^{-3}$
0°	1.174	1.191	1.208	1.225	1.242	1.259	1.276	1.293	1.310	1.327
5°	1.153	1.169	1.186	1.203	1.220	1.236	1.253	1.270	1.286	1.303
10°	1.132	1.149	1.165	1.182	1.198	1.214	1.231	1.247	1.264	1.280
15°	1.113	1.129	1.145	1.161	1.177	1.193	1.209	1.226	1.242	1.258
20°	1.094	1.109	1.125	1.141	1.157	1.173	1.189	1.205	1.220	1.236
25°	1.075	1.091	1.106	1.122	1.138	1.153	1.169	1.184	1.200	1.215
30°	1.057	1.073	1.088	1.103	1.119	1.134	1.149	1.165	1.180	1.195

(5) 物質の密度 ρ （常温, g/cm³）

固体	ρ	固体	ρ	液体	ρ
金	19.3	セメント	3.0－3.15	エチルアルコール	0.789△
銀	10.49	繊維	1.3－1.6	メチルアルコール	0.793△
白金	21.45	花崗岩	2.6－2.7	海水	1.01－1.05
亜鉛	7.14	大理石	1.52－2.86	ガソリン	0.66－0.75
アルミニウム	2.70	方解石	2.71	重油	0.85－0.90
銅	8.96	磁器	2.0－2.6	石油（灯用）	0.80－0.83
鉛	11.34	ガラス（クラウン・ソーダ）	2.2－3.6	テレビン	0.87
ニッケル	8.90	ガラス（フリント）	2.8－6.3	牛乳	1.03－1.04
鋳鉄	7.1－7.7	ガラス（パイレックス）	2.32	過酸化水素	1.442△
鋼鉄	7.6－7.8	水晶	2.65	グリセリン	1.264△
鍛鉄	7.8－7.9	煉瓦	1.2－2.2	酢酸（純）	1.049△
真鍮	8.4	パラフィン	0.87－0.94	硫酸（純）	1.834△
ジュラルミン	2.8	コルク	0.22－0.26	エーテル	0.715△
はんだ	9.5	桐	0.31	ベンゼン	0.879△
エボナイト	1.1－1.4	けやき	0.70	二硫化炭素	1.263△
ベークライト（純）	1.20－1.29	杉	0.40		
石炭	1.2－1.7	桧	0.49		
スレート	2.7－2.9	松	0.52		

△ は 20°C における値

(6) 各地の重力加速度の実測値 $g\,(\mathrm{m/s^2})$

地名	北緯	高さ (m)	g	地名	北緯	高さ (m)	g
札幌	43°04′	15.21	9.804 78	岡山	34°39′	−1	9.797 11
仙台	38 15	130.99	9.800 65	広島	34 22	0.95	9.796 59
金沢	36 33	106	9.798 42	高知	33 33	−0.69	9.796 26
羽田	35 33	−2.44	9.797 59	長崎	32 44	23.70	9.795 88
名古屋	35 09	42.22	9.797 33	鹿児島	31 33	4.58	9.794 71
京都	35 01	59.79	9.797 08	那覇	26 12	21.09	9.790 96
昭和基地 (南極)	69 00	14	9.825 26	キト (エクアドル)	0 13	2815	9.779 27

(7) 弾性に関する諸量

物質	ヤング率 E $(10^{10}\,\mathrm{N/m^2})$	剛性率 G $(10^{10}\,\mathrm{N/m^2})$	ポアソン比 σ	体積弾性率 K $(10^{10}\,\mathrm{N/m^2})$
亜鉛	10.84	4.34	0.249	7.20
アルミウム	7.03	2.61	0.345	7.55
インバー [1]	14.40	5.27	0.259	9.94
ガラス (クラウン)	7.13	2.92	0.22	4.12
ガラス (フリント)	8.01	3.15	0.27	5.76
金	7.80	2.70	0.44	21.70
銀	8.27	3.03	0.367	10.36
ゴム (弾性ゴム)	$(1.5-5.0)\times10^{-4}$	$(5-15)\times10^{-5}$	0.46−0.49	—
コンスタンタン	16.24	6.12	0.327	15.64
真鍮 [2]	10.06	3.73	0.350	11.18
スズ	4.99	1.84	0.357	5.82
青銅 (鋳) [3]	8.08	3.43	0.358	9.52
石英 (溶融)	7.31	3.12	0.170	3.69
ジュラルミン	7.15	2.67	0.335	—
チタン	11.57	4.38	0.321	10.77
鉄 (軟)	21.14	8.16	0.293	16.98
鉄 (鋳)	15.23	6.00	0.27	10.95
鉄 (鋼)	20.1−21.6	7.8−8.4	0.28−0.30	16.5−17.0
銅	12.98	4.83	0.343	13.78
鉛	1.61	0.559	0.44	4.58
ニッケル (軟)	19.95	7.6	0.312	17.73
ニッケル (鋼)	21.92	8.39	0.306	18.76
白金	16.80	6.10	0.377	22.80
マンガン [4]	12.4	4.65	0.329	12.1
木材 (チーク)	1.3	—	—	—
洋銀 [5]	13.25	4.97	0.333	13.20
リン青銅 [6]	12.0	4.36	0.38	—

1)36Ni,63.8Fe　2)70Cu,30Zn　3)85.7Cu,7.2Zn,6.4Sn　4)84Cu,12Mn,4Ni
5)55Cu,18Ni,27Zn　6)92.5Cu,7Sn,0.5P

(8) 水の表面張力 T (N/m)

温度 (°C)	T	温度 (°C)	T	温度 (°C)	T	温度 (°C)	T	温度 (°C)	T
−5	0.07640	16	0.07334	21	0.07260	30	0.07115	80	0.06260
0	0.07562	17	0.07320	22	0.07244	40	0.06955	90	0.06074
5	0.07490	18	0.07305	23	0.07228	50	0.06790	100	0.05884
10	0.07420	19	0.07289	24	0.07212	60	0.06617	110	0.05689*
15	0.07348	20	0.07275	25	0.07196	70	0.06441	120	0.05489*

*印をつけたのは水蒸気に対する値，その他は空気に対する値

(9) 水の粘性係数 η (kg/(m s))

温度 (°C)	η	温度 (°C)	η	温度 (°C)	η	温度 (°C)	η	温度 (°C)	η
	$\times 10^{-4}$		$\times 10^{-4}$		$\times 10^{-4}$		$\times 10^{-4}$		$\times 10^{-4}$
		20	10.016	50	5.469	80	3.550	120	2.32
0	17.906	30	7.970	60	4.668	90	3.150	140	1.96
10	13.064	40	6.524	70	4.045	100	2.821	160	1.74

(10) 空気の粘性係数 η (kg/(m s)) （圧力1気圧）

温度 (°C)	η	温度 (°C)	η	温度 (°C)	η	温度 (°C)	η
	$\times 10^{-6}$		$\times 10^{-6}$		$\times 10^{-6}$		$\times 10^{-6}$
−50	1.46	50	1.96	200	2.61	400	3.32
−25	1.59	75	2.05	250	2.74	450	3.40
0	1.73	100	2.20	300	2.98	500	3.64
25	1.82	150	2.36	350	3.09	550	3.69

(11) 水の飽和蒸気圧 (hPa)

温度 (°C)	0	1	2	3	4	5	6	7	8	9
0°		6.57	7.06	7.58	8.14	8.73	9.35	10.02	10.73	11.48
10	12.28	13.13	14.03	14.98	15.99	17.06	18.19	19.38	20.65	21.98
20	23.39	24.88	26.45	28.11	29.86	31.70	33.64	35.68	37.83	40.09
30	42.47	44.97	47.60	50.35	53.25	56.29	59.48	62.82	66.33	70.00
40	73.85	77.88	82.10	86.51	91.13	95.95	101.00	106.27	111.78	117.52
50	123.52	129.79	136.32	143.13	150.23	157.63	165.34	173.36	181.72	190.42
60	199.47	208.89	218.68	228.86	239.44	250.43	261.84	273.70	286.00	298.77
70	312.02	325.77	340.02	354.79	370.10	385.97	402.40	419.42	437.04	455.28
80	474.16	493.69	513.88	534.77	556.36	578.68	601.74	625.57	650.18	675.59
90	701.83	728.91	756.85	785.68	815.42	846.09	877.71	910.31	943.90	978.52

(12) 固体の比熱 C (J/(g K))

固体	温度 (°C)	(J/(g K))	固体	温度 (°C)	(J/(g K))
亜鉛	25	0.397	銅	25	0.3851
アルミニウム	25	0.9021	鉛	25	0.1294
アンチモン	25	0.2089	白金	25	0.1317
金	25	0.1289	真鍮	0	0.387
銀	25	0.2363	洋銀	0〜100	0.398
スズ	25	0.2221	ガラス（パイレックス）	0	〜0.7
ビスマス	25	0.1214	氷	0	2.039
タングステン	20	0.1344	コンクリート	25	〜0.84
鉄	25	0.4518	木材	20	〜1.3

(13) 液体の比熱 C (J/(g K))

液体	温度 (°C)	(J/(g K))	液体	温度 (°C)	(J/(g K))
エチルアルコール	−73	1.995	水	0	4.2174
エチルアルコール	25	2.418	水	15	4.1855
エチルアルコール	127	1.907	水	50	4.1804
メチルアルコール	−73	2.207	水	100	4.2156
メチルアルコール	25	2.550	水銀	25	0.1395
メチルアルコール	127	1.605			
石油	18〜20	1.9674			

(14) 気体の定圧比熱 C_p (J/(g K)) と比熱比 $\gamma = C_p/C_v$

液体	温度 (°C)	C_p (J/(g K))	$\gamma = C_p/C_v$	液体	温度 (°C)	C_p (J/(g K))	$\gamma = C_p/C_v$
空気（乾）	20	1.006	1.403	炭酸ガス	16	0.837	1.302
酸素	16	0.922	1.396	窒素	16	1.034	1.405
水蒸気	100	1.91	1.33	ヘリウム	−180	5.232	1.66
水素	0	14.191	1.410	メタン	15	2.210	1.31

(15) 固体の線膨張係数 α (K^{-1})

物質	温度 (°C)	$\alpha \times 10^6$	物質	温度 (°C)	$\alpha \times 10^6$
亜鉛	20	30.2	真鍮 (67Cu,33Zn)	20	17.5
アルミニウム	20	23.1	青銅 (85Cu,15Sn)	20	17.3
金	20	14.2	インバー (64Fe,36Ni)	20	0.13
銀	20	18.9	洋銀	0〜100	18.36
スズ	20	22.0	ガラス（クラウンソーダ）	0〜100	8.97
タングステン	20	4.5	ガラス（フリント）	20	8〜9
鉄　（鋳）	40	10.61	ガラス（パイレックス）	20	2.8
鉄　（鍛）	−191〜16	8.50	磁　器（絶　縁）	20	2〜6
鉄　（鋼）	20	11.8	コンクリート	20	7〜14
銅	20	16.5	大理石	20	3〜15
鉛	20	28.9	エボナイト	20	50〜80
ニッケル	20	13.4	木材（繊維に平行）	20	3〜6
白金	20	8.8	木材（繊維に垂直）	20	35〜60

(16) 液体の体膨張係数 β (K^{-1})

物質	温度 (°C)	$\beta \times 10^4$	物質	温度 (°C)	$\beta \times 10^4$
エチルアルコール	20	10.8	水銀	20	1.81
メチルアルコール	20	11.9	水銀	0〜100	1.826
ジエチルエーテル	20	16.3	水	20	2.1
二硫化炭素	20	11.9			

(17) 気体の体膨張係数 β (K^{-1})

物質	温度 (°C)	圧力 (mmHg)	$\beta_v \times 10^2$	物質	温度 (°C)	圧力 (mmHg)	$\beta_v \times 10^2$
空気		760	0.36650	炭酸ガス	100	518	0.36981
酸素		759	0.36681	窒素	100	530	0.36683
水素	100	700	0.36626	ヘリウム	100	1000	0.36616

(18) 音波の伝播速度 (縦波) v (m/s)

気体	温度 (°C)	速度 (m/s)	液・固体	温度 (°C)	速度 (m/s)
空気 (乾)	0	331.45	エチルアルコール	23〜27	1207
二酸化炭素 (低周波)	0	258	水	23〜27	1500
二酸化炭素 (高周波)	0	268.6	水銀	23〜27	1450
水蒸気	100	473	ガラス (クラウン)		5100
酸素	0	317.2	ガラス (フリント)		3980
窒素	0	337	ガラス (パイレックス)		5640
水素	0	1269.5	真鍮 (70Cu,30Zn)		4700
			鉄		5950
			銅		5010

(19) 光の屈折率

物質	赤 C 線 656.3 nm	黄 d 線 587.6 nm	緑 e 線 546.1 nm	青 F 線 486.1 nm	青紫 g 線 435.8 nm	紫 h 線 404.7 nm
クラウン系光学ガラス BK7	1.5143	1.5168	1.5187	1.5224	1.5267	1.5302
クラウン系光学ガラス BaK4	1.5658	1.5688	1.5713	1.5759	1.5815	1.5861
フリント系光学ガラス F2	1.6150	1.6200	1.6241	1.6321	1.6421	1.6507
フリント系光学ガラス SF2	1.6421	1.6477	1.6522	1.6612	1.6725	1.6823
フリント系光学ガラス SF11	1.7760	1.7847	1.7919	1.8065	1.8253	1.8424
ソーダ石灰ガラス (板ガラス)		約 1.52				
石英ガラス (18°C)	1.4564	1.4585*	1.4602	-	-	1.4697
蛍石 (CaF_2) (18°C)	1.4325	1.4339*	1.4350	-	-	1.4415
水晶 (18°C) (常光線)	1.5419	1.5443*	1.5462	-	-	1.5572
水晶 (18°C) (異常光線)	1.5509	1.5534*	1.5553	-	-	1.5667
方解石 (18°C) (常光線)	1.6544	1.6584*	1.6616	-	-	1.6813
方解石 (18°C) (異常光線)	1.4846	1.4864*	1.4879	-	-	1.4969
水 (20°C)	1.3311	1.3330*	1.3345	-	-	1.3428
エタノール (20°C)	-	1.3618*	-	-	-	-
標準空気 (15°C 1 atm)	-	1.00027*	-	-	-	-

* 印：黄 D 線 (589.3 nm) の値

付　　　録　　　　　　　　　　　　　　　*231*

(20) 元素のスペクトル線の波長（15°C, 1 気圧の乾燥空気中, 単位 nm）

<table>
<tr><th colspan="2">火炎スペクトル</th></tr>
<tr><th>Na</th><th>Ca</th></tr>
<tr><td>589.592</td><td>558.874</td></tr>
<tr><td>588.997</td><td>422.673</td></tr>
<tr><th>K</th><td>396.847</td></tr>
<tr><td>769.898</td><td>393.367</td></tr>
<tr><td>766.491</td><th>Sr</th></tr>
<tr><td>404.722</td><td>460.734</td></tr>
<tr><td>404.414</td><th>Ba</th></tr>
<tr><th>Li</th><td>553.553</td></tr>
<tr><td>670.786</td><th>Rb</th></tr>
<tr><td>610.36</td><td>420.13</td></tr>
<tr><td>460.20</td><td></td></tr>
</table>

<table>
<tr><th colspan="3">真空放電スペクトル</th></tr>
<tr><th>H</th><th>Hg</th><th>Ne</th></tr>
<tr><td>656.285 (Hα)</td><td>623.437</td><td>650.653</td></tr>
<tr><td>486.133 (Hβ)</td><td>579.065</td><td>640.225</td></tr>
<tr><td>434.047 (Hγ)</td><td>576.959</td><td>638.299</td></tr>
<tr><td>410.174 (Hδ)</td><td>546.074</td><td>626.650</td></tr>
<tr><th>He</th><td>491.604</td><td>621.728</td></tr>
<tr><td>706.519</td><td>435.835</td><td>614.306</td></tr>
<tr><td>667.815</td><td>407.781</td><td>588.190</td></tr>
<tr><td>587.562</td><td>404.656</td><th>Zn</th></tr>
<tr><td>501.568</td><th>Cd</th><td>636.235</td></tr>
<tr><td>468.575</td><td>643.84696</td><td>481.053</td></tr>
<tr><td>471.314</td><td>508.582</td><td>472.216</td></tr>
<tr><td>447.148</td><td>479.992</td><td>468.014</td></tr>
</table>

(21) MKS 単位系から CGS 単位系への換算

量	MKS 単位系	CGS 電磁単位系	CGS ガウス単位系	CGS 静電単位系
電荷	1 C	10^{-1}	$c \times 10^{-1}$	$c \times 10^{-1}$
電気分極	1 C/m²	10^{-5}	$c \times 10^{-5}$	$c \times 10^{-5}$
電束密度	4π C/m²	$4\pi \times 10^{-5}$	$4\pi c \times 10^{-5}$	$4\pi c \times 10^{-5}$
電流	1 A	10^{-1}	$c \times 10^{-1}$	$c \times 10^{-1}$
電位 電位差 起電力	1 V	10^{8}	$c^{-1} \times 10^{8}$	$c^{-1} \times 10^{8}$
電場	1 V/m	10^{6}	$c^{-1} \times 10^{8}$	$c^{-1} \times 10^{8}$
電気抵抗	1 Ω	10^{9}	$c^{-2} \times 10^{9}$	$c^{-2} \times 10^{9}$
電気容量	1 F	10^{-9}	$c^{2} \times 10^{-9}$	$c^{2} \times 10^{-9}$
誘電率	1 F/m	$4\pi \times 10^{-11}$	$4\pi c^{2} \times 10^{-11}$	$4\pi c^{2} \times 10^{-11}$
磁束	1 Wb	10^{8}	10^{8}	$c^{-1} \times 10^{8}$
磁束密度	1 Wb/m² (T)	10^{4} G	10^{4} G	$c^{-1} \times 10^{4}$
磁位 起磁力	1 AT	$4\pi \times 10^{-1}$ Gb (Gi)	$4\pi \times 10^{-1}$ Gb (Gi)	$4\pi c \times 10^{-1}$
磁場	1 AT/m	$4\pi \times 10^{-3}$ Oe	$4\pi \times 10^{-3}$ Oe	$4\pi c \times 10^{-3}$
自己相互誘導係数	1 H	10^{9}	10^{9}	$c^{-2} \times 10^{9}$
透磁率	1 H/m	$\frac{1}{4\pi} \times 10^{7}$	$\frac{1}{4\pi} \times 10^{7}$	$\frac{1}{4\pi c^2} \times 10^{7}$

ただし，$c = 2.99792458 \times 10^{10}$cm/s とする．単位 AT はアンペア回数である．

(22) 金属の電気抵抗率（比抵抗）と温度係数

金属	0°C での比抵抗 $\rho_0(\times 10^{-8}\ \Omega\,\mathrm{m})$	温度係数 $(\times 10^{-3}/°\mathrm{C})$
Ag	1.47	4.15
Al	2.50	4.20
Au	2.05	4.05
Fe（純）	8.9	6.5
Cu	1.55	4.39
Ni	6.2	6.6
Pt	9.81	3.86
W	4.9	4.9

(23) 半導体のエネルギーギャップ E_g

結晶	温度 (K)	E_g (eV)
Si	0	1.166
	300	1.107
Ge	0	0.744
	300	0.665
GaAs	0	1.522
	300	1.429
GaP	0	2.338
	300	2.261
CdS	0	2.583
	300	2.53

索　　引

【数字・アルファベット】

APD　215

Jacobi の楕円関数　80

LCR 回路　155
LED　170

MPPC モジュール　215

N 型半導体　174
NPN 型トランジスタ　170

P 型半導体　175
Python　58

Q 値　157

RC 回路　161

SI 単位系　53

【あ行】

アドミタンス　45
アバランシェフォトダイオード　215
油回転ポンプ　50
油拡散ポンプ　51
暗電流　192
アンペール–マクスウェルの法則　113

位相角　150
位相差　108
位相の遅れ角　149
易動度　146, 206
インピーダンス　44, 149

エッティングスハウゼン効果　210
エネルギーギャップ　147
エネルギー準位　199
円偏光　126

応力　81, 88
オシロスコープ　15, 143, 158, 164
オシロスコープ用プローブ　16
音速　135
温度係数　146
音波　135

【か行】

開口端補正　138
ガイスラー管　52
回折　106, 141
回折格子　106, 186
外挿法　104
ガウスの法則　113
ガウス分布　26, 212
可干渉距離　117
確率過程　212
確率誤差　27
片対数グラフ　32
活性化エネルギー　147
価電子帯　147
過渡現象　161
過渡電流　150
干渉　141
干渉縞　118
慣性モーメント　75, 91

基底状態　199
逆方向電圧　169
キャリア　146, 205
強磁性　178
共振角振動数　156
共振曲線　156
共振現象　155
共振周波数　156
共鳴管　138
共鳴現象　135
近似解　66
金属　146

空芯コイル　182
空芯ソレノイドコイル　149
偶然誤差　25
空乏層　169
クーロン力　193
屈折　106
屈折の法則　107, 129
屈折率　106, 117
グラフ　31

系統誤差　25
原子模型　198
懸垂金具　91

光学距離　116
公算誤差　27
硬磁性体　179
剛性率　88
剛体振り子　75
光電管　186
光電効果　184
光電子増倍管　215
光電流　184
交流電圧計　139
交流電圧調整器　20
光量子仮説　184
光路長　116
誤差　25, 212
誤差の伝播　214
誤差の伝播の法則　29
誤差論　25
ゴニオメーター　109
コリメーター　109, 186
混合法　100
コンダクタンス　45, 49

【さ行】
サイクロトロン半径　194
最小二乗法　36, 85, 99
最小励起電圧　198
サセプタンス　45
残差　26
残留磁束密度　178

磁化履歴曲線　178
磁気回路棒　182
磁気定数　149

磁気モーメント　178
自己インダクタンス　149
仕事関数　202
自己誘導　149
視差　8
実効値　42, 150
時定数　162
自発磁化　178
自由端　137
順方向電圧　169
消磁専用装置　181
シリコンダイオード　171
真空技術　48
真空排気　48
真空パス　119
真値　26
シンプソンの公式　67
信頼性　213

水銀ランプ　109
スネルの法則　107, 129
スライダック　20
スライド抵抗器　19
ずり応力　81, 88

正規分布　26
正孔　147
精度　8, 25
精度の評価方法　22
整流作用　169
積分回路　161
絶対精度　22
線形グラフ　32

相対精度　22
相対性理論　117
増幅作用　169
測角器　109
測定値　8
束縛電子　200
阻止電圧　185
ソレノイドコイル　183

【た行】
ターボ分子ポンプ　51
第1種完全楕円積分　80
ダイオード　169

台形公式　67
体積弾性率　136
体積変化率　86
台ばね秤　13
楕円偏光　126
単スリット　141
弾性衝突　200
弾性体　81, 88
弾性定数　81, 88
断熱的変化　136

中心極限定理　213
超音波　141
超音波トランスデューサー　143
直線偏光　126
直線偏光度　128, 130
直流安定化電源　19, 172

定圧熱容量　100
抵抗　20
抵抗率　205
定在波　135
定積熱容量　100
デジタルマルチメーター　14, 147
テスター　14
鉄芯コイル　152
デュロン・プティの法則　100
電圧計　13
電気抵抗率　146
電気伝導率　146
電子天秤　13, 102
電磁誘導現象　149
電磁誘導の法則　149
テンソル　81
伝導帯　147
電離エネルギー　200
電離真空計　52
電流計　13

透磁率　178
トランジスタ　169
トリガー　16, 158, 164
トロイド環　183

【な行】
ナイフエッジ　76, 82
内部同期　16

軟磁性体　179

ねじれ剛性　91
ねじれ振り子　88
熱容量　100
熱力学第 1 法則　100
熱力学第 3 法則　101
ネルンスト–リーギ–ルデュック効果　211
粘性流　49

ノギス　9, 77, 82, 92, 99

【は行】
ハーフミラー　118
ハイパスフィルター回路　168
発光ダイオード　170
波動方程式　135
バリコン　159
反磁場　183
反転分布　122
半導体　146

光共振器　122
光増幅器　122
光の干渉　116
ピコアンメーター　186
比重測定器　104
ヒステリシス曲線　178
歪み　81, 88
非弾性衝突　200
比電荷　193
比熱　100
微分回路　161
微分方程式　155, 161
標準偏差　26
表面張力　95
ピラニ真空計　52

フェルマーの原理　107, 114
フェルミ・エネルギー　211
フォトダイオード　131
複屈折　134
副尺　10
副尺付き分度器　11
複スリット　141
複素振幅　43
負の温度　123

プランク定数 184
フランク–ヘルツの実験 198
ブリュースター角 130
ブルドン管 51
フレ角 108
分光器 186
分光計 106
分子間相互作用 96
分子流 49
分銅 97

平衡温度 100
ヘルムホルツ・コイル 194
偏光 125
偏光子 127

ポアソン比 82, 89
ポアソン分布 212
ホイヘンス 107
ホイヘンスの原理 141
ボイル・シャルルの法則 117
飽和磁束密度 178
ホール係数 205
ホール効果 205
ホール素子磁束計 179
保磁力 178
ポラロイド板 127
ボルダ 75
ボルツマン定数 147

【ま行】
マイクロアンメーター 202

マイクロメーター 11, 82, 92, 99
マイケルソン干渉計 117
マクスウェルの方程式 106, 125
マグネット架台 208

水当量 101

物差し 9
モル比熱 100

【や行】
ヤング率 81

ユーイングの装置 81
有効数字 9, 22
誘導起電力 149
誘導時定数 153
誘導放出 122
揺らぎ 212

【ら行】
リアクタンス 157
理想気体の状態方程式 137
量子数 198
両対数グラフ 32
輪環法 96

励起状態 199
レーザー 122, 125
レーザー光源 116

ローパスフィルター回路 167
ローレンツ力 193, 205

Memorandum

Memorandum

編者紹介

梶原行夫（かじはら　ゆきお）
2003 年　京都大学大学院理学研究科 博士後期課程修了
　　　　博士（理学）
　専　攻　不規則系物理学
　現　在　広島大学総合科学部 准教授

田口　健（たぐち　けん）
2002 年　京都大学大学院理学研究科 博士後期課程修了
　　　　博士（理学）
　専　攻　ソフトマテリアル物理学
　現　在　広島大学総合科学部 准教授

長谷川巧（はせがわ　たくみ）
2005 年　東京工業大学大学院理工学研究科 博士後期課程修了
　　　　博士（理学）
　専　攻　光物性・固体物理学
　現　在　広島大学総合科学部 准教授

杉本　暁（すぎもと　あきら）
2002 年　東京工業大学大学院理工学研究科 博士後期課程修了
　　　　博士（理学）
　専　攻　低温物理学
　現　在　広島大学総合科学部 准教授

田中晋平（たなか　しんぺい）
1999 年　東京大学大学院工学系研究科 博士課程修了
　　　　博士（工学）
　専　攻　ソフトマター・アクティブマター
　現　在　広島大学総合科学部 准教授

宗尻修治（むねじり　しゅうじ）
1998 年　広島大学大学院生物圏科学研究科 博士課程（後期）修了
　　　　博士（学術）
　専　攻　物理教育，計算物理
　現　在　広島大学総合科学部 准教授

物理学基礎実験
第 3 版

Fundamental Laboratory Work in Physics
3rd edition

1992 年 3 月 10 日　初　版 1 刷発行
1998 年 3 月 1 日　初　版 9 刷発行
1999 年 4 月 20 日　第 2 版 1 刷発行
2010 年 9 月 5 日　第 2 版 10 刷発行
2012 年 3 月 20 日　第 2 版新訂 1 刷発行
2023 年 9 月 10 日　第 2 版新訂 10 刷発行
2024 年 9 月 20 日　第 3 版 1 刷発行

編　者　梶原行夫，杉本　暁
　　　　田口　健，田中晋平　©2024
　　　　長谷川巧，宗尻修治

発行者　南條光章

発行所　共立出版株式会社
東京都文京区小日向 4-6-19
電話（03）3947-2511（代表）
郵便番号 112-0006
振替 00110-2-57035
www.kyoritsu-pub.co.jp

印刷
製本　株式会社　啓文堂

一般社団法人
自然科学書協会
会員

検印廃止
NDC 420.75
ISBN 978-4-320-03632-1

Printed in Japan

JCOPY ＜出版者著作権管理機構委託出版物＞
本書の無断複製は著作権法上での例外を除き禁じられています．複製される場合は，そのつど事前に，出版者著作権管理機構（TEL：03-5244-5088，FAX：03-5244-5089，e-mail：info@jcopy.or.jp）の許諾を得てください．

■科学一般関連書

www.kyoritsu-pub.co.jp **共立出版**

これから論文を書く若者のために 究極の大改訂版 酒井聡樹著

これからレポート・卒論を書く若者のために 第2版 酒井聡樹著

これから学会発表する若者のために 第2版 酒井聡樹著

これから研究を始める 高校生と指導教員のために 第2版…酒井聡樹著

100ページの文章術 わかりやすい文章の書き方のすべてがここに…………酒井聡樹著

どう書くか 理科系のための論文作法…………杉原厚吉著

技術者・学生のための テクニカルライティング 第2版…………三島 浩著

理工系の技術英語 論文の作成・発表に必要なスキル S.Sharmin他著

理数系のための技術英語練習帳 さらなる上達を目指して 金谷健一著

テクニックを学ぶ 化学英語論文の書き方 馬場由成他著

DataStory 人を動かすストーリーテリング…………渡辺翔大他訳

あなたのためのクリティカル・シンキング 廣瀬 覚訳

カラー図解 哲学事典………………………忽那敬三訳

哲学の道具箱………………………長滝祥司他訳

倫理学の道具箱………………………長滝祥司他訳

証明の読み方・考え方 数学的思考過程への手引き 原著第6版……西村康一他訳

「誤差」「大間違い」「ウソ」を見分ける統計学…竹内惠行他訳

数楽工作倶楽部 多面体の工作で体験する美しい数学の世界………………廣澤史彦著

この数学, いったいいつ使うことになるの? 森 園子他訳

脳を活かす 空間認知力パズル…………黒澤和隆編著

仮説のつくりかた 多様なデータから新たな発想をつかめ 石川 博著

コンピューテーショナル・シンキング……磯辺秀司他著

教養としての量子物理………………………占部伸二訳

量子の不可解な偶然 非局所性の本質と量子情報科学への応用…………木村 元他訳

SDGs達成に向けた ネクサスアプローチ 地球環境問題の解決のために 谷口真人編

天気のしくみ 雲のでき方からオーロラの正体まで……森田正光他著

竜巻のふしぎ 地上最強の気象現象を探る…………森田正光他著

宇宙生命科学入門 生命の大冒険……………石岡憲昭著

光リザーバーコンピューティング 原理と実装 菅野円隆他著

ニュートンなんかこわくない 力学をつくった数学者たち……太田浩一著

コンピューター誕生の歴史に隠れた 6人の女性プログラマー 彼女たちは当時なにを思い,どんな未来を想像したのか 羽田昭裕訳

コンピューティング史 人間は情報をいかに取り扱ってきたか…………杉本 舞監訳

復刊 計算機の歴史 パスカルからノイマンまで……末包良太他訳

はじめて学ぶ科学史…………………………山中康資著

科学史・科学論 科学技術の本質を考える…………柴田和子著

ガリレオの迷宮 自然は数学の言語で書かれているか?……………高橋憲一著

災害対応と近現代史の交錯 デジタルアーカイブと質的データ分析の活用・・佐藤慶一著

政策情報論………………………………………佐藤慶一著

オムニバス技術者倫理 第2版 オムニバス技術者倫理研究会編

スーパーエンジニアへの道 技術リーダーシップの人間学………木村 泉訳

コンサルタントの秘密 技術アドバイスの人間学……木村 泉訳

ライト, ついてますか 問題発見の人間学…………木村 泉訳

うるしの科学………………………………………小川俊夫著

図解木工技術 日曜工作から専門まで 第2版………佐藤庄五郎著

図説竹工入門 竹製品の見方から製作へ…………佐藤庄五郎著

デザイン人間工学 魅力ある製品・UX・サービス構築のために……………山岡俊樹著

15分スケッチのすすめ 日本的な建築と町並みを描く……………山田雅夫著